Nachrichtentechnik

Herausgegeben von H. Marko

Band 2

Philipp Hartl

Fernwirktechnik der Raumfahrt

Telemetrie, Telekommando, Bahnvermessung

Zweite, völlig neubearbeitete und erweiterte Auflage

Mit 113 Abbildungen

Springer-Verlag
Berlin Heidelberg New York
London Paris Tokyo 1988

Dr.-Ing. PHILIPP HARTL

o. Professor, Direktor des Instituts für Navigation
der Universität Stuttgart

Dr.-Ing. HANS MARKO ⸱

o. Professor, Direktor des Instituts für Nachrichtentechnik
der Technischen Universität München

ISBN-13:978-3-540-18851-3   e-ISBN-13:978-3-642-83364-9
DOI: 10.1007/978-3-642-83364-9

CIP-Kurztitelaufnahme der Deutschen Bibliothek.

Hartl, Philipp:
Fernwirktechnik der Raumfahrt: Telemetrie, Telekommando, Bahnvermessung / Philipp Hartl.
2., völlig neubearb. u. erw. Aufl.
Berlin ; Heidelberg ; New York ; London ; Paris ; Tokyo : Springer, 1988
(Nachrichtentechnik ; Bd. 2)
ISBN-13:978-3-540-18851-3

NE: GT

2362/3020-543210

Zur Buchreihe "Nachrichtentechnik"

Die Nachrichten- oder Informationstechnik befindet sich seit vielen Jahrzehnten in einer stetigen, oft sogar stürmisch verlaufenden Entwicklung, deren Ende nicht abzusehen ist. Durch die Fortschritte der Technologie wurden ebenso wie durch die Verbesserung der theoretischen Methoden nicht nur die vorhandenen Anwendungsgebiete ausgeweitet und den sich ändernden Erfordernissen angepaßt, sondern auch neue Anwendungsgebiete erschlossen.

Zu den klassischen Aufgaben der Nachrichtenübertragung und Nachrichtenvermittlung sind die Nachrichtenverarbeitung und die Datenverarbeitung hinzugekommen, die viele Gebiete des beruflichen sowie des privaten Lebens in zunehmendem Maße verändern. Die Bedürfnisse und Möglichkeiten der Raumfahrt haben gleichermaßen neue Perspektiven eröffnet - wie die verschiedenen Alternativen zur Realisierung breitbandiger Kommunikationsnetze. Neben die analoge ist die digitale Übertragungstechnik, neben die klassische Text-, Sprach- und Bildübertragung ist die Datenübertragung getreten. Die Nachrichtenvermittlung im Raumvielfach wurde durch die elektronische zeitmultiplexe Vermittlungstechnik ergänzt. Satelliten- und Glasfasertechnik haben zu neuen Übertragungsmedien geführt. Die Realisierung nachrichtentechnischer Schaltungen und Systeme ist durch den Einsatz des Elektronenrechners und die digitale Schaltungstechnik erheblich verbessert und erweitert worden. Die schnelle Entwicklung der Halbleitertechnologie zu immer höheren Integrationsgraden erschließt neue Anwendungsgebiete besonders dem Gebiet der digitalen Technik.

Die Buchreihe "Nachrichtentechnik" trägt dieser Entwicklung Rechnung und bietet eine zeitgemäße Darstellung der wichtigsten Themen der Nachrichtentechnik an. Die einzelnen Bände werden von Fachleuten geschrieben, die auf dem jeweiligen Gebiet kompetent sind. Jedes Buch soll in ein bestimmtes Teilgebiet einführen, die wesentlichen heute bekannten Ergebnisse darstellen und eine Brücke zur weiterführenden Spezialliteratur bilden. Dadurch soll es sowohl dem Studierenden bei der Einarbeitung in die jeweilige Thematik als auch dem im Beruf stehenden Ingenieur oder Physiker als Grundlagen- oder Nachschlagewerk dienen. Die einzelnen Bände sind in sich abgeschlossen, ergänzen einander jedoch innerhalb der Reihe. Damit ist eine gewisse Überschneidung unvermeidlich, ja sogar erforderlich.

Die derzeitige Planung der Reihe umfaßt die mathematischen Grundlagen, die Baugruppen und Systeme sowie die Technik der Signalverarbeitung und Signalübertragung. Eine Ergänzung bildet die Meßtechnik. Das folgende Schema zeigt den heutigen Stand der Reihe unter Einschluß der demnächst erscheinenden Bände.

Mathematische Grundlagen	Band 1:	Methoden der Systemtheorie (H. Marko)
	Band 4:	Numerische Berechnung linearer Netzwerke und Systeme (H. Kremer)
	Band 7:	Grundlagen digitaler Filter (R. Lücker)
	Band 10:	Grundlagen der Theorie statistischer Signale (E. Hänsler)
	Band 15:	Übungsbeispiele zur Systemtheorie (J. Hofer-Alfeis)
	Geplant:	Mehrdimensionale Systemtheorie
	Geplant:	Kanalcodierung
Baugruppen und Systeme	Band 8:	Nichtlineare Schaltungen (R. Elsner)
	Band 17:	Optische Übertragungssysteme mit Überlagerungsempfang (J. Franz)
Signalverarbeitung	Band 5:	Prozeßrechentechnik (G. Färber)
	Band 12:	Sprachverarbeitung und Sprachübertragung (K.-R. Fellbaum)
	Band 13:	Digitale Bildsignalverarbeitung (F. Wahl)
	Geplant:	Analoge Bildverarbeitung
Signalübertragung	Band 2:	Fernwirktechnik der Raumfahrt (P. Hartl)
	Band 6:	Nachrichtenübertragung über Satelliten (E. Herter, H. Rupp)
	Band 11:	Bildkommunikation (H. Schönfelder)
	Band 14:	Digitale Übertragungssysteme (G. Söder, K. Tröndle)
	Band 16:	Lichtwellenleiter für die optische Nachrichtenübertragung (S. Geckeler)
	Geplant:	Millimeterwellen
	Geplant:	Optimierung digitaler Übertragungssysteme
	Geplant:	Radartechnik
Ergänzungen	Band 9:	Nachrichten-Meßtechnik (E. Schuon, H. Wolf)

Herausgeber und Verlag danken für alle Anregungen zur weiteren Ausgestaltung dieser Reihe. Die freundliche Aufnahme in der Fachwelt hat die Richtigkeit der Idee, daß sich schnell entwickelnde Gebiet der Nachrichtentechnik oder Informationstechnik in einer Buchreihe darzustellen, bestätigt.

München, im Herbst 1987   H. Marko

Vorwort zur zweiten Auflage

In den 10 Jahren seit dem Erscheinen der ersten Auflage hat sich im Bereich der Datenübertragung, Datenverarbeitung, Signaltechnik, Mikroelektronik und Raumfahrttechnik
ein enormer Wandel vollzogen. Die Digitaltechnik ist in einem ständigen Fortschritt
begriffen und durch die integrierte Schaltungstechnik kommt den systemorientierten
Aufgaben eine zunehmende Bedeutung zu.

Der Anwendungsbereich der in diesem Buch beschriebenen Verfahren der Fernwirktechnik in ihrer Kombination mit der Methoden der Navigation hat sich ständig erweitert. Besonders eindrucksvoll ist in diesem Zusammenhang die Nutzung der PN- Codie-
rungsverfahren für die Navigationssatelliten des "Global Positioning System" (PN =
"Pseudo-Noise"= Rauschähnliche Signaleigenschaften). Diese Satelliten werden in einigen Jahren weltweit für die verschiedensten Aufgaben der Luft- und Seefahrt, des Land-
verkehrs und der Raumfahrtnavigation, aber auch der Geodäsie, der Ingenieurvermes-
sung etc. zur Anwendung kommen. Ebenso spielt die sog. "Bandspreiztechnik" (Spread-
Spectrum Technik) mit Hilfe der PN- Verfahren für die Datenübertragung bei mobilen
Diensten eine zunehmend größere Rolle.

Es war daher erforderlich, in einer Neuauflage dieses Buches auf diese Entwicklungen
besonders Rücksicht zu nehmen, wenngleich auch schon in der ersten Auflage die
Grundprinzipien beschrieben waren, damals aber eben noch mehr als Besonderheit der
Raumfahrt-Fernwirktechnik. Trotzdem bleibt die Gesamtgliederung im wesentlichen
erhalten. Denn es wurde schon in der ursprünglichen Fassung besonderer Wert darauf
gelegt, die Grundlagen und weniger die aktuellen Projekte zu beschreiben. Dies geschah
aus der Überlegung heraus, daß wegen der raschen technischen Fortschritte, die auch
noch in den nächsten Jahren zu erwarten sind, die Beherrschung der grundlegende physikalischen Möglichkeiten von großer Wichtigkeit ist und bleibt, während die Projekte
selbst sehr schnell veraltern, da sie "nur" den aktuellen Stand der Technik zur Zeit ihrer
Konzeption darstellen können.

Die Neuauflage des Buches wendet sich sowohl an Studenten und Ingenieure der Nachrichtentechnik und der Raumfahrt als auch - und dies ist neu gegenüber der ersten

Auflage - an Geodäten und Geowissenschaftler, an Ingenieure aus dem Bereich der Navigation und allgemein an solche, die die satellitenorientierten Meßtechniken der Datenübertragung, der Positions- und Geschwindigkeitsmessung sowie der Richtungsbestimmung praktisch nutzen wollen.

Der erweiterte Leserkreis reflektiert nicht nur die Tatsache, daß die praktische Nutzanwendung zunehmend größeren Raum gewinnt, sondern geht auch einher mit der Ausweitung meines Hörerkreises: Seit 1984 lese ich an der Universität Stuttgart für Interessenten aus allen o.a. Bereichen. Es zeigt sich hierbei auch der Vorteil des angestrebten Zieles, den Stoff möglichst "einsichtig" zu vermitteln, also vor allem das physikalische Verständnis in den Vordergrund der Überlegungen zu stellen und Systemaspekte zu behandeln. Gewiß wird in vielen Fällen eine näherungsweise Herleitung der Gesetzmäßigkeiten notwendig, um die Fülle der praktischen Aspekte kurz und übersichtlich zu beschreiben. Man erhält aber so die Chance, relativ einfach die wichtigsten Zusammenhänge schnell zu erkennen. Die mathematischen und technischen Voraussetzungen zum Lesen und Anwenden der Ergebnisse dieses Buches sind daher denkbar gering und gehen kaum über das hinaus, was man von einem Abiturienten erwarten kann.

Auch rein äußerlich zeigt sich bei dieser Neuauflage der Fortschritt in der Datentechnik. Das neue Manuskript wurde auf einer Textverarbeitungsmaschine angefertigt. Dies ermöglichte es, die Aufmachung zu verbessern und trotzdem die Herstellungkosten in Grenzen zu halten. Allerdings mußte der Text komplett neu geschrieben werden. Es geschah durch Frau T. Westerhausen, der ich hierfür verbindlichst danke. Meinen Dank sage ich auch Herrn Dipl.-Ing. K.H. Thiel für seine zahlreichen Ratschläge und Hilfen, sowie Frau D. Reichert für die Erstellung der Zeichnungen.

Mein besonderer Dank gebührt Herrn Dr. M. Rahnemoon, der mit großer Umsicht die Korrektur vornahm, zahlreiche fachliche Verbesserungsvorschläge erbrachte und an der Gesamtgestaltung dieser neuen Auflage wesentlich mitwirkte. Ich bedanke mich aber auch beim Verlag für die Geduld, das Verständnis und die wertvolle Unterstützung.

Stuttgart, im Herbst 1987   Philipp Hartl

Aus dem Vorwort zur ersten Auflage

Das Buch entstand aus meiner Vorlesung "Raumfahrtelektronik", die ich an der Technischen Universität Berlin halte. Es wendet sich einerseits an Studenten und Ingenieure der Nachrichtentechnik, die an Raumfahrt interessiert sind, und andererseits an Ingenieure der Raumfahrttechnik, die einen Einblick in die nachrichtentechnischen Belange gewinnen wollen.

Ich habe versucht, die Theorien möglichst einfach zu gestalten und sehr vereinfachte Modelle zugrundegelegt, damit das Verständnis für die physikalischen Dinge besonders klar hervorgehoben wird. Bezüglich der Mathematik werden keine besonderen Anforderungen gestellt. Auch in Hinblick auf die Nachrichtentechnik sind die Voraussetzungen denkbar gering gehalten worden.

Der Titel "Fernwirktechnik" wurde gewählt, um schon nach außen hin eine klare Abgrenzung zu dem in derselben Serie erscheinenden Buch über die Nachrichtensatelliten zu finden. Es geht im folgenden um Themen, die in der englischen Sprache mit "Telemetry", "Telecommand" und "Tracking" bezeichnet werden und nicht etwa um die Ton- und Bildübertragung wie beim Nachrichtensatelliten. Die Aufgabe der Telemetrie besteht darin, die Meßdaten des Raumfahrzeugs zur Erde zu übertragen. Die Aufgabe des Telekommandos umfaßt den Bereich der Befehlserteilung an das Raumfahrzeug. Bahnvermessung oder Tracking dient der Ermittlung der zeitabhängigen Orts- und Geschwindigkeitverlaufs der Flugbahn.

Der Stoff ist natürlich für eine umfassende Behandlung des Themas zu umfangreich, sodaß eine gewisse Auswahl zu treffen war. Es wurde versucht, Grundlagen und Entwurfsmethoden zu beschreiben. Auf die Behandlung von Details und speziellen Ausführungsformen habe ich fast durchweg verzichtet, in der Hoffnung, daß der Leser durch das Studium des Buches angeregt wird und in der Lage ist, die weiterführende Literatur zu lesen und zu verstehen.

In einem Überblick werden zunächst die Aufgaben der Raumfahrt-Fernwirktechnik und die Funktionsweisen der Teilsysteme allgemein beschrieben. Darauf folgt die parametri-

sche Beschreibung der Signalübertragung und des Rauschens, da durch diese die Auslegung der hochfrequenten Anlagen im wesentlichen bestimmt werden. Im Kapitel 3 werden Möglichkeiten und Probleme der Modulationstechnik aus der Sicht der Raumfahrt
beschrieben, bei der es bevorzugt darauf ankommt, Lösungen zu finden, die bordseitig
einen geringen Leistungsverbrauch haben. In diesem Zusammenhang spielen das Multiplexen, die phasenkohärente Demodulation und die PCM-Technik eine wesentliche
Rolle. Dadurch werden aber vielfältige Synchronisationstechniken erforderlich, die dann
im Kapitel 4 behandelt werden.

In der Raumfahrt ist eine Messung nur dann sinnvoll, wenn auch eine Ortsbestimmung
erfolgen kann. So erklärt sich die Forderung, im Rahmen der Fernwirktechnik funk-
technische Methoden der Positions- und Geschwindigkeitsbestimmung mitzubehandeln.
Im Kapitel 6 werden schließlich einige Besonderheiten der Wellenausbreitung erläutert,
die sich dadurch ergeben, daß das Signal auch die Atmosphäre passieren muß. Es treten
dabei insbesondere in der Ionosphäre eine Reihe von Effekten auf, die sich vor allem
bei der Bahnbestimmung störend bemerkbar machen.

Berlin, im Frühjahr 1977   Philipp Hartl

Inhaltsverzeichnis

Verzeichnis wichtiger Konstanten

Absolute Dielektrizitätskonstante
$\epsilon_0 = 8{,}8542 \cdot 10^{-12}$ As/Vm

Absolute Permeabilität
$\mu_0 = 1{,}25664 \cdot 10^{-6}$ Vs/Am

Boltzmann-Konstante
$k = 1{,}381 \cdot 10^{-23}$ Ws/K

Elektronenladung
$e = 1{,}602 \cdot 10^{-19}$ As

Erdbeschleunigung
$g = 9{,}80665$ m/s^2

Erdmasse
$M = 5{,}95 \cdot 10^{24}$ kg

Erdradius Äquator/Pol
$R = 6378/6356$ km

Gravitationskonstante
$G = 6{,}674 \cdot 10^{-11}$ Nm^2/kg^2

Lichtgeschwindigkeit im Vakuum
$c = 2{,}9979 \cdot 10^{8}$ m/s $= 1/\sqrt{\epsilon_0 \mu_0}$

Mittlere Entfernung Erde/Mond
$d = 384400$ km

Mittlere Entfernung Erde/Sonne
1 AE $= 149{,}5 \cdot 10^{6}$ km

Plancksches Wirkungsquantum
$h = 6{,}625 \cdot 10^{-34}$ Ws^2

Ruhemasse des Elektrons
$m = 0{,}9107 \cdot 10^{-30}$ kg

Umrechnung Kelvin/Celsius
$T_K = T_C + 273{,}15°$

1 Funktionen des Fernwirksystems

Vom Standpunkt der Nachrichtentechnik aus gesehen handelt es sich bei der Raumfahrt um "mobile Dienste" über extreme große Entfernungen, d.h. um Funkübertragung von und zu bewegten Objekten. Die Fernwirkanlagen werden dabei sowohl zur Steuerung der Transportsysteme eingesetzt, d.h. der ein- und mehrstufigen Trägerraketen, als auch zur Überwachung der "Nutzlasten". Nutzlasten sind bisher noch vorwiegend unbemannte Instrumentierungskapseln, die je nach Einsatzbereich unterschiedlich bezeichnet werden, nämlich als

- Höhenraketennutzlasten, wenn sie auf ballistischen Bahnen fliegen und nach einer Flugdauer von mehreren Minuten zur Erde zurückkehren, dabei in der Regel aber zerstört werden;
- Erdsatelliten, wenn sie in einer Umlaufbahn die Erde umkreisen;
- (Raum)Sonden, wenn sie den Bereich der Erdanziehung verlassen und den eigentlichen Weltraum durchfliegen. Hierzu gehören die Mondsonden, die planetaren und Kometensonden, die interplanetaren Raumsonden und die Kometensonden, sowie zukünftige interstellaren Sonden.

In der Zukunft werden bemannte Raumfahrzeuge und Raumstationen an Bedeutung gewinnen. Daß ein unbemanntes Raumfahrzeug eine Mission nur dann erfüllen kann, wenn durch die Mittel der Fernwirktechnik Kontakt zur Erde besteht, ist offensichtlich und unterstreicht die enorme Bedeutung dieser Technik für die Raumfahrt. Welchen Sinn sollte wohl der "Betrieb" eines Satelliten haben, wenn man keine Daten empfangen kann, die etwas darüber aussagen, was er mißt, wo er mißt und ob bzw. wie seine Instrumentierung arbeitet.

Bei bemannten Raumfahrtmissionen scheint auf den ersten Blick ein Verzicht auf gewisse Teilfunktionen der Fernwirktechnik denkbar, da die Mannschaft im Prinzip entsprechende Überwachungsaufgaben übernehmen kann. Sicherheitsanforderungen, Komplexität und die zusätzliche Aufgabe bemannter Missionen, sowie die Besonderheit, die Besatzung und Instrumentierung des Raumfahrzeuges an ganz bestimmten Orten wieder heil zu landen, erhöhen jedoch die Anforderungen in Wirklichkeit und erfordern einen erheblichen Automatisierungsgrad.

Die Überwachung des Betriebsablaufs ist in allen Fällen, sowohl bei bemannten als auch
bei unbemannten Missionen, durch ein Team durchzuführen, das in einem Kontrollzentrum die Meßdaten der Mission empfängt, beurteilt, erforderliche Maßnahmen mittels
Datenverarbeitungsanlagen errechnet und sie per Telekommando veranlaßt. Die wesentlichen Aufgaben der Fernwirktechnik sind:

- die Funkverbindung zum Raumfahrzeug herzustellen und aufrechtzuhalten (Signal-
  akquisition),
- die relevanten Bahndaten (Dopplergeschwindigkeit, Entfernung, Winkel) zur Posi-
  tions- und Geschwindigkeitsbestimmung des Raumfahrzeugs zu ermitteln (Tracking),
- technische Daten zu empfangen, die über das Raumfahrzeug und dessen Instrumentierung Auskunft geben (Telemetrie),
- Daten der wissenschaftlichen Instrumentierung zu empfangen und für eine Weiterver-
  arbeitung aufzubereiten (Signalaufbereitung), sowie
- Kommandos in Form von Steuersignalen an die Geräte des Raumfahrzeugs zu übertragen (Telekommando).

Besonderheiten ergeben sich für die Nachrichtentechnik aus:

- den außergewöhnlich großen Entfernungen (starke Signalschwächung, lange Signallaufzeit, Kommandoverzögerung),
- den hohen Geschwindigkeiten (Dopplereffekt, Antennennachführung),
- den hohen spezifischen Kosten für elektrische Energie und Nutzlastmasse, sowie
- den technologischen Anforderungen des Weltraums.

Es sind außerdem sehr komplexe und umfangreiche Bodenbetriebsanlagen und Netz-
werke zu nutzen, damit die weltumspannenden Aufgaben gelöst werden können.

1.1 Prinzipieller Aufbau

Abb. 1.1 zeigt in Form eines Blockschaltbildes die wichtigsten Einheiten eines Fernwirksystems. Es besteht aus den Telemetrie-, Telekommando- und Bahnvermessungsan-
lagen. Diese drei Untersysteme sind in vielen Fällen miteinander verkoppelt, um

- die Antennen mehrfach (sende- und empfangsmäßig) ausnutzen,
- die Ausführung von Kommandos über die Telemetrie bestätigt erhalten,
- für die Doppler- und damit die Geschwindigkeitsmessung die Meßgenauigkeit durch
  Anwendung des Transponderprinzips erhöhen, sowie

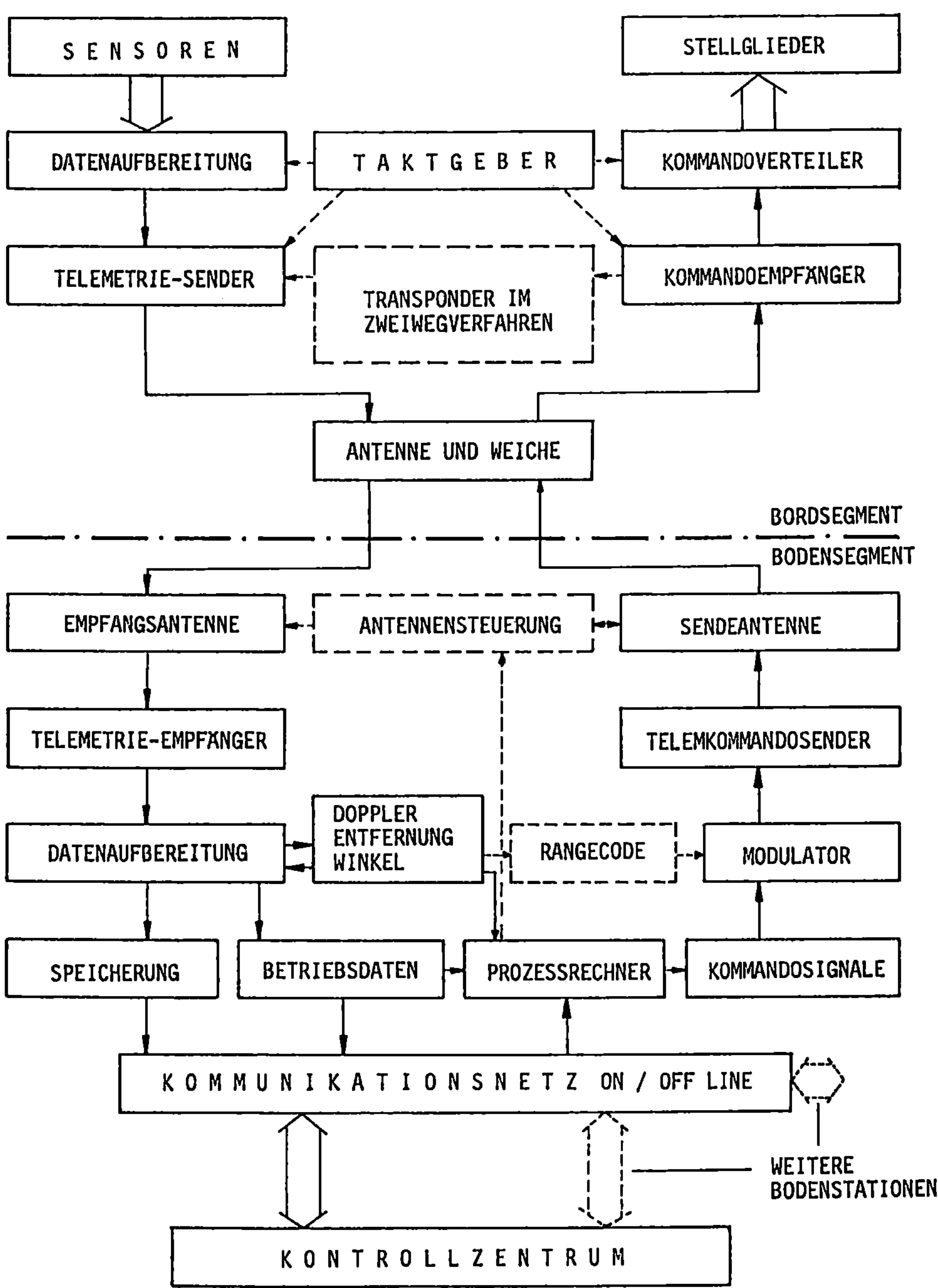

Abb. 1.1 Funktionseinheiten eines Fernwirksystems

- aus der Signallaufzeit für Hin- und Rückweg die Entfernung Raumfahrzeug - Bodenstation ermitteln zu können.

Der Betriebsablauf einer Raumfahrtmission wird gesteuert von einer Zentrale, dem Kontrollzentrum. Diese ist in der Regel mit mehreren Bodenstationen verbunden, die nur zeitweise Kontakt zum Raumfahrzeug über das Fernwirksystem herstellen können, nämlich immer dann, wenn die "Sichtbedingungen" es erlauben. Die entsprechenden geometrischen und zeitlichen Verhältnisse lassen sich durch Abb. 1.2 und Abb. 1.3 ermitteln. Je geringer die Flughöhe ist, desto kürzer und seltener ist natürlich der Funkkontakt zu einer Bodenstation. Damit man auch von denjenigen Zeiten und Raumbereichen Telemetriedaten erhält, wo kein direkter Funkkontakt zu einer Bodenstation besteht, müssen die Daten im Raumfahrzeug gespeichert werden. Dies geschieht heute noch bei sehr großen Datenmengen (Gigabits) mit Magnetbandgeräten, für "normale" Datenmengen werden aber zunehmend bis einige Mbits Halbleiterspeicher eingesetzt.

Sollen die gespeicherten Daten ausgelesen und übertragen werden, sobald Bodenkontakt möglich ist, werden hierfür entsprechende Kommandos von der Bodenstation benötigt. Es ist offensichtlich, daß das Verhältnis von Daten- Einlesezeit zu Daten- Auslesezeit auch denjenigen Faktor ergibt, um den sich die Datenrate erhöht, wenn nicht mit Echtzeittelemetrie sondern mit Speichertelemetrie gearbeitet werden muß. Zum Beispiel erhöht sich bei einer Aufnahmezeit von 120 Minuten und einer Abspielzeit (Funkkontaktzeit) von 5 Minuten die Datenrate um den Faktor $120 : 5 = 24$.

Über das Bodenstationsnetz wird vom Kontrollzentrum aus der Einsatz der einzelnen Bodenstationen gesteuert: Wann ist Kontakt zum Raumflugkörper aufzunehmen? Aus welcher Richtung und mit welcher Frequenzverschiebung (Dopplereffekt) sind die Signale zu empfangen? Welche Kommandos sind zu senden usw. Ferner werden der Zentrale von der Bodenstation diejenigen Telemetriedaten in Echtzeit überspielt, die eine unmittelbare kritische Entscheidung verlangen. Alle anderen Meßdaten werden in der Bodenstation zusammen mit einem Zeitcode auf Band aufgezeichnet und auf postalischem Weg erst später für die Zwecke der Datenaufbereitung und -verarbeitung an das Kontrollzentrum gesandt, z.T. per Post, z.T. über Breitband-Übertragungsstrecken etwa von Nachrichtensatelliten.

Die Bodenstationen sind meist sowohl für die Fernüberwachung als auch für die Fernsteuerung der Raumfahrzeuge ausgerüstet. Nicht jede Station ist aber in der Lage, auch genaue Positionsbestimmungen durchzuführen. Die verschiedenen Raumfahrtbehörden haben - mehr oder weniger weltweit verteilt - ihre eigenen Bodenstationsnetze. Über einige typische nachrichtentechnische Daten von Bodenstationen informiert Tab. 1.1. Die in der Raumfahrt genutzten Frequenzbänder sind in Tab. 1.2 angegeben.

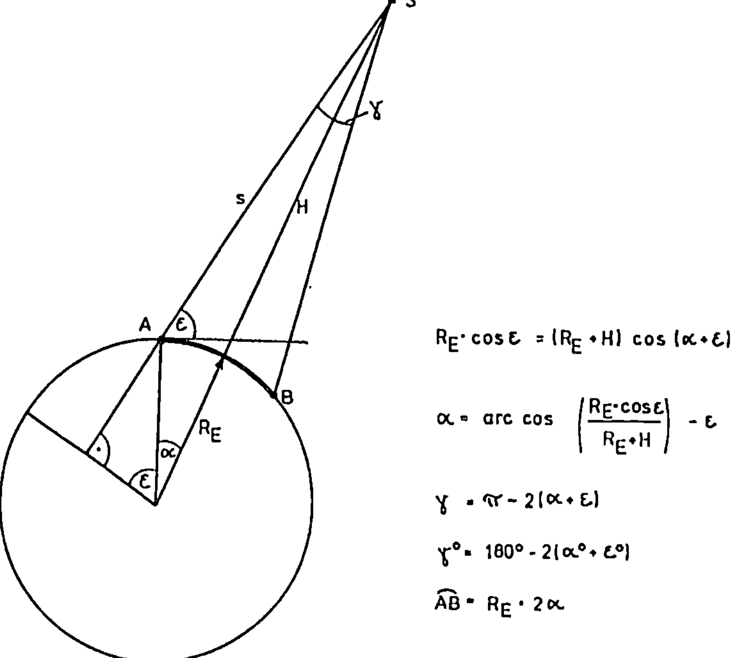

$$R_E \cdot \cos\varepsilon = (R_E + H)\, \cos(\alpha + \varepsilon)$$

$$\alpha = \text{arc cos} \left(\frac{R_E \cdot \cos\varepsilon}{R_E + H}\right) - \varepsilon$$

$$\gamma = \pi - 2(\alpha + \varepsilon)$$

$$\gamma^\circ = 180^\circ - 2(\alpha^\circ + \varepsilon^\circ)$$

$$\widehat{AB} = R_E \cdot 2\alpha$$

a) Geometrie

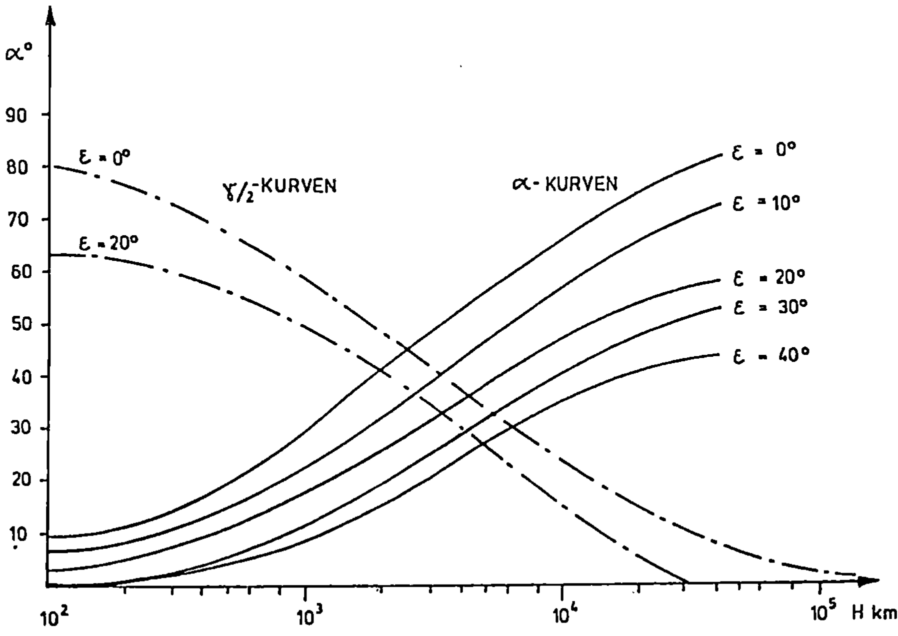

b) Winkelbeziehungen

Abb. 1.2 "Sichtbarkeitsbereich" eines Satelliten mit Bahnhöhe H

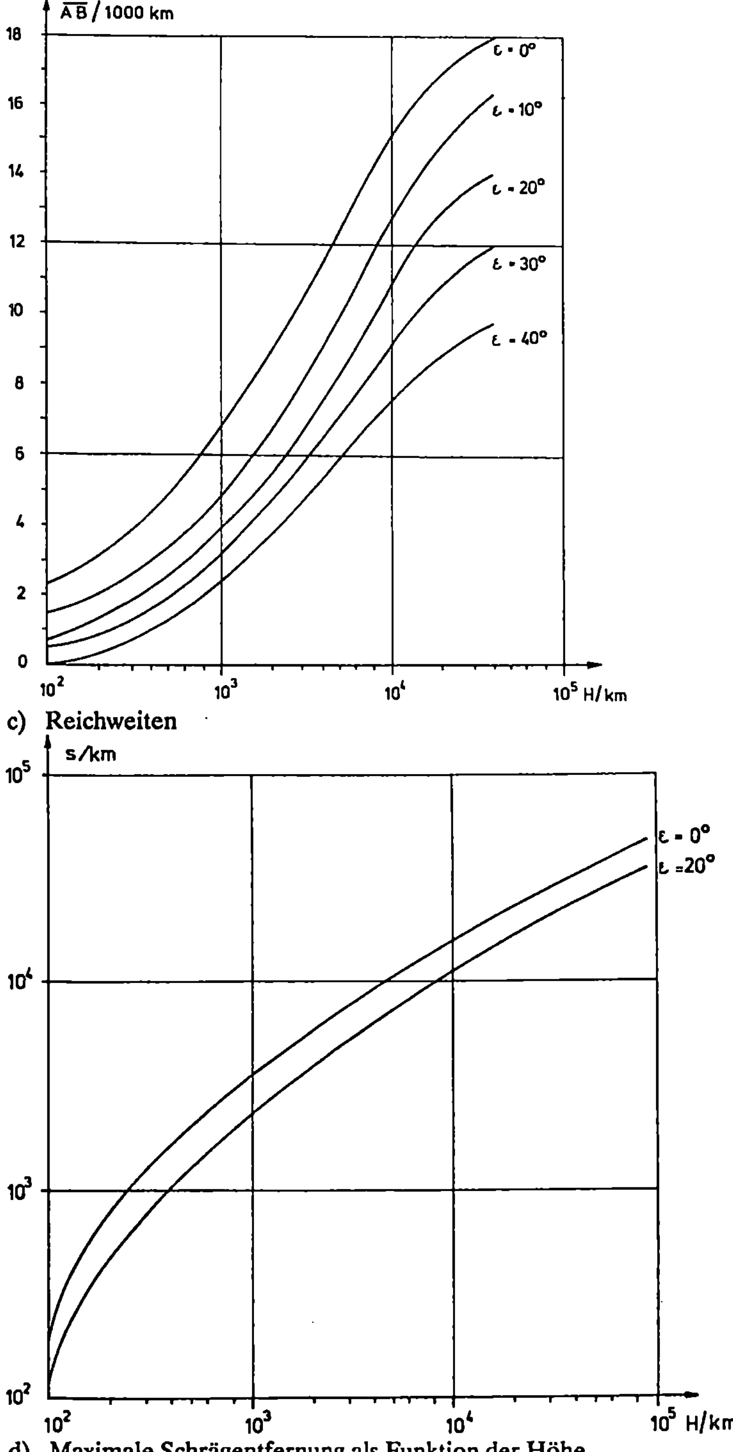

c) Reichweiten

d) Maximale Schrägentfernung als Funktion der Höhe

Abb. 1.2 (Fortsetzung)

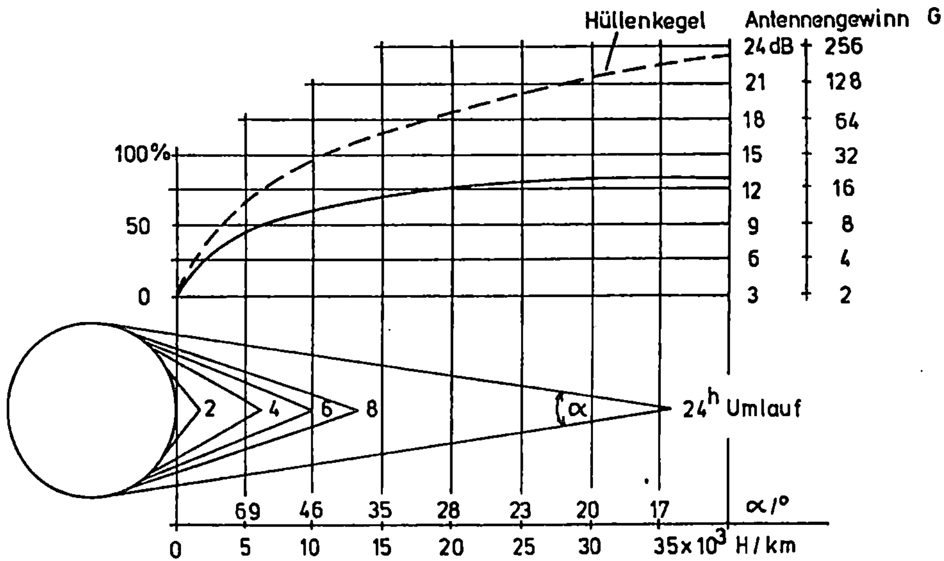

e) Relationen Bahnhöhe / Sichtbereich / Antennengewinn

Abb. 1.2 (Fortsetzung)

Tab. 1.1 Beispiele für die Telemetrie/Telekomando- Parameter von Bodenstationen

Frequenz/GHz	Telemetrie			Telekommand	
	0,136-0,138	2,29-2,3	8,0-8,4	0,148-0,150	2,11-2,12
Antennen-gewinn	22 dB	53 dB	72 dB	20 dB	50
G/T dB/K	22	22	34		
EIRP(dBW)	10	70	70	50	70

Tab. 1.2 Frequenzbänder für die verschiedenen Dienste in der Raumfahrt, hier beispielhaft angegeben bis zum 8,5 GHz-Bereich. Die Festlegung geschieht international durch die International Telecommunications Union ITU bzw. Internatinal Consultative Radio Committe CCIR (Comité Consultatif International de Radiocommunications). In der Bundesrepublik ist die Bundespost zuständig. Sie repräsentiert unser Land in der ITU.

Frequenz / MHz	Boden- Raum	Raum- Boden
137 - 138		SO, ME
138 - 144		SR
144 - 146		AS
149,9 - 150,05		NS
267 - 273		SO
322 - 328,6		RA
399,9 - 400,05		RA
400,05 - 400,015		ZV
400,15 - 401		ME,SO
401 - 402	ME,EE	SO
402 - 403	ME,EE	
406 - 406,1	MS	
406,1 - 410		RA
460 - 470		ME
608 - 614	MS	RA
620 - 790		RF
806 - 890		MS
1215 - 1260		NS
1400 - 1427	EE,SO	RA
1427 - 1429		SO
1525 - 1530		SO,EE
1530 - 1535		SO,MA,EE
1545 - 1559		NS-FLUG
1559 - 1610		NS
1625,5 - 1645,5	MA	
1645,5 - 1646,5	MS	
1646,5 - 1660	MS-FLUG	
1660 - 1660,5	MS-FLUG	RA
1660,5 - 1670		RA
1670 - 1710		ME
2110 - 2120	RS	
2290 - 2300		RS
2655 - 2690	GS	GS
2690 - 2700		RA,RF
3400 - 4200		GS
4202		ZV
4500 - 4800		GS
4800 - 4990		RA
4990 - 5000		RA,RF
5250 - 5725		RF
5725 - 7025	GS	
6427	ZV	
7125 - 7155	SO	
7145 - 7235	RF	
5925 - 7075	GS	
7250 - 8400	GS	
8400 - 8500		RF

SO	RAUMFAHRTBETRIEB	NS	NAVIGATIONS- SATELL.
ME	METEOR. SATELLITEN	RA	RADIOASTRONOMIE
SR	WELTRAUMFORSCHUNG	ZV	ZEITVERTEILUNG
AM	AMATEURSATELLITEN	MS	MOBILE DIENSTE
MA	MARITIME DIENSTE	GS	GEOSTATION. SAT.
RF	RUNDFUNKSATELLITEN	EE	ERDERKUNDUNG

1.2 Das TDRS-System

Seit etwa 1983 wird bei der NASA für niedrigfliegende Erdsatelliten nicht mehr das eben geschilderte klassische Verfahren genutzt, sondern vorwiegend das "Tracking and Data Relay Satellite System" (TDRSS) eingesetzt. Satelliten, bis zu einigen tausend Kilometern Höhe, werden über zwei Datenrelais-Satelliten (TDRS) betrieben, die in geostationärer Bahn bei den geographischen Längen von 41° West und 172° West positioniert sind. Diese TDR-Satelliten sind also von der Erde aus stets unter demselben Winkel zu sehen. Gemäß Abb. 1.4 empfangen sie von den zu bedienenden Satelliten die Telemetrie- und Tracking-Signale, verstärken diese und senden sie - nach einer Frequenzumsetzung - an eine zentrale Bodenstation in die USA. Von dort erhalten sie auch umgekehrt die Telekommando- und Tracking-Signale, die zu den Satelliten auf den niedrigen Umlaufbahnen gefunkt werden sollen. Es besteht bei den gegebenen geometrischen Bedingungen fast kontinuierlich Funkkontakt via TDRS zur zentralen Bodenstation. In vielen Fällen gibt es daher unter diesen Bedingungen keine Anforderungen bezüglich bordseitiger Datenspeicherung mehr. Über einige wichtige technische Daten des TDRSS gibt Tab. 1.3 Auskunft.

Auch die europäische Raumfahrtorganisation ESA plant für die Zeit ab Mitte der 90-iger Jahre einen Datenrelais-Satellit DRS; dieser soll kompatibel mit dem TDRS sein, aber zusätzlich Breitbandkanäle bei den höheren Frequenzen besitzen; Tab. 1.4. Solche Relaissatelliten sind notwendig um den großen Datenübertragungsbedarf von Raumstation und von Erderkundungssatelliten zu bewältigen.

1.3 Meßnetze

Zunehmend gewinnen auch Meßnetze an Bedeutung, bei denen Satelliten zur Signalübertragung dienen. Hierbei handelt es sich um automatische Meßstationen, die zum Teil weltweit verteilt sind und z.B. im Meer (Überwachung von Seegang, Windmessung, Salzgehaltmessung etc.) auf Bojen, ferner an Land (Umweltschutz, Wetterdienst etc.) oder in der Atmosphäre (Windmessung, Feuchtigkeit etc.) in Ballonen betrieben werden, um kontinuierlich Daten aufzunehmen und diese beim Satellitenüberflug auszusenden. Die Stationen werden hierfür in der Regel mit einer kleinen Sendeanlage sowie einem Zeit- und Codiersystem ausgestattet. Daher lassen sich die Zeiten der Meßwertübertragung über viele Monate hinweg programmieren. Die Codierung dient zur Angabe, von welcher Meßstation die Daten stammen. Der Satellit empfängt

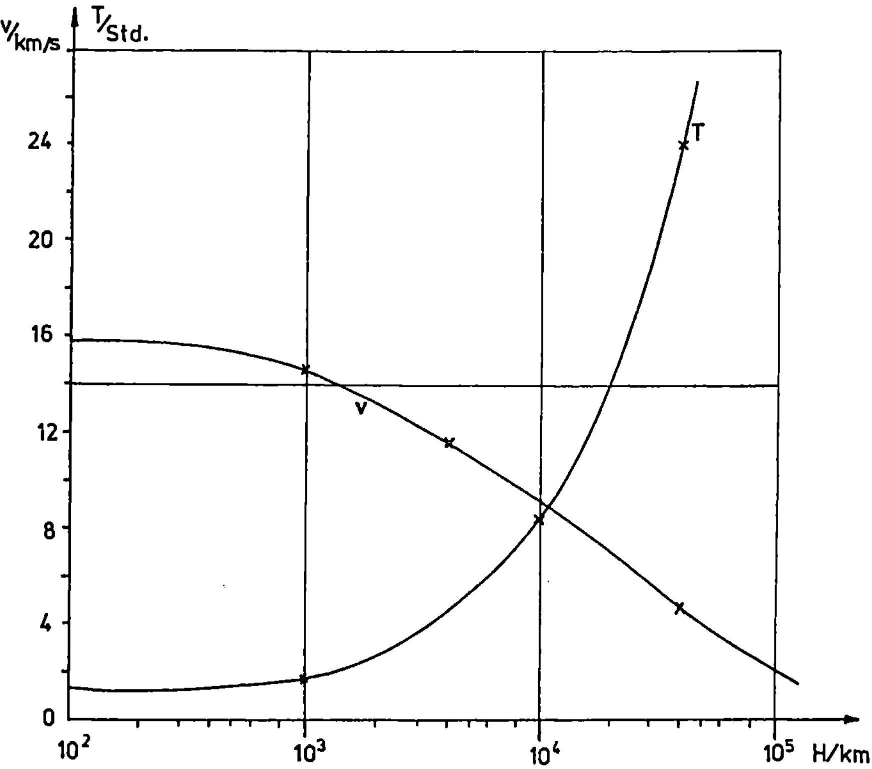

Abb. 1.3 Geschwindigkeit und Umlaufzeit als Funktion der Bahnhöhe für kreisförmige Umlaufbahn

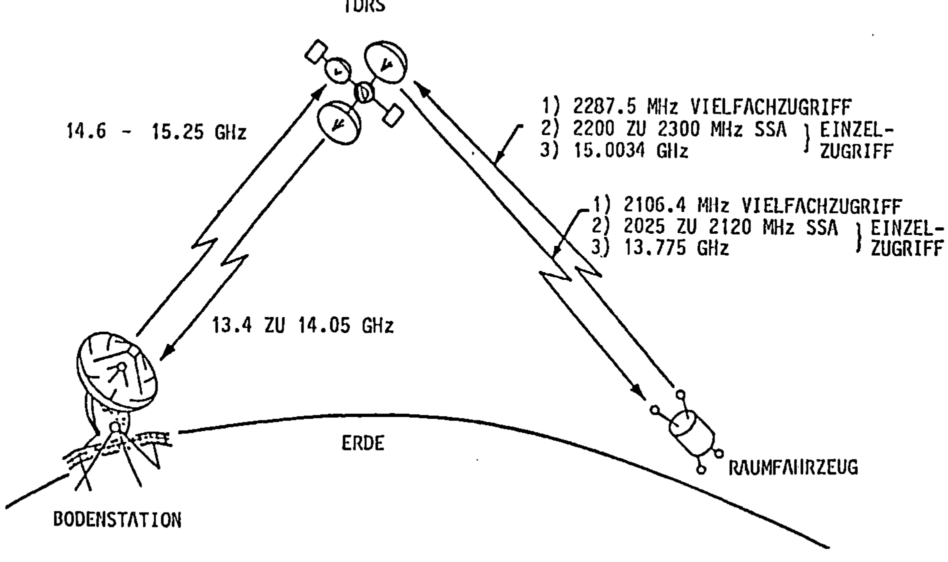

Abb. 1.4 TDRS- Konzept

Tab. 1.3 Anlagen des TDRS für den Funkbetrieb zu den erdnahen Satelliten

Funktion	S-Band Multi. Access		K_u-Band Single Access		S-Band Single Access	
Frequenz in MHz	TM 2287,5	TC 2106,4	TM 14896-15121	TC 13750-13800	TM 2200-2300	TC 2025-2120
Antennen	28 dB	23 dB	52,6 dB	52 dB	36 dB	35,4 dB
EIRP/dBW	34		43-49			43,4-46
Bandbr./MHz	5	5	88/225	50	10	20
Modulation	SS/PSK		SS/PSK			frei
p_E	$\geq$ -154		$\geq$ -152			
Kapazität für	20 Satelliten gleichzeitig		2 Satelliten gleichzeitig		2 Satelliten gleichzeitig	

EIRP   Äquivalente isotrope Strahlungsleistung
           = Antennengewinn·Sendeleistung
SS/PSK   Spread Spectrum mit PSK-Modulation; vgl. Abschnitt 7.4
p_E erforderliche Leistungsdichte bei SS/PSK am TDRS in dBW/m^2·4kHz
TM   Telemetrie
TC   Telekommando

Tab. 1.4 Vorläufige Daten für das ESA-Datenrelais-Konzept DRS, welches Mitte der 90-er Jahre realisiert sein soll. Kompatibilität mit TDRS-System bei 2 GHz ist angestrebt

Datenstrecke	Frequenz/GHz	Datenrate
Bodenstation-DRS	27,5 - 30	
DRS-Bodenstation	17,7 - 20,2	
DRS-Satellit	2,025 - 2,11 25,25 - 27,5	300 kbit/s 25 Mbit/s
Satellit-DRS	2,2 - 2,29 25,25 - 27,5	25 Mbit/s 32 dB 500 Mbit/s 53 dB
DRS-DRS	22,5 - 23,55 32 - 33 Laser	

die Signale, verstärkt sie, setzt sie auf eine passende Frequenz um und überträgt sie zur Zentrale. Also handelt es sich auch hier wieder um eine Transponder-Aufgabe (*Transmitter-Responder* = Antwortsender). Sie kann deshalb so vorteilhaft mit Satelliten gelöst werden, weil durch die große Bahnhöhe über ein weites Gebiet "direkte Sicht" besteht.

T sei die Zeit, in der N Meßstationen und die Zentrale vom Satelliten aus sichtbar sind, τ die Sendedauer pro Meßstation. Dann könnten im Idealfall $N = T/\tau$ Meßstationen nacheinander übertragen. Dies würde aber voraussetzen, daß die Meßstationen mit beliebig hoher Genauigkeit programmiert ihre Signale so absenden, daß sie lückenlos am Transponder ankommen. Um den Aufwand gering zu halten, soll $N << T/\tau$ sein, was man in der Regel in der Praxis leicht erfüllen kann. Dann sind weder große Anforderungen an die Zeitsysteme noch an die Bahnvorhersage zu stellen.

1.4 Bahnvermessung

Die funktechnischen Methoden der Bahnvermessung lassen sich in drei Klassen einteilen, nämlich in die

- Winkelmessung,
- Entfernungsmessung und
- Geschwindigkeitsmessung.

Alle drei Möglichkeiten werden in der Raumfahrt genutzt. Bei der Winkelmessung wird bestimmt, aus welcher Richtung das Empfangssignal gesendet wurde. Besonders naheliegend ist hierbei das Verfahren, das aus der Radartechnik vertraut ist: Man führt die drehbare Bodenantenne automatisch in Zielrichtung nach, indem man stets auf die Richtung maximaler Empfangsfeldstärke einstellt. Dann mißt man über Winkelcodierer die Winkelstellungen der Antennendrehachsen, z.B. Azimut und Elevation. Dieses Verfahren, obwohl heute bereits auf Genauigkeiten von besser als $1/100^{\circ}$ entwickelt, genügt den Ansprüchen der Raumfahrtortung nur im erdnahen Bereich. Winkelfehler $\Delta\gamma_1$, $\Delta\gamma_2$ wirken sich nämlich als Positionsfehler umso stärker aus, je größer die Entfernungen R_1, R_2 sind, so daß wegen der großen Distanzen der Raumfahrt auch bei relativ kleinen Winkelfehlern die Unsicherheiten $R_i\Delta\gamma_i$, $i = 1, 2$, viel zu groß werden; Abb. 1.5. Zudem sind die hohen Winkelgenauigkeiten auch nur erreichbar, wenn das Verhältnis von Antennendurchmesser zu Wellenlänge sehr groß ist.

Besonders hohe Winkelmeßgenauigkeiten erreicht man mittels Interferometer; Abb. 1.6. Die Genauigkeit ist hierbei - soweit nicht Ausbreitungseffekte stören - erheblich zu

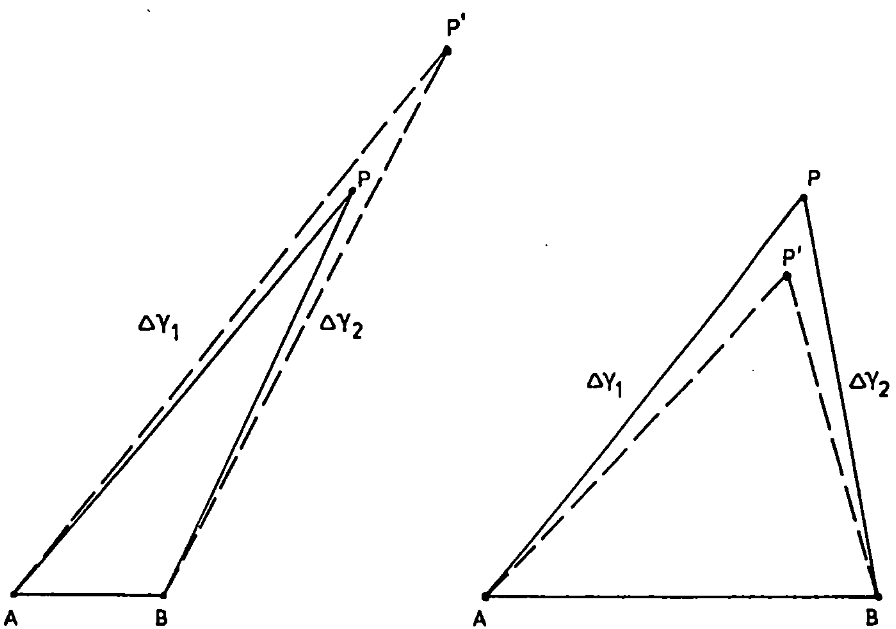

a) Positionsfehler $\overline{PP'}$ durch Winkelfehler $\Delta\gamma_1$, $\Delta\gamma_2$. Bei relativ kleiner Basis $\overline{AB}$ wird der Fehler groß.

b) Positionsfehler $\overline{PP'}$ durch Winkelfehler $\Delta\gamma_1$, $\Delta\gamma_2$ bei relativ großer Basis. Hier bleibt der Positionsfehler bei gleichen Werten von $\Delta\gamma_1$, $\Delta\gamma_2$ kleiner.

Abb. 1.5 Einfluß der Winkelfehler auf den Positionsfehler wächst proportional mit der Entfernung und ist auch abhängig von der Geometrie

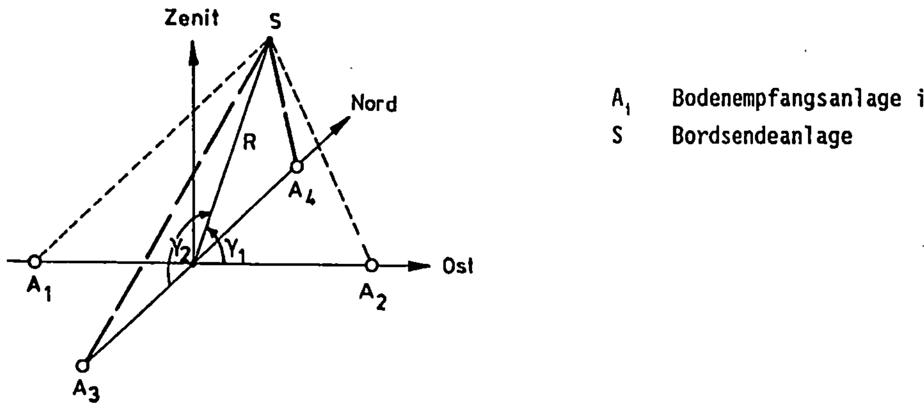

A_i	Bodenempfangsanlage i
S	Bordsendeanlage

Abb. 1.6 Besonders hohe Genauigkeit erreicht man bei großer Basislänge, wie sie durch die Interferometrie gegeben ist. Die Standlinien, d.h. die geometrischen Orte konstanter Entfernungsdifferenz von den Brennpunktpaaren sind jeweils Hyperboloide, sodaß in der vorgegebenen Konfiguration der Meßpunkt als Schnittpunkt zweier Hyperboloidschalen nur dann eindeutig bestimmt ist, wenn noch mindestens eine weitere Meßgröße ermittelt wird. Das kann z.B. der Entfernungswert selbst sein.

steigern, indem man die Basis entsprechend vergrößert. Je nach Anwendungszweck können die Basislängen $A_i A_j$ einige Wellenlängen bis viele 10^2, 10^3, ja 10^6 und mehr betragen. Bei den Großbasisinterferometern, die in der Radioastronomie und für Raumsonden-Missionen eingesetzt werden, nutzt man Basislängen bis zu mehr als 10,000 km und kann daher Genauigkeiten von 10^{-3} Bogensekunden und besser erreichen. Die Großbasisinterferometrie (VLBI= Very Long Baseline Interferometry, die besonders in der Radioastronomie praktiziert wird) ist besonders für die Raumsonden-bahnvermessung im praktischen Einsatz.

Die Messung der Entfernung R geschieht über die Ermittlung der Signallaufzeit T nach dem Radar-Prinzip, (häufig aus Leistungsgründen unter Verwendung eines Transponders im Raumfahrzeug. Dafür ist die Bezeichnung "Sekundärradar- Prinzip" üblich). Die Laufzeitdifferenz T zwischen dem Signal, das von der Bodenstation ausgesandt und vom Satelliten zurückgesandt wird, beträgt bekanntlich $T = 2R/c$. Hierbei ist c die Lichtgeschwindigkeit. Daraus ergibt sich die Distanz zu

$$R = \frac{cT}{2} \qquad (1.1)$$

Die Geschwindigkeitsmessung beruht auf dem Dopplereffekt. Bewegt sich das Raumfahrzeug relativ zur Bodenstation B mit der Radialgeschwindigkeit R'(als Radialgeschwindigkeit sei hier die zeitliche Änderung der Entfernung Satellit-Bodenstation definiert) und strahlt es die Sendefrequenz f_S aus, dann mißt man in B eine um Δf veränderte Empfangsfrequenz f_E

$$f_E = f_S + \Delta f \qquad (1.2)$$

Diese Dopplerverschiebung Δf ist in guter Näherung gegeben durch

$$\Delta f = -\frac{1}{c}\frac{dR}{dt} f_S = -R' f_S / c \qquad (1.3)$$

Der Wert von $R' = dR/dt$ ist negativ, wenn sich das Raumfahrzeug der Bodenstation nähert und positiv, wenn es sich von ihr entfernt. Der Effekt wird größer, wenn die Sendefrequenz f_S erhöht wird. Selbst bei im Vergleich zur Lichtgeschwindigkeit relativ kleinen Fahrzeuggeschwindigkeiten kann ein beachtliches Δf erzielt werden.

Beispiel: $dR/dt = 9$ km/s, $f_S = 2$ GHz, $\Delta f = 9 \cdot 2 \cdot 10^9 / 3 \cdot 10^5 = 6 \cdot 10^4$ Hz. Geschwindigkeits- und Entfernungsmessung eignen sich auch noch bei großen Distanzen besonders gut, weil ihre Genauigkeiten unabhängig von der Entfernung sind.

1.5 Telemetrie

Die Meßwertübertragung vom Raumfahrzeug zu einer Bodenstation bezeichnet man als Telemetrie. Kennzeichend hierbei ist, daß die Sendeseite den besonderen Ansprüchen des Raumfahrzeugs genügen muß. Auf der Empfangsseite kann hingegen der Aufwand für Antenne, rauscharmen Vorverstärker, Datenaufbereitungsanlage etc. groß sein, da diese bodenseitig installiert sind. Die zu übertragenden Telemetriedaten sind

- technische Überwachungsdaten (housekeeping Daten),
- wissenschaftliche Daten, d.h. Meßdaten, deren Sammlung in der Regel Hauptzweck der Raumfahrtmission sein wird.

Außerdem sind in der Regel die Datenraten für die Telemetrie wesentlich höher als für die Telekommandos.

Übrigens werden die Satelliten oft auch zur Datensammlung von vielen, weltweit verteilten Bodenmeßstationen genutzt. Dann ist die Bodenstationszahl groß und der Aufwand ist besser an Bord zu treiben.

1.5.1 Datenarten

Die Überwachungsdaten lassen sich noch unterteilen in Meß- und Meldedaten. Letztere sind binäre Zustandsmeldungen und geben an, ob z.B. ein Schaltung auf "Ein" oder "Aus" steht. Die Meßdaten hingegen übermitteln eine quantitative Aussage von z.B. 7 bit Information pro Meßdatenwert.

Technische Daten sind generell dadurch gekennzeichnet, daß der Wertebereich, innerhalb dem die Daten variieren können, relativ klein ist. Er ist weitgehend bereits in der Entwurfsphase des Flugkörpers festgelegt. Das liegt daran, daß die zu überwachenden Geräte nur in einem spezifizierbaren Temperatur-, Spannungs- etc. Bereich funktionsfähig sind. Die Überwachungsdaten sollen nur zeigen, ob und wie gut diese fest vorgeplanten Betriebsbedingungen erfüllt werden.

Ganz anders ist es bei den wissenschaftlichen Daten. Wenn etwa die Strahlungsintensität gemessen wird, dann kann der Wertebereich um viele Größenordnungen schwanken, abhängig davon, ob der Flugkörper gerade einen Strahlungsgürtel durchfliegt oder nicht, ob die Sonne aktiv oder ruhig ist, usw. Außerdem soll ein Experiment gerade auch für den "Überraschungsfall" vorbereitet sein, d.h. für unerwartet große oder kleine Meßwerte, da dieser besonders informationsträchtig ist.

Ferner sind bei den wissenschaftlichen Meßdaten an die Flexibilität besondere Anforderungen zu stellen. Die Abfrage der Meßstellen kann nicht nach einem einzigen starren Programm erfolgen, wie dies häufig bei den technischen Überwachungsdaten der Fall ist. Abhängig von Ort und Zeit muß es möglich sein, dem einen oder anderen Experiment höhere Priorität und höheren Datenfluß zuzugestehen. Die Abtastrate muß daher manchmal in Stufen variiert werden können. Selbst der Meßtakt wird nicht immer von einem Taktoszillator konstanter Frequenz abgeleitet. Eventuell leitet man ihn sogar aus der Rotation des Satelliten ab, damit gewährleistet werden kann, daß die Meßwerte aus der gewünschten Meßrichtung gewonnen werden.

Für die Zukunft ist geplant, daß der Experimentator direkten Einblick in den Ablauf seines Experiments hat und diesen in Echtzeit aktiv beeinflussen kann. "Telescience" ist das Schlagwort hierfür. Der Wissenschaftler soll zu diesem Zweck an seinem Rechnerdisplay die Funktionen in Echtzeit überwachen und Kommandos geben können, die über das Kontrollzentrum zum Satelliten gefunkt werden. Dazu ist natürlich der Einsatz eines Datenrelais- Satelliten notwendig.

Die Telemetrieanforderungen unterscheiden sich von den Telekommandoanforderungen nicht nur durch die wesentlich höheren Datenraten sondern auch durch die geringeren Anforderungen an die Fehlerfreiheit der Datenübertragung. Während man z.B. bei vielen Mission fordert, daß ein Fehlkommando höchstens mit einer Wahrscheinlichkeit von $1:10^8$ auftreten dürfte, kann bei den Telemetriedaten u.U. die Forderung $1:10^3$ oder $1:10^4$ genügen.

1.5.2 Funktionen

Die wesentlichsten Funktionen einer Fernmeßanlage sind

- Informationsmessung,
- Signalumsetzung,
- Codierung und
- Informationsspeicherung sowie
- Fernübertragung
- Signalrückumsetzung,
- Decodierung und
- Informationsausgabe.

Es sind eine Fülle unterschiedlicher Quellen, aus denen die Informationen zu übertragen sind; Abb. 1.7. Eine Einteilung kann erfolgen in Hinblick auf Sensoren, die analoge Signale liefern und solche, die die Daten in digitaler oder binärer (Ja/Nein) Form liefern. Es ist auch zu unterscheiden, ob sie einen vorgeschriebenen Spannungspegel (z.B. 2V oder 5V maximal) bereits erreichen oder als Niedervoltsignale erst noch entsprechend verstärkt werden müssen.

In der Signalaufbereitung kann eine Quellencodierung sinnvoll sein, die die Informationen der Signalquelle so darstellt, daß die Redundanz möglichst gering ist. Vor allem aber besteht die Aufgabe der Signalaufbereitung

- in einer Vereinheitlichung der Signalpegel z.B. auf 2V oder 5V als Maximalwert,
- bei digitalen Techniken in einer Umformung der analogen Signale in digitale mittels Analog/Digitalwandler und
- in einer Zusammenfassung nach Frequenz und/oder Zeitmultiplex.

Das Summensignal wird dann entweder direkt übertragen oder zunächst gespeichert. Im letzteren Fall werden die Daten erst auf Kommando vom Speichergerät mit Geschwindigkeitsüberhöhung ausgelesen und in den Fernübertragungsweg eingespeist. Dort wird im Bedarfsfall eine Kanalcodierung durchgeführt, deren Aufgabe es ist, durch gezieltes Hinzufügen von Redundanz eine größere Festigkeit gegen Störungen zu erzielen. Es folgt die Modulation eines hochfrequenten Trägerfrequenzsignals, um einerseits das Signalspektrum in ein für die Übertragung geeignetes Frequenzband zu transformieren und um andererseits mit dieser Modulation störende Einflüsse des Rauschens zu mindern.

Die Wahl der Sendefrequenz ist ebenfalls bedeutsam, denn die erforderliche Sendeleistung ist einerseits von der Strahlungsbündelung der Antennen abhängig und andererseits von den Eigenschaften des Übertragungsmechanismus. Die Strahlungsbündelung wird bei vorgegebenen Antennenabmessungen umso starker, je höher die Frequenz ist. Die Signaldämpfung und das Rauschen sind nur im "Radiofenster" der Atmosphäre gering. Dieses reicht von etwa 100 MHz bis 15 GHz. Bei tieferen Frequenzen bewirkt die Ionosphäre, bei hohen Frequenzen die Troposphäre (Wasserdampf- und Sauerstoffabsorption) verstärkte Signaldämpfung und erhöhtes Rauschen. Aufgabe der Antenne ist es, durch geeignete Ausleuchtung dafür zu sorgen, daß zwischen Sende- und Empfangsanlage eine gute und störungsfreie Verbindung mit möglichst geringem Aufwand erzielt wird. Der Aufwand ist aber hier zu messen an den Aufwendungen für den gesamten Satellitenbetrieb und insbesondere auch in Hinblick auf Anforderungen an die Lagekontrolle des Satelliten und die Antennengröße der Bodenanlage.

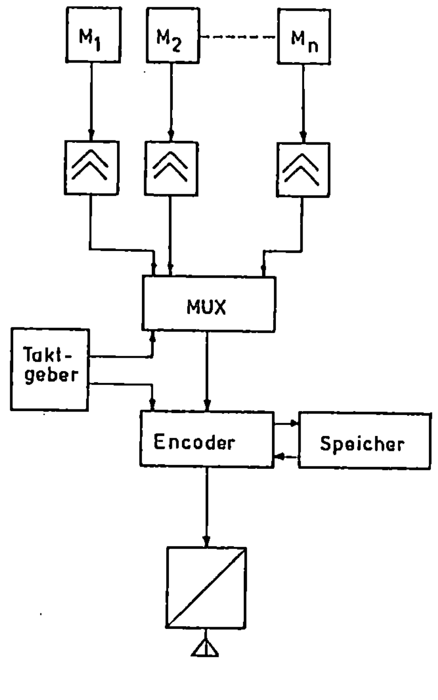

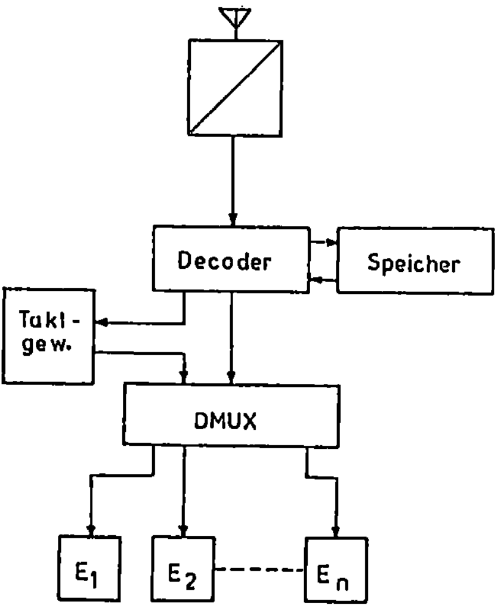

MESSWERTGEBER: Temperatur; Druck; Spannung; Strom; Vibration etc.

SIGNALAUFBEREITUNG: Zur Vereinheitlichung der Signale bezügl. Maximalpegel und Bandbreite: Verstärker; Integratoren; Zähler; Filter; Diskriminatoren etc.

SIGNALZUSAMMENFASSUNG: MUX ≈ Multiplexer; Frequenz-, Zeit-, Codemultiplex SYNCHRONSCHALTUNG

SIGNALWANDLUNG: Analog/Digitalwandlung; Bitformatierung; Kanalcodierung; evtl. Datenspeicherung

SENDER: Modulation der Trägerfrequenz durch die Signale

EMPFÄNGER: Verstärkung; Frequenzumsetzung und Demodulation

RÜCKWANDLUNG: Signalregeneration; Kanaldekodierung; Bitumformatierung

SIGNALENTFALTUNG: DEMUX = Demultiplexer; Frequenz-, Zeit-, oder Codedemultiplex

MESSWERTEMPFÄNGER: Anzeige; Speicherung; Rechner; Drucker; Plotter etc.

Abb. 1.7 Blockschaltbild der Telemetrie

Störungsfrei bedeutet, daß die Sendeleistung möglichst nicht zu unerwünschten Störungen des eigenen Betriebs und anderer Dienste führen darf. Das ist hier deshalb kritisch, da - entsprechend der weltweiten Überfliegung - ein Raumfahrzeug nicht nur lokale Störprobleme verursachen kann. Der Entwurf einer Satellitenantenne muß ferner Rücksicht auf andere Instrumentierungen des Raumfahrzeugs nehmen und darf also z.B. keine Abschattungen für andere Meßinstrumente verursachen. Wichtig ist auch, daß für den Fall einer Fehlfunktion oder bei Manövern die verschiedensten Orientierungen des Satelliten bezüglich einer Bodenstation möglich sind und dennoch gerade in diesen bedeutsamen Augenblicken die Fernübertragung und -steuerung gewährleistet sein muß. Daher besteht oft der Wunsch nach einer bordseitigen Rundstrahl-Antenne zusätzlich zur Richtantenne.

Auf der Empfangsseite werden, wie das Blockschaltbild von Abb. 1.7 zeigt, die Signalprozesse der Sendeseite wieder rückgängig gemacht, d.h. es wird demoduliert, decodiert, demultiplext und das Signal wieder zusammenhängend dargestellt oder gespeichert bzw. dem Computer zur weiteren Verarbeitung eingespeist. Ein wesentliches Merkmal der Raumfahrt-Fernwirktechnik besteht darin, daß die Signale stark verrauscht und somit verzerrt sind. Denn in dem Bestreben, möglichst geringe Sendeleistungen abzustrahlen, aber trotzdem aus unvergleichlich großen Entfernungen möglichst viele Informationen zu übertragen, folgt automatisch, daß die Empfangssignale meist so schwach sein werden, daß sehr viele Störquellen Einfluß haben, deren Strahlungsleistungen üblicherweise vernachlässigbar sein würden.

1.6 Telekommando

1.6.1 Datenarten

Die Fernsteuerung von Geräten des Raumfahrzeugs, etwa das Zünden eines Raketenmotors, das Ein- oder Ausschalten eines Instruments, die Umschaltung auf einen anderen Meßzyklus etc. geschieht mit Hilfe der Telekommando-Einrichtung. Sie ist das Gegenstück zur Telemetrie-Einrichtung. Die Bordeinrichtung, die die Instruktionen des Bodenstationssenders empfängt und decodiert, muß in der Lage sein

- festzustellen, ob bzw. daß die Signale für dieses Raumfahrzeug bestimmt sind (Adresse),
- Ein/Aus-Instruktionen zum Fernschalten bestimmter Instrumente und Untersysteme des Raumfahrzeugs zu übertragen und die Ausführung dieser Echtzeit-Instruktionen

zu veranlassen,
- Speichersignale zu senden, die den adressierten Speicherplatz mit der Instruktion laden,
- zeitmarkierte Speichersignale zu handhaben, die neben Speicheradresse und Instruktion noch eine Zeitangabe enthalten, damit durch Zeitvergleich mit einer Borduhr zum gewünschten Zeitpunkt die Instruktion ausgeführt werden kann,
- einen "Ladebefehl" auszuführen, der veranlaßt, daß die nachfolgenden Daten in einen vorgegebenen Speicher eingeschrieben werden.

Die Telekommandodaten, die von der Bodenstation auf Veranlassung des Kontrollzentrums ausgesendet werden, werden meist von einem Rechner codiert.

1.6.2 Funktionen

Der Datenfluß für das Telekommando ist im Prinzip fast identisch mit dem der Telemetrie, aber von geringerer Bitrate. Ein Unterschied besteht auch darin, daß die Sendesignale in der Regel als Zeitfolge bereits von einem Prozeßrechner erstellt werden. Es fehlen die vielen und vielerlei Signalquellen; die Signalaufbereitung vereinfacht sich. Ein weiterer Unterschied besteht in der Codierung auf erhöhte Sicherheit.

Die Nutzung einer gemeinsamen Antenne für den Sende- und Empfangsbetrieb an Bord des Raumfahrzeugs erfordert Frequenz- oder Richtungsweichen. Die Anforderungen an die Entkoppelung der Signale sind wegen des extremen Unterschieds von Sende- und Empfangspegel besonders groß. Zusätzlich muß die Dämpfung der Durchgangssignale sehr gering sein, da sendeseitig dadurch vor allem Leistungsverluste und empfangsseitig Störleistung erzeugt wird. Ein Frequenzabstand von 5% bis 10% zwischen der Sende- und Empfangsfrequenz ist erforderlich. Die Telemetriestrecke stellt in der Regel höhere Anforderungen an das Fernwirksystem als die Telekommandostrecke. Die folgenden Ausführungen beziehen sich vorwiegend auf die Telemetrie; es soll aber betont werden, daß im allgemeinen die Ergebnisse auch für das Telekommandosystem zutreffen, falls nicht das Gegenteil besonders vermerkt wird. Ferner ist zu beachten, daß viele der logischen Funktionen mit Hilfe von Mikroprozessoren und Software anstelle von speziellen Logikbausteinen und -schaltungen realisiert werden können. Dadurch erhöht sich noch die Flexibilität, die Entwicklung wird einfacher und anpassungsfähiger, aber auch innerhalb kürzerer Zeit sowie kostenmäßig günstiger umsetzbar.

2 Signalübertragung und Rauschen

Für die Dimensionierung eines Übertragungssystems ist es erforderlich, die Leistungs-
gewinne und -verluste zu identifizieren und deren Bilanz dem störenden Rauschen
gegenüberzustellen. Zu diesem Zweck werden in diesem Kapitel extrem vereinfachte
Modelle der Signalübertragung benutzt. Die wesentlichsten Systemgrößen, die für die
Auslegung von Sender, Empfänger und Antennen von Bedeutung sind, lassen sich so
leicht erkennen. Die Vereinfachungen helfen, den Rechenaufwand klein zu halten, so
daß die Durchsicht zu den fundamentalen Problemen nicht getrübt wird.

Ziel der Untersuchungen ist es, festzustellen,
- wie die Empfangsleistung abhängig ist von der Sendeleistung, den Antenneneigen-
  schaften sowie den Einflüssen der Übertragungsstrecke und
- wie die verschiedenen Rauschquellen zum resultierenden Systemrauschen beitragen.

2.1 Antennenparameter

Wir nehmen zunächst an, daß die Sendeleistung P_S von einem Kugelstrahler ausgesandt
werde, d.h. die Strahlungscharakteristik der Sendeantenne omnidirektional sei. Es wird
ferner vorausgesetzt, daß der Sender sich im Weltraum befindet, so daß sich die Strahlung hindernisfrei ausbreiten kann und auch keinerlei Dämpfungseffekte existieren (Vakuum). Dann ist die Flächenleistungsdichte p, also die Leistung pro Flächeneinheit, in
einer Entfernung R vom Sender gegeben durch

$$p = \frac{P_S}{4\pi R^2} \tag{2.1}$$

Denn die Sendeleistung muß sich nach Voraussetzung homogen ausbreiten, wird also
auf der Oberfläche einer Kugel, deren Zentrum am Ort des Senders liegt und den Ra-
dius R hat, auf eine Fläche von $4\pi R^2$ gleichmäßig verteilt sein; Abb. 2.1. Hat eine Empfangsantenne die "Wirkfläche" A_E, dann entnimmt sie per definitionem die Leistung

A_E p, so daß die Empfangsleistung

$$P_E = \frac{P_S A_E}{4\pi R^2} \qquad (2.2)$$

maximal einem Empfänger zugeführt werden kann.

Die Wirkfläche ist definiert als eine Fläche senkrecht zur Ausbreitungsrichtung der elektromagnetischen Welle; sie liegt also in der Tangentialebene der oben erwähnten Kugeloberfläche. Sie soll bezüglich der Polarisation maximale Leistung aufnehmen kön- nen. Jeder Antennenform läßt sich eine Wirkfläche zuordnen. Eine gewisse Abhängig- keit vom speziellen Entwurf existiert zwar, daher sind die Zahlenwerte der Tab. 2.1 nur als Richtwerte zu verstehen.

Der Kugelstrahler, von dem wir bisher ausgegangen sind, ist nun in praxi nicht realisier- bar und wird in vielen Fällen auch gar nicht angestrebt. Man möchte nämlich die Lei- stung des Senders in der Richtung konzentrieren, in der sich der Empfänger befindet. Dadurch soll vermieden werden, daß unnötigerweise Leistung dorthin strahlt, wo sie nutzlos oder sogar störend sein kann. Die Bündelung bewirkt, daß nur auf ein Teilgebiet der Kugeloberfläche Leistung gestrahlt wird. Dort erhöht sich gegenüber dem omni- direktionalen Fall die Flächenleistung p um den Faktor D, der gleich dem Verhältnis von Kugeloberfläche zu Teiloberfläche ist

$$D = \frac{4\pi R^2}{R^2 \Omega} = \frac{4\pi}{\Omega} \qquad (2.3)$$

Ω ist der Raumwinkel, dessen Definition in Abb. 2.2 angegeben ist. D wird als "Richtfak- tor" bezeichnet. Er bewirkt eine Erhöhung der Empfangsleistung, also einen Leistungs- gewinn G (η = Antennenwirkungsgrad)

$$G = \eta D \qquad (2.4)$$

Der Antennengewinn G unterscheidet sich vom Richtfaktor D um den Antennen- wirkungsgrad η. Dieser berücksichtigt, daß von der Sendeleistung, die der Antenne zugeführt wird, ein Teil - wegen verschiedener Verluste durch Abstrahlung in uner- wünschte Richtungen und ohmsche Verluste in den Leitungen - in der gewünschten Richtung fehlt. Es gilt bei Verwendung einer Sendeantenne mit Gewinn G also anstelle von Gl.2.2:

$$P_E = P_S \frac{G A_E}{4\pi R^2} \qquad (2.5)$$

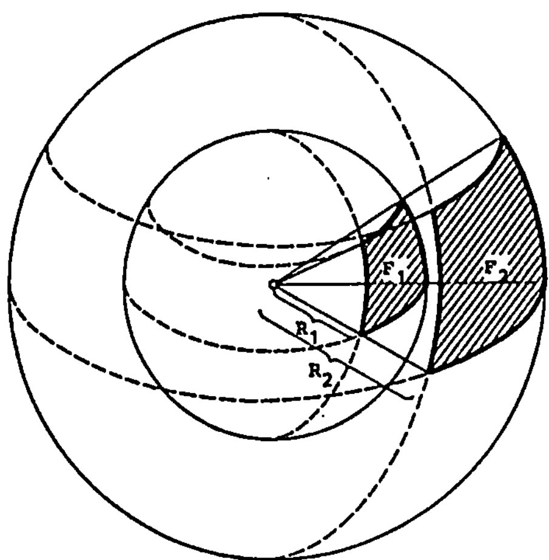

Abb. 2.1 Quadratische Reduktion der Strahlungsdichte mit der Entfernung

Spezialfälle

a)

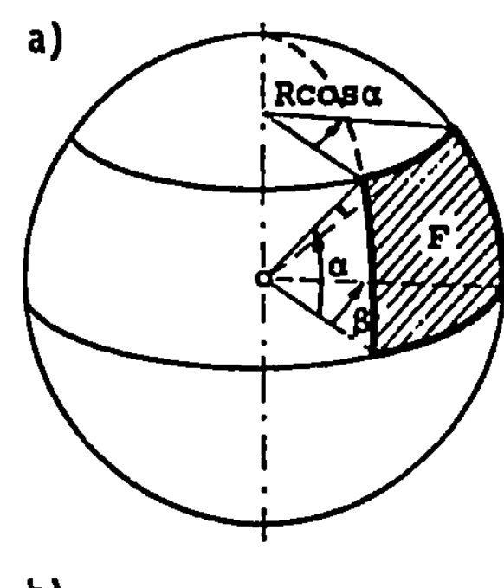

$$F = \int_{-\alpha/2}^{\alpha/2} \int_0^\beta R\,d\alpha\,R\,d\beta\cos\alpha$$

$$F = 2R^2 \sin(\alpha/2)\beta$$

b)

$$F = 2\pi R \int_0^{\gamma/2} \sin\varphi\, R\,d\varphi$$

$$F = 2\pi R^2 [1-\cos(\gamma/2)]$$

$$\Omega = 2\pi[1-\cos(\gamma/2)]$$

Abb. 2.2 Definition des Raumwinkels; $\Omega = F/R^2$ (in Steradiant, sr)

Übrigens muß auch bei der Wirkfläche berücksichtigt werden, daß thermische Verlust-
leistung die Strahlungsausbeute herabsetzt, so daß die "Gewinnfläche" oder effektive
Wirkfläche A ebenfalls durch einen Wirkungsgrad η vom Idealfall A_0 abweicht:

$$A = \eta A_0 \tag{2.6}$$

Da sich Antennengewinn und Richtfaktor einerseits, Gewinnfläche und Wirkfläche andererseits jeweils nur durch den Wirkungsgrad η voneinander unterscheiden, werden
diese Begriffe nicht immer scharf gegeneinander abgegrenzt.

Die beiden Wirkungsgrade von Sende- und Empfangsantenne sind (Gl.2.4 und 2.6)
streng genommen unterschiedlich, da die Stromverteilungen der Antenne im Sende- und
Empfangsfall verschieden sind. Wir wollen aber diese Feinheit in den folgenden Betrachtungen außer Acht lassen. Unter dieser Vernachlässigung gilt dann das Reziprozi-
tätstheorem, welches besagt, daß Antennengewinn und Wirkfläche gleichermaßen Gel-
tung haben für den Sende- und Empfangsbetrieb. Wie im Abschnitt 2.3.3.2 gezeigt wird,
stehen ganz allgemein Wirkfläche und Gewinn in folgender Beziehung zueinander

$$A = G\lambda^2/4\pi \tag{2.7}$$

λ ist hierbei die Wellenlänge für die Betriebsfrequenz. Es muß also nur eine der beiden
Größen A,G bekannt sein, dann ist auch die andere zu errechnen. Wir können daher die
Sendeantenne wahlweise durch einen Antennengewinn G_S oder eine Gewinnfläche A_S
beschreiben und analog die Empfangsantenne durch G_E und A_E. Gl.2.5 läßt sich also
mit Hilfe von Gl.2.7 in verschiedene Formen bringen:

$$P_E = P_S \frac{G_S A_E}{4\pi R^2} \tag{2.8}$$

$$P_E = P_S \frac{G_E A_S}{4\pi R^2} \tag{2.9}$$

$$P_E = P_S \frac{G_S G_E}{(4\pi R/\lambda)^2} = P_S \frac{G_S G_E}{L} \; ; \quad L = (\frac{4\pi R}{\lambda})^2 \tag{2.10}$$

$$P_E = P_S \frac{A_S A_E}{R^2 \lambda^2} \tag{2.11}$$

Der Wert L (Abb. 2.3) der Gl.2.10 wird in der Literatur fälschlicherweise als (Frei-)-
Raumdämpfung (space loss) oder Funkfelddämpfung bezeichnet, obwohl es sich gar

Tab. 2.1 Gewinne und Wirkflächen verschiedener Antennentypen

Typ	Gewinn/dB	Gewinnfläche
Kugelstrahler	1	$\lambda^2/4\pi$
Hertz-Dipol	1,5	$1,5\lambda^2/4\pi$
$\lambda/2$-Dipol	1,64	$1,64\lambda^2/4\pi$
Horn	$10A/\lambda^2$	$0,81A$
Parabol	$6,2 - 7,5A/\lambda^2$	$0,5A - 0,6A$
n·m Dipolwand mit Reflektor	$3,28nm$	$0,26nm\lambda^2$

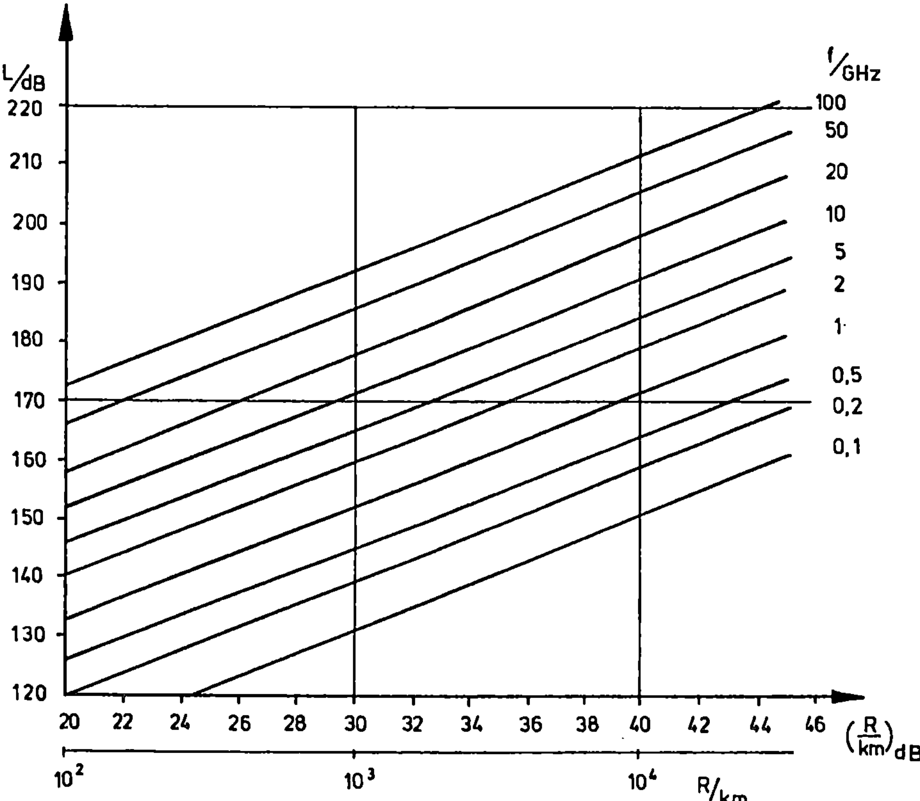

Abb. 2.3 Raumdämpfung als Funktion der Entfernung für verschiedene Frequenzen

nicht um eine echte Dämpfung handelt sondern um eine "Ausdünnung" der Flächenleistungsdichte ("spreading loss") aufgrund der mit R^2 wachsenden Kugeloberfläche.
Dämpfung bedeutet aber üblicherweise Umsetzung von elektrischer Energie in Wärme.

Ehe diese wichtigen Beziehungen diskutiert werden, ist es zweckmäßig, den Zusammenhang zwischen Antennengewinn, Gewinnfläche und Bündelung noch etwas näher zu untersuchen. Auch hierbei beschränken wir uns wieder auf den einfachsten Fall, daß nämlich die gesamte Strahlung in den gewünschten Raumwinkel gesandt wird, diesen homogen ausleuchtet und außerhalb dieses Raumwinkels keinerlei Strahlung existiert. Wie
aus Abb. 2.2 zu entnehmen ist, gilt daher bei kleinen Öffnungswinkeln α, β, daß der interessierende Teil der Kugeloberfläche $R^2\Omega$ praktisch mit den Rechteckfläche $R^2\alpha\beta$
identisch ist. Somit berechnet sich den Richtfaktor unter Anwendung von Gl.2.3 und 2.4
zu:

$$D_{\alpha\beta} = \frac{4\pi R^2}{R^2\alpha\beta} = \frac{4\pi}{\alpha\beta} \qquad (2.12)$$

$$G_{\alpha\beta} = \eta\,\frac{4\pi}{\alpha\beta} \qquad (2.13)$$

In entsprechender Weise erhalten wir mit Abb. 2.2 für den kreissymmetrischen Fall

$$D_{\gamma} = \frac{4\pi R^2}{(R\gamma)^2\,(\pi/4)} = \frac{16}{\gamma^2} \qquad (2.14)$$

Diese Formel gilt näherungsweise für kleine Winkel γ. Genauer wäre die Gleichung
$D_{\gamma} = 4\,/\,\sin^2(\gamma/2)$, wo der Sinus noch nicht durch das Argument selbst ersetzt ist.

$$G_{\gamma} = \eta\,\frac{16}{\gamma^2} \qquad (2.15)$$

Die Öffnungswinkel α, β, γ sind im Bogenmaß einzusetzen. Es ist für praktische Fälle
häufig von Vorteil, das Gradmaß zu verwenden. Daher soll die bekannte Beziehung $\alpha°$
$= 180\alpha/\pi$ noch eingesetzt werden, wobei ° bedeutet, daß der Winkel nicht im Bogenmaß
sondern im Gradmaß einzusetzen ist:

$$G_{\alpha°\beta°} = \eta\,\frac{41253}{\alpha°\beta°} \qquad (2.16)$$

$$G_{\gamma°} = \eta\,\frac{52525}{(\gamma°)^2} \qquad (2.17)$$

Diese Funktionen sind in den Abb. 2.4 und 2.5 ausgewertet.

Eine weitere interessante Beziehung können wir ableiten, wenn wir die Gln. 2.4, 2.6 und 2.12 in Gl.2.7 einsetzen.

$$A = G\lambda^2/4\pi; \quad A/\eta = (G/\eta)(\lambda^2/4\pi)$$

$$A_0 = D_{\alpha\beta}\frac{\lambda^2}{4\pi} = \frac{4\pi}{\alpha\beta}\frac{\lambda^2}{4\pi} \tag{2.18}$$

$$\alpha\beta = \frac{\lambda^2}{A_0} = \eta\frac{\lambda^2}{A} \; ;$$

$$\alpha^{\bullet}\beta^{\bullet} = \frac{3283\lambda^2}{A_0} = \eta\frac{3283\lambda^2}{A}$$

Analog gilt

$$\gamma^2 = \frac{16}{A_0}\frac{\lambda^2}{4\pi} \tag{2.19}$$

also

$$\gamma^2 = \frac{4\lambda^2}{A_0\pi} = \eta\frac{4\lambda^2}{A\pi} \tag{2.20}$$

$$(\gamma^{\bullet})^2 = \eta\frac{4180\lambda^2}{A} = \frac{4180\lambda^2}{A_0} \tag{2.21}$$

Faßt man die Wirkfläche A_0 als eine kreisförmige Apertur mit dem Aperturdurchmesser $d = 2\sqrt{A_0/\pi}$ auf, dann läßt sich Gl.2.20 auch in der folgenden Form schreiben:

$$\gamma^2 = \frac{\lambda^2\cdot 16}{\pi d^2\pi} \; ; \quad \gamma = \frac{4\lambda}{\pi d} \tag{2.22}$$

$$\gamma^{\bullet} = 73\frac{\lambda}{d} \tag{2.23}$$

Entsprechend gilt für eine rechteckförmige Apertur mit den Seitenlängen a und b, also $A_0 = ab$ mit Gl.2.19

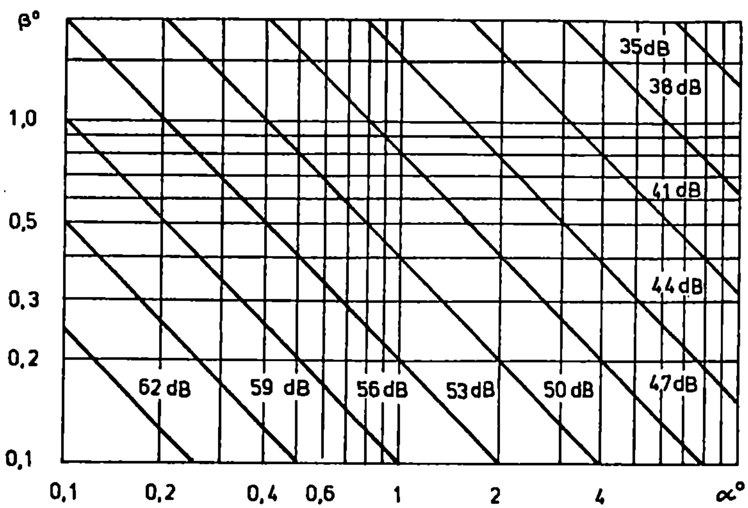

Abb. 2.4 Richtfaktor D und Öffnungswinkel für rechteckförmige Wirkfläche

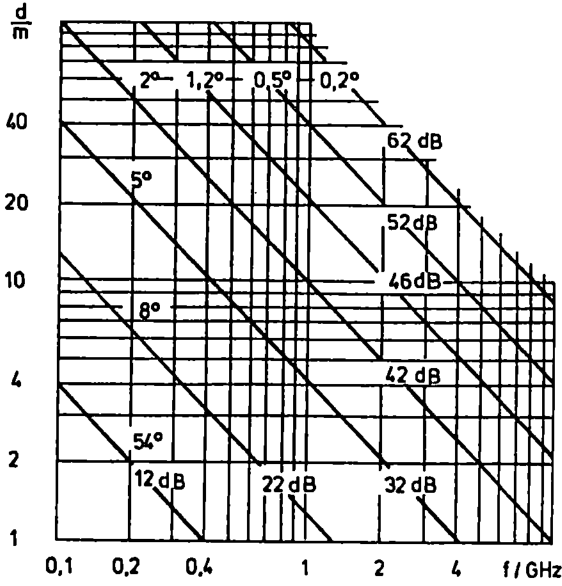

Abb. 2.5 Richtfaktor und Öffnungswinkel für kreisförmige Wirkflächen

$$\alpha^{\bullet}\beta^{\bullet} = \frac{3283\lambda^2}{ab} \; ,$$

bzw. für den Sonderfall $\alpha = \beta$ also auch $a = b$

$$\alpha^{\bullet} = 57,3 \, \frac{\lambda}{a} \qquad\qquad\qquad (2.24)$$

In die Ergebnisse sind λ^2 und A bzw. λ und d, a, b in gleichen Dimensionen einzusetzen. Die Wirkfläche ist hiermit auch in Verbindung gebracht zum Winkelbereich, in den die Leistung eingestrahlt wird. Es wird dadurch verständlicher, warum man Gewinn und Wirkfläche sowohl für den Sende- als auch Empfangsfall definieren kann. Es wird nur Leistung in den Bündelungsbereich Ω gesendet bzw. von diesem empfangen. d und A_0 sind unterschiedliche Ausdrucksweisen für die Beschreibung dieses Winkelbereiches Ω bzw. von α, β, und γ, so daß selbst einer Dipolantenne eine Wirkfläche zugeordnet werden kann.

Die Gleichungen 2.23 und 2.24 sind insofern bemerkenswert, als sie zeigen, daß die Bündelung proportional zum Verhältnis von Abmessung der Wirkfläche zu Wellenlänge ist.

2.2 Diskussion

Die Gleichungen 2.8 bis 2.11 sind nun zu diskutieren. Es geht darum, die Empfangsleistung bei vorgegebener Sendeleistung möglichst groß zu halten.

2.2.1 Wirkflächenbegrenzungen

Zunächst setzen wir voraus, daß mindestens eine der beiden Antennen sehr groß werden kann. Das wäre dann meist die Bodenantenne. Ob es sich aber dabei um die Sende- oder Empfangsantenne handelt, ist gleichgültig. Die Bodenantennen sind zum Teil sehr große Gebilde. Eine Beschränkung in den Abmessungen ergibt sich aus der Tatsache, daß die Fertigungskosten etwa proportional zu $d^{2 \cdot 7}$ steigen, wenn d der Durchmesser der Apertur ist. Das ist plausibel, da die Antenne teils zweidimensionale und teils dreidimensionale Ausmaße hat. Sowohl der Materialaufwand als auch der Arbeitsaufwand werden daher zwischen der quadratischen und der kubischen Potenz des Durchmessers steigen. Allerdings gilt dies nur für einen fest vorgegebenen Frequenzbereich. Denn die Toleranzen der Abmessungen, Rauhigkeiten etc. sind abhängig von λ/d (siehe Abschnitt 7.4).

Im übrigen erfordern Großantennen einen hohen Materialaufwand, sehr steife Konstruktionen und leistungsfähige Nachführeinrichtungen. Maximalgrößen von etwa $d=60\text{-}100\text{m}$ werden nur selten zur Verfügung stehen, doch gibt es zahlreiche Parabolspiegel bis 30m Durchmesser. Wenn für die Bodenantenne die Aperturgröße bzw. der Antennendurchmesser vorgegeben ist, dann empfiehlt sich eine Betrachtung mit der Wirkfläche als Parameter. Für eine Bordantenne ist damit aber noch offen, ob ebenfalls mit Gewinnfläche oder mit Antennengewinn als Parameter gearbeitet werden soll. Es kommen daher als relevante Gleichungen noch Gln. 2.8, 2.9 und 2.11 in Betracht. Ist auch bordseitig die Abmessung der Antenne der begrenzende Faktor, dann wäre schließlich die Gl.2.11 maßgebend. Die Antennengröße könnte z.B. Beschränkungen unterliegen, weil für den Start der Satellit unter der Raketenschutzhülle Platz finden muß. Das bedeutet eine Einschränkung auch dann, wenn die Antenne für die Startphase zusammengefaltet und erst im Weltall ausgeklappt wird. Aus Gründen der Zuverlässigkeit sind für die Faltung nur einfache Mechanismen erlaubt.

2.2.2 Wirkflächen- und Gewinnbegrenzung

Häufig wird die Satellitenantenne im Antennengewinn beschränkt sein. Dann muß auf der Basis von Gl.2.8 und 2.9 diskutiert werden. Die Gewinnbegrenzung ergibt sich aus Gl.2.15, weil der Winkel γ umgekehrt proportional zu $\sqrt{G}$ ist. Der Winkel γ ist aber seinerseits durch die Bedingung der Sichtbarkeit festgelegt; vgl. Abb. 1.2.

Es kann aber auch durch die Stabilisierungsart des Satelliten der Ausleuchtwinkel festgelegt sein: Hoher Gewinn bedeutet schmale Keule der Antennencharakteristik und damit auch hohe Stabilisierungsanforderung an den Satelliten z.B. auf 1/10 der Antennenbündelung.

2.2.3 Gewinnbegrenzungen

Nun verbleibt noch als letzte Variante die Möglichkeit, daß auch bodenseitig eine Gewinnbeschränkung vorliegt. Dann trifft Gl.2.10 zu. Eine solche Anforderung tritt dann ein, wenn das Verhältnis von Antennendurchmesser d zu Wellenlänge λ groß ist, z.B. $d/\lambda > 100$. Dann ist die Antennenbündelung sehr groß, nämlich $\gamma < 0{,}73°$ und es wird zunehmend schwerer ein Satellitensignal aufzufassen und die Antenne entsprechend nachzuführen.

2.2.4 Transitionsfrequenz

Es ist also generell festzustellen, daß je nach Sachlage entweder Gewinn oder Antennenwirkfläche die Begrenzung festlegen. Daher wird es auch einen Zustand geben, bei dem gleichzeitig beide Parameter begrenzt sind. Setzen wir diese Grenzwerte A_t, G_t in Gl.2.7 ein, dann erhalten wir

$$A_t = G_t \lambda_t^2 / 4\pi \qquad (2.25)$$

also:

$$\lambda_t^2 = \frac{c^2}{f_t^2} = 4\pi \frac{A_t}{G_t} \qquad (2.26)$$

Der Index t deutet auf Transitionsfrequenz hin, nämlich auf diejenige Frequenz, bei welcher oberhalb eine Gewinnbegrenzung und unterhalb eine Wirkflächenbegrenzung gegeben ist. Diese Kenngröße ist interessant, wenn man bei vorgegebenen Abmessungen und Ausleuchtgebieten z.B. nach dem optimalen Frequenzbereich sucht.

2.2.5 Fernfeldbedingung

Für das Strahlungsdiagramm einer Antenne ist auch Voraussetzung, daß wir uns im "Fernfeld" befinden. Für die Hauptstrahlrichtung darf der Wegunterschied zu den Rändern der Antenne gegenüber dem Zentrum höchstens eine halbe Wellenlänge betragen. Die entsprechende mathematische Beziehung läßt sich leicht mit Hilfe der Abb. 2.6 herleiten. Hierbei sei d = AB der Antennendurchmesser, P der Aufpunkt in der Entfernung R vom Antennenmittelpunkt. Im Grenzfall darf die Distanz vom Antennenrand A nach Punkt P um $\lambda/2$ länger sein als R. Also gilt

$(R + \lambda/2)^2 = (d/2)^2 + R^2$, oder näherungsweise $R\lambda = d^2/4$; da $\lambda^2/4$ sehr klein ist gegenüber den anderen Termen.

Zahlenbeispiel: d= 10m, λ = 10cm, R = 250 km.

Für starke Bündelung tritt das Fernfeld erst in großer Distanz auf.

2.2.6 Das Rechnen in dB

Wie in der Nachrichtentechnik üblich, wird im folgenden auch viel mit dB-Werten gerechnet. Das Dezibel ist eine Einheit, die im logarithmischen Maßstab ein Leistungsverhältnis P_2/P_1 beschreibt. Sie ist definiert durch

$$\text{Leistungsverhältnis in dB} = 10\log_{10} P_2/P_1 \tag{2.27}$$

wobei P_1 und P_2 irgendwelche zu vergleichenden Leistungen sind, z.B. die des Eingangs
und Ausgangs eines Vierpols.

Um nicht nur Leistungsverhältnisse in dB angeben zu können, sondern auch die Ab-
solutwerte von Leistungen selbst, setzt man P_2 ins Verhältnis zu einer Leistung von
$P_1 = 1\text{W}$ oder $P_1 = 1\text{mW}$. Im ersten Fall spricht man von dBW, im zweiten von dBm.

$$\text{Leistungspegel in dBW} = 10\log_{10}\frac{\text{Leistung (W)}}{1\ \text{W}} \tag{2.28}$$

$$\text{Leistungspegel in dBm} = 10\log_{10}\frac{\text{Leistung (mW)}}{1\ \text{mW}} \tag{2.29}$$

Daher gilt auch:

$$\begin{aligned}
30\ \text{dBm} &= 0\ \text{dBW} \\
-30\ \text{dBW} &= 0\ \text{dBm}
\end{aligned} \tag{2.30}$$

Die Einführung des logarithmischen Maßes hat den Vorteil, daß die Produkte und Quo-
tienten zu Summen und Differenzen werden. Es ergibt sich z.B. aus Gl.2.10

$$\frac{P_E}{\text{dBW}} = \frac{P_S}{\text{dBW}} + \frac{G_S}{\text{dB}} + \frac{G_E}{\text{dB}} - 20\log_{10}\frac{4\pi R}{\lambda} \tag{2.31}$$

$$\frac{P_E}{\text{dBW}} = \frac{P_S}{\text{dBW}} + \frac{G_S}{\text{dB}} + \frac{G_E}{\text{dB}} - 20\log\frac{f}{\text{GHz}} - 20\log\frac{R}{\text{km}} - 92,44 \tag{2.32}$$

wobei bei der zweiten Gleichung die bekannte Beziehung

$$\frac{\lambda}{\text{km}} = \frac{c}{f} = \frac{3\cdot 10^{-4}}{\dfrac{f}{\text{GHz}}}$$

mit verwendet wurde.

Aus Gl.2.17 wird

$$\frac{G_{\gamma^*}}{dB} = 47,2 - 20\log_{10}\gamma^* + 10\log_{10}\eta \qquad (2.33)$$

Es ist bei der praktischen Berechnung zu beachten, daß man durchaus dBm bzw. dBW mit dB addieren kann, genauso, wie man auch 1 mW bzw. 1 W mit einer dimensionslosen Zahl x zu x mW bzw. x W multiplizieren kann.

Für die Umrechnung von Zahlenverhältnissen in dB-Werte und umgekehrt können die Kurve und Tabelle der Abb. 2.7 dienen.

2.2.7 Atmosphäreneinflüsse

Wir gingen bisher davon aus, daß die Übertragungsstrecke ausschließlich den Weltraum und damit die Vakuumbedingungen betrifft. Tatsächlich aber spielt natürlich die Strecke im weltnahen Bereich, also in der Atmosphäre, für viele Fälle eine nicht unerhebliche Rolle hinsichtlich der Dämpfung und z.T. auch bezüglich der Ausbreitungsgeschwindigkeit der Signale. Die dafür erforderlichen Korrekturen werden aber erst im Kapitel 6 behandelt. Sie betreffen die Troposphäre und die Ionosphäre und lassen sich bei der Pegelberechnung (Abschnitt 2.5) als Korrekturgrößen für die Streckendämpfung (= Raumdämpfung) L und für die Rauschtemperatur T_γ berücksichtigen.

2.3 Rauschen

Da in der Raumfahrt die Empfangsleistungen normalerweise sehr niedrig sind, spielen die vielen Quellen störende Rauschens eine außerordentlich große Rolle. Solche Störsignale können Auswirkungen der Technik sein, z.B. Störsignale elektrischer Geräte oder Zündschaltungen von Motoren, Funksender, Starkstromleitungen usw.

Diese Signale werden teils statistischen, teils determinierten Charakter haben. Auf alle Fälle sei aber im folgenden vorausgesetzt, daß durch geeignete Maßnahmen (Filterung) bei den Störverursachern sowie durch passende Orts- und Frequenzwahl bei der Bodenstation erreicht worden ist, daß die Fernwirkanlagen nicht oder nur vernachlässigbar

P
R
A
d
B

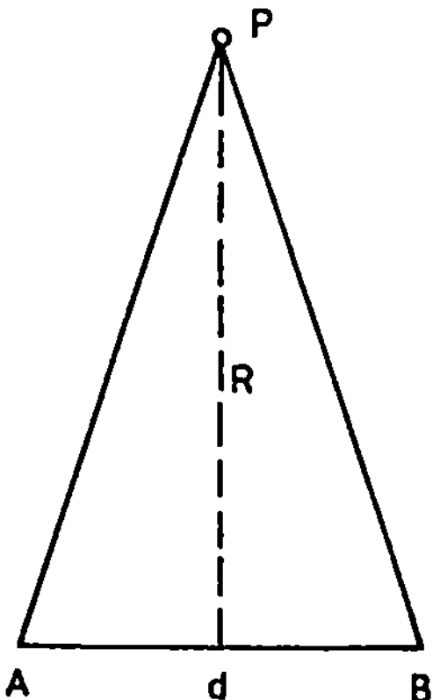

Abb. 2.6 Fernfeldbedingung

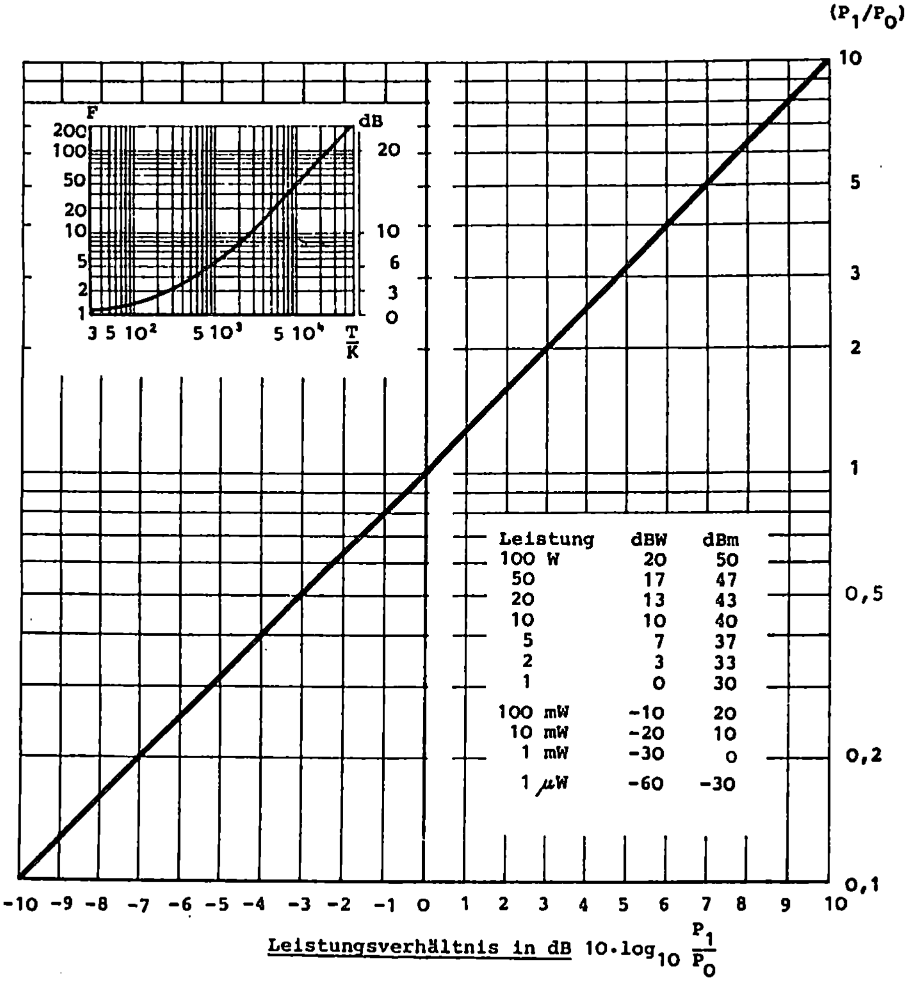

(P1/P0)
10
5
3
2
1
0,5
0,2
0,1
F
200
100
50
20
10
5
2
1
dB
20
10
6
3
0
3 5 10² 5 10³ 5 10⁴
T
K
Leistung dBW dBm
100 W 20 50
50 17 47
20 13 43
10 10 40
5 7 37
2 3 33
1 0 30
100 mW -10 20
10 mW -20 10
1 mW -30 0
1 μW -60 -30
-10 -9 -8 -7 -6 -5 -4 -3 -2 -1 0 1 2 3 4 5 6 7 8 9 10
Leistungsverhältnis in dB 10·log10 P1/P0

Abb. 2.7 Rechnen mit dB

gering durch dieses "man made noise" gestört werden. Es gibt aber noch eine Reihe von anderen Störquellen, deren Existenz auf physikalischen Effekten beruht. Ausschließlich diese sollen im folgenden besprochen werden und gemeint sein, wenn von Rauschen die Rede ist.

2.3.1 Thermisches Rauschen

Allen hier interessierenden Rauschquellen ist gemeinsam, daß ihre Störsignale statistischer Natur sind. Sie können nicht durch determinierte Zeitfunktionen sondern nur durch Zufallsvariable und mit statistischen Methoden beschrieben werden, also z.B. durch die Leistung, die Wahrscheinlichkeit, mit der die verschiedenen Amplituden und/ oder Phasenwerte angenommen werden, ferner durch Korrelationsfunktionen usw. Die Autokorrelationsfunktion (AKF) und die Kreuzkorrelationsfunktion (KKF) stehen in engem Zusammenhang mit der spektralen Leistungsverteilung (Abschnitt 4.10).

Die verschiedenen Rauschquellen lassen sich in "innere" und "äußere" Rauschquellen unterteilen. Während die Geräte der Fernwirkanlage das innere Rauschen verursachen, wird das äußere Rauschen als Störstrahlung der Umgebung über die Antenne empfangen. Für alle hier interessierenden Fälle kann vorausgesetzt werden, daß beide Klassen, also sowohl das Rauschen der Schaltungen als auch der Strahler, den Charakter von "thermischen Rauschen" haben. Es sei aber betont, daß dies eine für die Raumfahrtbelange zwar zulässige Einschränkung ist, daß aber in der allgemeinen Nachrichtentechnik auch andere Rauschquellen mit unterschiedlichem Verhalten wichtig sind, die jedoch glücklicherweise in den hier interessierenden Fällen vernachlässigt werden können.

Das thermische Rauschen wird durch die regellose Wärmebewegung in einem leitenden Medium verursacht. Es ist dadurch gekennzeichnet, daß vereinfachend angenommen werden kann, die "spektrale Rauschleistungsdichte $S(f)$" sei frequenzunabhängig, zumindest innerhalb des interessierenden Frequenzbereichs eines Empfängers bzw. Frequenzbandes. $S(f)$ ist die Rauschleistung pro Hertz Bandbreite; diese spektrale Rauschleistungsdichte kann gemessen werden, wenn man mit einem abstimmbaren Filter ein Band $(f_1 - \Delta f/2)$ bis $(f_1 + \Delta f/2)$ in idealer Weise aus dem Rauschprozeß herausfiltert, rückwirkungsfrei verstärkt und einem Leistungsmesser zuführt. Dabei soll vorausgesetzt werden, daß die Bandbreite Δf sehr klein ist (Schmalbandrauschen). Außerdem sollen Filter und Verstärker in dem angegebenen Durchlaßbereich dämpfungsfrei sein bzw. frequenzunabhängig verstärken, außerhalb aber beliebig stark dämpfen. Bei jeder Abstimmfrequenz f_1 wird dann ein Rauschsignal $n(t)$ herausgefiltert, das abgesehen von dem Verstärkungsfaktor, der der Einfachheit halber gleich 1 gesetzt wird, in der Form

$$n(t) = r(t)\cos[\omega_1 t + \varphi_n(t)]; \quad \overline{n^2(t)} = 0,5\overline{r^2(t)} = S(f_1)\Delta f \qquad (2.34)$$

dargestellt werden kann. Ein sehr schmales Filter läßt nämlich nur eine harmonische Schwingung der Frequenz f_1 passieren. Die Amplitude $r(t)$ und die Phase $\varphi(t)$ können sich dabei langsam ändern. Diese Gleichung läßt sich auch in der Form schreiben:

$$n(t) = r(t)\cos\varphi_n(t)\cos\omega_1 t - r(t)\sin\varphi_n(t)\sin\omega_1 t \qquad (2.35)$$

$$= n_c(t)\cos\omega_1 t - n_s(t)\sin\omega_1 t$$

Hierbei wurde einerseits die bekannte trigonometrische Formel

$$\cos(\alpha+\beta) = \cos\alpha\cos\beta - \sin\alpha\sin\beta \qquad (2.36)$$

verwendet und andererseits die Abkürzung

$$n_c(t) = r(t)\cos\varphi_n(t) \qquad (2.37)$$
$$n_s(t) = r(t)\sin\varphi_n(t)$$

eingeführt, für die bezüglich der quadratischen Mittelwerte gelten muß:

$$\overline{r^2(t)} = \overline{n_c^2(t)} + \overline{n_s^2(t)} \qquad (2.38)$$

$n_c(t)$, $n_s(t)$ sind voneinander unabhängige Zufallsgrößen mit Mittelwert Null und Varianz $\overline{n^2(t)}$.

Ist in jedem Frequenzintervall $(f_1-\Delta f/2,\ f_1+\Delta f/2)$ die mittlere Rauschleistung $\overline{r^2(t)}$ gleich groß, dann ist das Rauschleistungsspektrum

$$S(f) = \frac{\overline{r^2(t)}}{\Delta f} = \text{konstant} \qquad (2.39)$$

Es handelt sich um "weißes Rauschen", es ist frequenzunabhängig. In einem Frequenzintervall der Bandbreite B wird dann die Rauschleistung $N = S \cdot B$. Je größer also die Bandbreite B ist, desto größer wird auch die Rauschleistung. Dies zeigt, daß es sich beim weißen Rauschen nur um eine Approximation des tatsächlichen Vorganges handeln kann, da aus diesem Verhalten zu folgern wäre, daß die Gesamtrauschleistung bei $B \to \infty$ unendlich groß sein müßte. Tatsächlich aber nimmt bei sehr hohen Frequenzen die

Rauschleistungsdichte ab, nämlich nach der Beziehung $S(f) = h \cdot f \cdot (e^{hf/kT}-1)^{-1}$ mit h = Plancksche Konstante = $6{,}6254 \cdot 10^{-34}$ Ws^2; k = $1{,}381 \cdot 10^{-23}$ Ws/K = Boltzmann-Konstante, für $hf << kT$ wird aber daraus

$$S = kT \tag{2.40}$$

Diese Bedingung ist erfüllt bis in den nahen IR-Bereich hinein.

2.3.2 Inneres Rauschen

Es wird nun das Rauschen der Schaltungen untersucht. Dabei geht es um die Ermittlung von Kenngrößen, die die Rauscheigenschaften von Schaltungen und Geräten beschreiben.

2.3.2.1 Rauschen von Widerständen

Die Elektronen jedes Leiters verursachen durch ihre regellosen thermalen Wärmebewegungen Spannungsschwankungen, so daß jeder Widerstand als ein Rauschgenerator wirkt. Nyquist hat gezeigt, daß der quadratische Mittelwert dieser Rauschleistung gegeben ist durch

$$N = \overline{n^2(t)} = 4kTB \tag{2.41}$$

Hierbei ist k = $1{,}38 \cdot 10^{-23}$ Ws/K = Boltzmann-Konstante

Ein Widerstand $Z_1 = R_1 + jX_1$ kann gemäß Abb. 2.8 bezüglich des Rauschens durch zwei Ersatzschaltbilder dargestellt werden. Im Spannungsersatzschaltbild liefert die Signalquelle einen Spannungswert

$$u_{eff} = \sqrt{4kTBR} \tag{2.42}$$

im Stromersatzschaltbild einen effektiven Stromwert

$$i_{eff} = \sqrt{4kTBG} \tag{2.43}$$

Der Widerstand Z_1 bzw. der Leitwert $G_1 + jY_1$ sind dann rauschfrei anzunehmen.

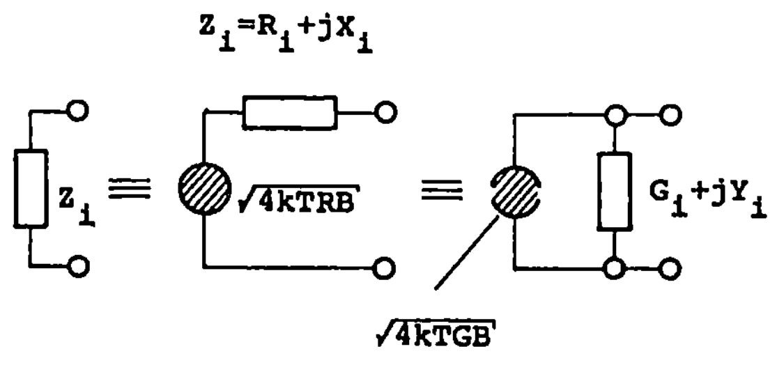

Abb. 2.8 Ersatzschaltbild für rauschenden Widerstand

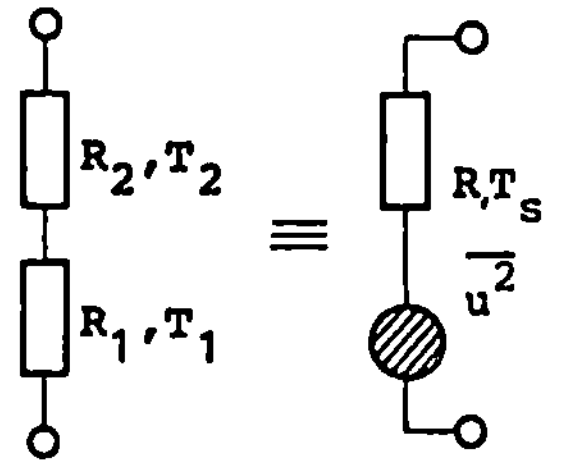

Abb. 2.9a Serienschaltung von Widerständen unterschiedlicher Raumtemperatur

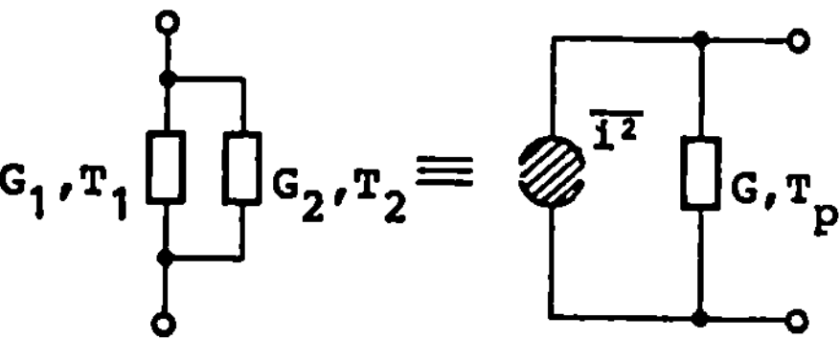

Abb. 2.9b Parallelschaltung von Leitwerten unterschiedlicher Raumtemperatur

Die oben angegebenen Ersatzschaltbilder beschreiben den rauschenden Zweipol durch
eine Rauschspannungs- bzw. Rauschstromquelle und einen rauschfreien Innenwider-
stand bzw. Leitwert.

Bei Belastung mit einem Widerstand Z wird an diesem eine Rauschleistung abfallen. Im Falle der Widerstandsanpassung $Z_1 = Z_1{}^* = R_1 - jX_1$ bzw. $G_1 = G_1{}^* = G_1 - jY_1$ ist die abgegebene Rauschleistung am größten. Die maximale Rauschleistung wird als "verfügbare" Rauschleistung bezeichnet und ist somit

$$N = kTB \qquad\qquad (2.44)$$

Beispiele:

T = 290K und B = 10 MHz liefert eine Rauschleistung

$$N = 1{,}38 \cdot 10^{-23} \cdot 290 \cdot 10^7 \text{ W} = 4 \cdot 10^{-14} \text{ W} = -134 \text{dBW} = -104 \text{dBm}$$

T = 1K, B = 1Hz, liefert eine Rauschleistung von

$$N = k = 1{,}38 \cdot 10^{-23} \text{ W} = -228{,}6 \text{ dBW} = -198{,}6 \text{ dBm}$$

2.3.2.2 Serien- und Parallelschaltung

Gemäß Abb. 2.9a seien zwei Widerstände in Serie geschaltet, die sich auf den Temperaturen T_1 bzw. T_2 befinden mögen. Da die Rauschsignale als unkorreliert vorausgesetzt werden können, addieren sich die Quadrate der effektiven Spannungen

$$\overline{u^2} = \overline{u_1^2} + \overline{u_2^2} = 4kB(T_1 R_1 + T_2 R_2)$$

Wir erweitern mit $(R_1 + R_2) = R$

$$\overline{u^2} = 4kB \, \frac{T_1 R_1 + T_2 R_2}{R_1 + R_2}(R_1 + R_2) = 4kBT_s(R_1 + R_2) = 4kT_s RB,$$

gewinnen also mit den Systemgrößen

$$T_s = \frac{R_1}{R_1 + R_2} T_1 + \frac{R_2}{R_1 + R_2} T_2 \, ; \; \overline{u^2} = RN \qquad\qquad (2.45)$$

$$N = 4kT_s B \qquad\qquad (2.46)$$

eine Darstellung, die besagt: Die von der Serienschaltung der beiden Widerstände verfügbare Rauschleistung könnte ersatzweise von einem Widerstand $R = R_1 + R_2$ geliefert werden, der sich auf der Temperatur T_s befindet. Entsprechend läßt sich für die Parallelschaltung zweier solcher Widerstände (Abb. 2.9b) ableiten:

$$T_p = \frac{G_1}{G_1 + G_2} T_1 + \frac{G_2}{G_1 + G_2} T_2 \qquad (2.47)$$

$$N = 4kT_p B \qquad (2.48)$$

2.3.2.3 Rauschen von Vierpolen

Wir betrachten einen beschalteten Vierpol gemäß Abb. 2.10, bei dem durch Anpassung gewährleistet ist, daß der Last Z_2 maximale Leistung zugeführt wird:

$$Z_1 = R_1 + jX_1 = R_2 - jX_2 \qquad (2.49)$$

Am Eingang werde dem Vierpol die Signalleistung P_1 und die Rauschleistung N_1 zugeführt. Dann erhalten wir an der Last Z_2 eine Signalleistung P_2 und eine Rauschleistung N_2. Die Signalleistung entstamme der Spannungsquelle u, während das Rauschen in R_1 erzeugt sei. Dann ist die Signalleistung P_1 gegeben durch

$$P_1 = \frac{\overline{u^2}}{4R_1} \qquad (2.50)$$

und die verfügbare Rauschleistung

$$N_1 = kTB \qquad (2.51)$$

Ist der Leistungsgewinn

$$G = P_2/P_1 \qquad (2.52)$$

innerhalb der interessierende Bandbreite B frequenzunabhängig, dann steht an R_2 die Signalleistung

$$P_2 = \frac{\overline{u^2}}{4R_1} G \qquad (2.53)$$

zur Verfügung und die Rauschleistung

$$N_2 = N_1 G + N_z \qquad (2.54)$$

N_z ist die Rauschleistung, die im Vierpol selbst erzeugt wird. Das Signal- zu Rauschverhältnis wird aus diesem Grund durch den Vierpol verschlechtert. Den Verschlechterungsfaktor bezeichnet man als "Rauschfaktor" F. Er ist definiert durch das Verhältnis:

$$F = \frac{(\text{Signalleistung/Rauschleistung})_{Eingang}}{(\text{Signalleistung/Rauschleistung})_{Ausgang}}$$

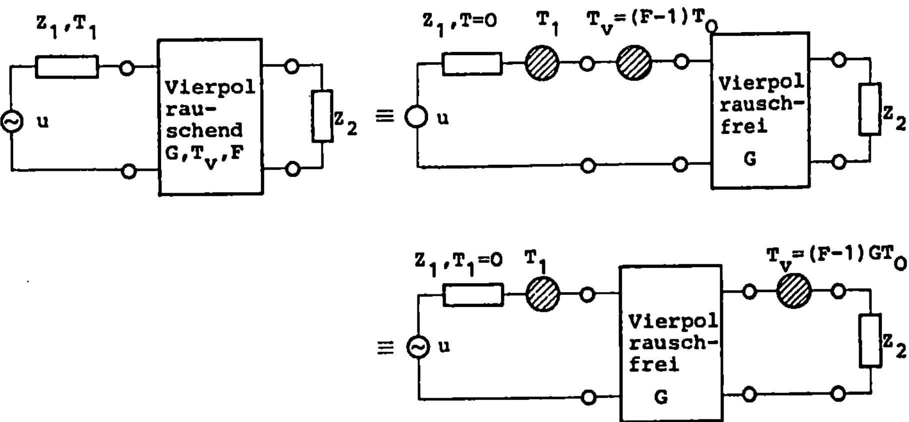

Abb. 2.10 Ersatzschaltbilder eines rauschenden Vierpols

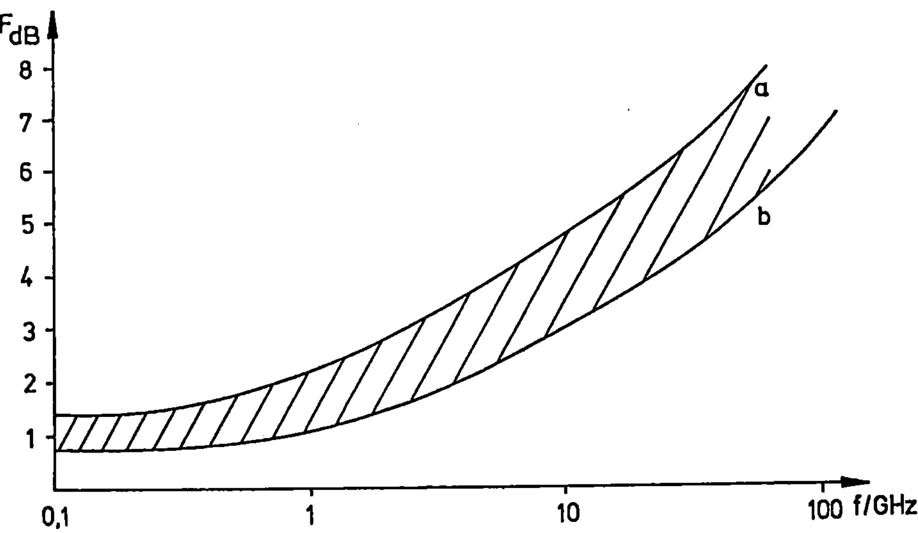

Abb. 2.11 Typische Rauschzahlen von breitbandigen (oben) und schmalbandigen (unten) Vorverstärkern als Funktion der Frequenz

$$F = \frac{P_1/N_1}{P_2/N_2} = \frac{P_1}{P_2}\frac{N_2}{N_1} \tag{2.55}$$

$$F = \frac{1}{G}\frac{N_1 G + N_Z}{N_1} = 1 + \frac{N_Z}{GN_1} \tag{2.56}$$

Der Rauschfaktor ist in der angegebenen Form nicht nur vom Zusatzrauschen des Vierpols und dem Leistungsgewinn G abhängig, sondern auch noch von N_1. Man könnte also beliebige F-Werte für ein und denselben Vierpol angeben. Um F eindeutig zu machen, wird festgelegt, daß die Rauschleistung N_1 von einem Widerstand R_1 stamme, der sich auf Zimmertemperatur befindet:

$$N_1 = kT_0 B \text{ mit } T_0 = 290°K \tag{2.57}$$

Daher kann Gl.2.56 in der Form geschrieben werden:

$$F = 1 + \frac{N_Z}{GkT_0 B} \tag{2.58}$$

Man definiert die Zusatzrauschleistung des Vierpols durch eine äquivalente Rauschtemperatur T_V.

$$N_Z = kT_V B \tag{2.59}$$

Daher gilt auch

$$F = 1 + \frac{T_V}{T_0 G} \tag{2.60}$$

$$T_V = GT_0(F-1) \tag{2.61}$$

Man bezieht sich in der Regel auf den Vierpoleingang; dort muß die Rauschleistung aber natürlich um den Faktor 1/G kleiner als am Vierpolausgang sein. Auf den Vierpoleingang bezogen ist die VP-Rauschtemperatur:

$$T_{V1} = (F-1)T_0 \tag{2.62}$$

Der rauschbehaftete Vierpol läßt sich durch einen rauschfreien Vierpol ersetzen sowie durch eine Rauschquelle mit dem Effektivwert

$$u_{eff} = \sqrt{\overline{u^2_{v1}}} = \sqrt{\overline{4kT_{v1}B}} \qquad (2.63)$$

Die Möglichkeit, den Vierpol mit Hilfe der äuivalenten Rauschtemperatur T zu beschreiben, ist vor allem bedeutsam für sehr rauscharme Empfangssysteme, bei denen die Rauschtemperaturen wesentlich unter der Zimmertemperatur liegen können. Beide Verfahren, die Beschreibung mit F und mit T, sind aber gebräuchlich und werden im folgenden weiter benutzt; Abb. 2.12.

Es sei hervorgehoben, daß die Rauschtemperatur eine Rechengröße ist, die oft nicht mit der tatsächlichen Umgebungstemperatur identisch ist. Sie steht als Meßgröße zur Verfügung, die letztlich die Leistungsdichte und bei vorgegebener Bandbreite auch die Rauschleistung festlegt. Sie hat aber gegenüber letzterer den Vorteil, daß die Bandbreite nicht zwingend vorgegeben sein muß.

Beim Rauschfaktor wird oft das logarithmische Maß verwendet. Dann spricht man von der "Rauschzahl" F_{dB}.

$$F_{dB} = 10\log_{10}F = 10\log\frac{P_1/N_1}{P_2/N_2} \qquad (2.64)$$

2.3.2.4 Kettenschaltung

Sind mehrere Vierpole in Kaskade geschaltet, dann interessiert die Rauschleistung des Gesamtsystems. Nach Abb. 2.13 beschränken wir uns zunächst auf eine Kette von drei Vierpolen, weil dabei bereits die Gesetzmäßigkeiten sehr offen zu Tage treten. Der Rauschfaktor soll zunächst errechnet werden unter Verwendung der Definition von Gl.2.55.

$$F = \frac{P_1}{P_1 G_1 G_2 G_3} \cdot \frac{N_1 G_1 G_2 G_3 + N_{Z1} G_2 G_3 + N_{Z2} G_3 + N_{Z3}}{N_1}$$

$$= 1 + \frac{N_{Z1}}{G_1 N_1} + \frac{N_{Z2}}{G_1 G_2 N_1} + \frac{N_{Z3}}{N_1 G_1 G_2 G_3}$$

$$= F_1 + \frac{F_2-1}{G_1} + \frac{F_3-1}{G_1 G_2}$$

und daher allgemeiner für k in Kaskade geschaltete Vierpole:

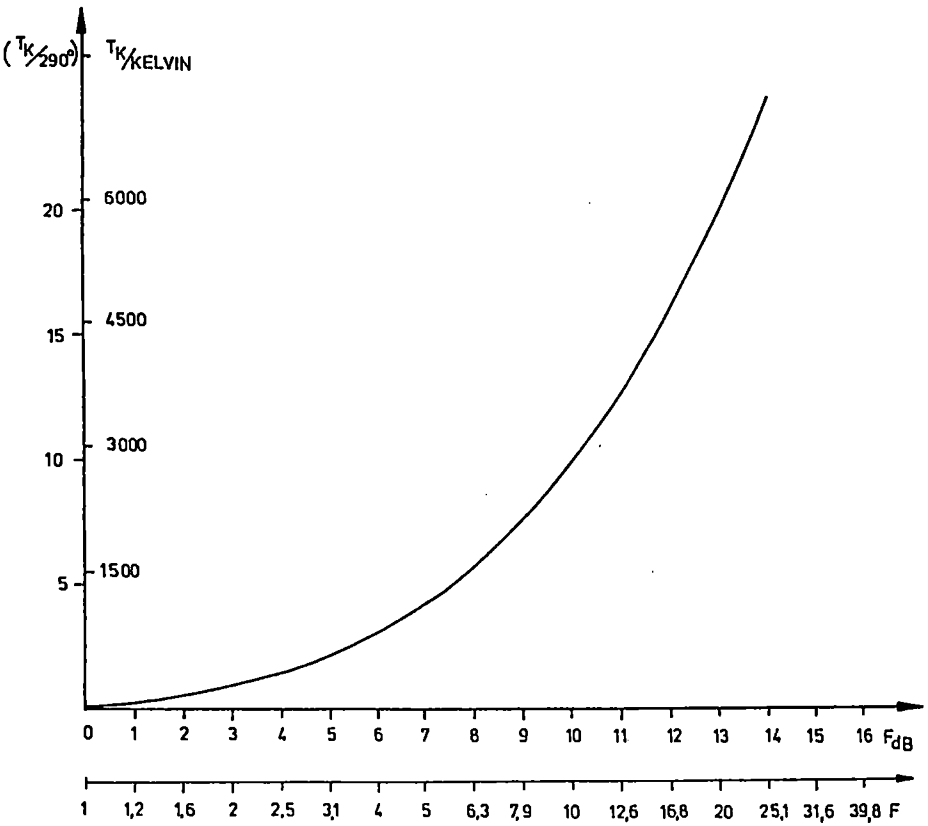

Abb. 2.12 Rauschzahl und Rauschtemperatur- Beziehung

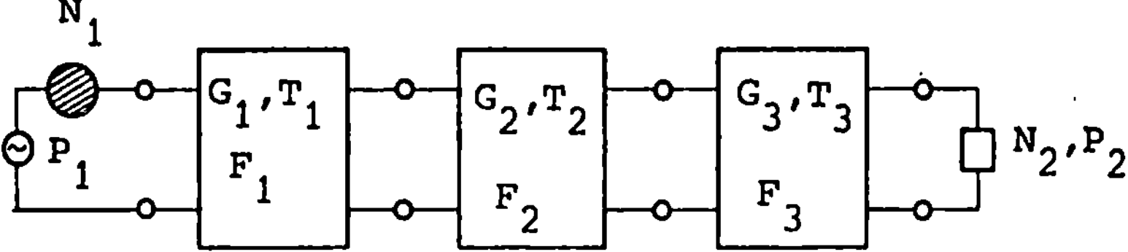

Abb. 2.13 Kaskadenschaltung von drei Vierpolen

$$F = F_1 + \frac{F_2 - 1}{G_1} + \frac{F_3 - 1}{G_1 G_2} + \cdots + \frac{F_k - 1}{G_1 G_2 \cdots G_{k-1}} \qquad (2.65)$$

Zum resultierenden Rauschfaktor tragen also die einzelnen Vierpole umso stärker bei, je näher sie beim Eingang liegen. Ist G_1 sehr groß, dann ist die Auswirkung des zweiten Vierpols schon sehr klein und die nachfolgenden können vernachlässigt werden. Man muß daher darauf achten, daß die Eingangsstufe sehr rauscharm ist und außerdem noch genügend Leistungsverstärkung hat.

Zu entsprechenden Resultaten kommt man natürlich auch bei der Berechnung der resultierenden Rauschtemperatur. Mit

$$F = \frac{T}{T_0} + 1$$

ergibt sich aus Gl.2.65

$$\frac{T}{T_0} + 1 = \frac{T_1}{T_0} + 1 + \frac{T_2}{T_0}\frac{1}{G_1} + \frac{T_3}{T_0}\frac{1}{G_1 G_2} + \cdots$$

also

$$T = T_1 + \frac{T_2}{G_1} + \frac{T_3}{G_1 G_2} + \cdots \frac{T_k}{G_1 G_2 \cdots G_{k-1}} \qquad (2.66)$$

2.3.2.5 Rauschen von Verlustvierpolen

Nun sei $G < 1$. Das Eingangssignal wird also durch den Vierpol gedämpft.

$$L = \frac{1}{G} \qquad (2.67)$$

bezeichnen wir als Verlustfaktor des Vierpols. Es kann sich bei den Verlustvierpolen um Dämpfungsglieder oder Leitungsabschnitte handeln etc. Durch einen solchen Vierpol wird einerseits das Signal gedämpft; elektromagnetische Energie wird dann in Wärme umgesetzt. Andererseits wird aber eine Rauschleistung wie bei einem Widerstand erzeugt.

Der Verlustvierpol sei zusammen mit den eingangs- und ausgangsseitigen Belastungswiderständen auf derselben Temperatur T. Es herrsche thermisches Gleichgewicht. Die Rauschleistung an den eingangs- und ausgangsseitigen Belastungswiderständen R ist daher jeweils $N = kTB$. Für den Rauschfaktor F gilt definitionsgemäß:

$$F = \frac{P_1/N_1}{P_2/N_2} = \frac{P_1}{P_2}\frac{N_2}{N_1} = L\,\frac{N}{N} = L, \quad \text{da } N_1 = N_2 = N$$

Es gilt aber auch wegen $N_2 = (N_1(1/L) + N_v)$ die Gleichung

$$F = L\,\frac{(N_1/L)+N_v}{N_1} = (1 + \frac{LN_v}{N_1}), \quad \text{wobei } N_v = \begin{array}{l}\text{Rauschleistung}\\ \text{des Vierpols}\end{array}$$

Mit $F = L$ läßt sich diese Gleichung umschreiben in

$$L = 1 + \frac{LN_v}{N_1}, \quad \text{also } N_v = (L-1)N_1\frac{1}{L};$$

$$T_v = \frac{(L-1)}{L}\,T_1 \tag{2.68}$$

Hierbei ist T_v auf den VP-Ausgang bezogen.

Für den VP-Eingang gilt

$$T_{v1} = (L-1)T_1 \tag{2.69}$$

Wenn nun am Eingang des Vierpols mit Temperatur T_v eine Rauschquelle T_E zugeschaltet ist, dann wird die resultierende Rauschtemperatur T

$$T = T_E + T_v(L-1) \tag{2.70}$$

oder in Bezug auf den Ausgang

$$T = \frac{T_E}{L} + T_v\frac{L-1}{L} \tag{2.71}$$

Diese Gleichung liefert ein interessantes Ergebnis: Ein Verlustvierpol wirkt nicht nur durch die Signaldämpfung auf die Leistungsbilanz, sondern kann bei rauscharmen Empfangssystemen auch durch eine Zusatzrauschtemperatur den Empfang beeinträchtigen. Wird z.B. von der Antenne zum Vorverstärker eine Leitung verwendet, die 0,1 dB (= 1,023) Dämpfung und eine Temperatur $T_v = 290°K$ hat, dann bewirkt diese eine Zusatzrauschtemperatur von 290 (1,023-1) = 6,8°K.

2.3.3 Äußeres Rauschen

Beim Betrieb eines Empfängers mit einer Antenne wird man auch Rauschleistung empfangen, selbst wenn in idealisierter Weise alle inneren Rauschquellen die Temperatur $T = 0°K$ hätten, also überhaupt keine Störsignale erzeugen würden. Denn die "Umgebung", aus der die Antenne Signalleistungen empfangen kann, strahlt Rauschleistung zu. Die Rauschsignale stammen von der Erde, der Erdatmosphäre, der Sonne, dem Mond und von vielen anderen kosmischen Strahlungsquellen, z.B. auch von "Radiosternen". Die Summe der Rauschsignale steht am Empfängereingang über den Strahlungswiderstand der Antenne an. Es ist daher üblich, auch die "verfügbare Rauschleistung" N_A des äußeren Rauschens durch eine effektive Rauschtemperatur T_A zu beschreiben:

$$N_A = kT_A B \tag{2.72}$$

Der physikalische Hintergrund hierfür soll nun untersucht werden.

2.3.3.1 Das Plancksche Strahlungsgesetz

In der Thermodynamik wird gezeigt, daß jeder Körper bei allen Frequenzen des elektromagnetischen Spektrums strahlt. Die "Wärmestrahlung" hängt von der Temperatur T und der Beschaffenheit des Körpers ab. Wärme bedeutet Molekularbewegung, Ausstrahlung bedeutet Umsetzung eines Teils der molekularen Bewegungsenergie von geladenen Teilchen in Strahlungsenergie. Umgekehrt bedeutet Strahlungsabsorption Umsetzung von Strahlungsenergie in Molekularbewegung, d.h. Wärme. Das Maximum der Strahlung verschiebt sich mit höher werdender Körpertemperatur in die höheren Frequenzbereiche.

Nach dem Kirchhoffschen Gesetz muß im stationären Zustand jeder Strahler, der absorbiert, auch emittieren. Der Strahlungwiderstand der Antenne absorbiert und emittiert also Rauschleistung. Würden nämlich zwei Körper gleicher Temperatur gegenüberstehen und der eine davon zwar Strahlung einer bestimmten Frequenz vom Körper absorbieren aber nicht dieselbe Strahlung auch emittieren, dann würde er Energie speichern, sich somit erwärmen. Da der andere Körper keinen Ersatz für die abgestrahlte Energie von jenem Körper bekäme, würde er sich selbst abkühlen. Das Strahlungsgleichgewicht wäre nicht gegeben. Das stünde im Widerspruch zum zweiten Hauptsatz der Wärmelehre, der besagt, daß zwei miteinander in Wechselwirkung stehende Körper der Temperaturgleichheit zustreben.

Absorbiert ein Körper alle ihm angebotene Strahlung vollkommen, dann ist er "schwarz". Er emittiert dann aber auch in jedem Spektralbereich stärker als jeder andere Körper von gleicher Temperatur. Der schwarze Körper ist ein idealisierter Grenzfall aller in der Natur vorkommenden strahlenden Körper. Er entspricht einer vollkommen angepaßten Antenne. Für ihn gilt das Plancksche Strahlungsgesetz: Ein schwarzer Körper emittiert eine Leistung dN, die pro Frequenzintervall df, Raumwinkelelement $d\Omega$ und "projiziertem emittierendem Flächenelement" dA gemessen, die Größe hat

$$\frac{d^3N}{df\,d\Omega\,dA} = \frac{2hf^3}{c^2}\,[e^{hf/kT}-1]^{-1} \tag{2.73}$$

Als projiziertes Flächenelement ist die Projektion dA des strahlenden Flächenelements dA' in die Ebene senkrecht zur Ausbreitungsrichtung zu verstehen.

Für den Fall hf < < kT ergibt sich die Näherung

$$\frac{d^3N}{df\,d\Omega\,dA} = \frac{2kTf^2}{c^2} = \frac{2kT}{\lambda^2} \qquad \text{(Rayleigh-Jeans-Gesetz)} \tag{2.74}$$

Diese Gleichung ist für den hier interessierenden Anwendungsbereich relevant.

2.3.3.2 Rauschtemperatur der Antenne

Wir wenden nun die Rayleigh-Jeans-Beziehung an. Eine Antenne strahle mit der Temperatur T und einer Wirkfläche A_s. Die Rauschleistung werde homogen in einen Raumwinkel Ω gebündelt. Die gesamte emittierte spektrale Rauschleistung $S_f' = dN/df$ ist dann

$$S_f' = \frac{2kT}{\lambda^2}\,\Omega A_s, \quad \text{oder mit } \Omega = \frac{4\pi}{G_s} \tag{2.75}$$

$$S_f' = \frac{2kT}{\lambda^2}\,\frac{4\pi A_s}{G_s} \tag{2.76}$$

Diese spektrale Rauschleistungsdichte hat alle möglichen Polarisationen. Da Antennen aber mit definierter Polarisation arbeiten, und zwar derart, daß die dazu orthogonale Polarisation jeweils unterdrückt wird, interessiert nur die Hälfte des Betrages von S_f', also

$$S_f = 0,5 S_f'$$

$$S_f = \frac{kT}{\lambda^2}\,\frac{4\pi A_s}{G_s} \qquad\qquad\qquad (2.77)$$

S_f soll vom Strahlungswiderstand R_A der Antenne emittiert werden. Ein Widerstand R der Temperatur T würde die spektrale Leistungsdichte S_f = kT liefern. Daher muß gelten:

$$4\pi A_s/\lambda^2 G_s = 1 \qquad\qquad\qquad (2.78)$$

Das ist die Beziehung, die bereits in Gl.2.7 angegeben wurde.

Nun betrachten wir den Fall der Empfangsantenne. Nach dem vorher erwähnten Kirchhoffschen Gesetz muß der Strahlungswiderstand einer Antenne genau so viel Leistung aufnehmen wie er abstrahlt. Daher gelten die bisherigen Überlegungen unabhängig davon, ob es sich um eine Sende- oder Empfangsantenne handelt. Die Rauschtemperatur der Antenne gibt also an, auf welche Temperatur der Strahlungswiderstand - von außen verursacht - gebracht worden ist und mit der er folglich auch emittiert.

2.3.3.3 Effektive Rauschtemperatur

In einen Kegel $\Omega_s = 4\pi/G_s$ wird also bei einer Antennenwirkfläche A_s die spektrale Rauschleistungsdichte kT eingestrahlt. Hat die Empfangsantenne die Wirkfläche A_E (Antennenwirkungsgrade sollen 1 sein), dann wird diese in einer Distanz R unter einem Raumwinkel $\Omega = A_E/4\pi R^2$ gesehen. Dieser sei $\Omega < \Omega_s$. Dann steht empfängerseitig eine spektrale Rauschleistungsdichte $S_f = kT\Omega/\Omega_s$ zur Verfügung. Diese wird - von der Empfangsantenne aus gesehen - aus einem Winkelbereich $\Omega_E = A_s/4\pi R^2$ aufgenommen. Innerhalb dieses Sichtwinkels Ω_E ergibt sich somit eine spektrale Leistungsdichte pro sr von

$$S_{f\Omega} = kT\Omega/\Omega_s\Omega_E = kTA_E G_s \cdot 4\pi R^2/4\pi R^2 \cdot 4\pi A_s \qquad (2.79)$$

Die spektrale Rauschleistungsdichte, die man aus dem Winkelsegment $d\Omega$ empfangen wird, welches innerhalb von Ω_E liegt, errechnet sich dann zu $S_{f\Omega} \cdot d\Omega$. Liegt hingegen $d\Omega$ außerhalb von Ω_E, dann wird von der betrachteten Rauschquelle auch kein Signal empfangen.

Nun gibt es aber nicht nur eine Rauschquelle, sondern viele, die über den gesamten Raumwinkel 4π um die Empfangsantenne herum verteilt sind und verschiedene Temperaturen T haben. Aber auch der Gewinn G_E der Empfangsantenne ist eine Funktion der Richtung. Daher gilt in Verallgemeinerung der bisherigen Ergebnisse

$$S_f = \int_0^{4\pi} S_f(\Omega)d\Omega, \text{ bzw. mit } S_f = kT_A;$$

$$T_A = \text{Antennenrauschtemperatur}$$

$$T_A = \frac{1}{4\pi} \int_0^{4\pi} T(\Omega)G_E(\Omega)d\Omega \qquad (2.80)$$

$$T_A = \frac{1}{4\pi} \int_0^{2\pi} \int_0^{\pi} G(\theta,\gamma)T(\theta,\gamma)\sin\theta d\theta d\gamma \qquad (2.81)$$

vgl. Abb. 2.14. Dieses Ergebnis besagt, daß man die effektiv wirksame Rauschtemperatur T_A und damit die Rauschleistung dadurch errechnen kann, indem man die aus den Richtungen (θ,γ) stammenden Rauschtemperaturen (Rauschleistungen) entsprechend dem Wert der Gewinnfunktion $G(\theta,\gamma)$ gewichtet und integriert.

2.3.3.4 Numerische Berechnung

In der allgemeinen Form der Gl.2.81 ist die Antennentemperatur schwierig zu berechnen, insbesondere dann, wenn die Antennencharakteristik sehr komplex ist. Man wird daher vereinfachte Modelle anzuwenden versuchen.

Es werde beispielhaft der Fall betrachtet, wo die Antenne nur eine Hauptkeule und den idealen Gewinn $G = 4\pi/\Omega_E$ besitze. Ferner sei nur eine einzige Rauschquelle mit der Temperatur T vorhanden, die unter einem Raumwinkel der Größe Ω_z vom Ort der Empfangsantenne zu sehen sei; Abb. 2.15. Es sei außerdem $\Omega_z < \Omega_E$ und die Antenne auf die Strahlungsquelle ausgerichtet. Dann gilt

$$T_A = (1/4\pi)\int_0^{4\pi} T(\Omega)G(\Omega)d\Omega = (T/4\pi)\int_0^{\Omega_z} G(\Omega)d\Omega \qquad (2.82)$$

da $T(\Omega)$ innerhalb von Ω_z konstant und außerhalb Null sein soll. Nun gilt für $G = 4\pi/\Omega_E$; daher kann man auch schreiben

$$T_A = (T/4\pi)\int_0^{\Omega_Z} 4\pi/\Omega_E \cdot d\Omega = T\Omega_Z/\Omega_E \qquad (2.83)$$

Wenn man statt der räumlichen Winkel die ebenen Winkel einführt, dann lauten die Gleichungen

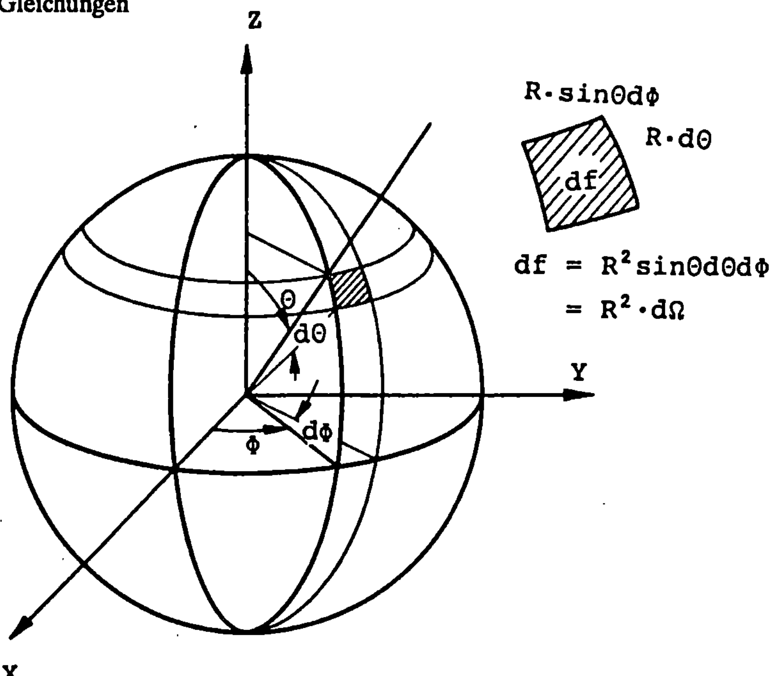

Abb. 2.14 Kugelkoordinaten

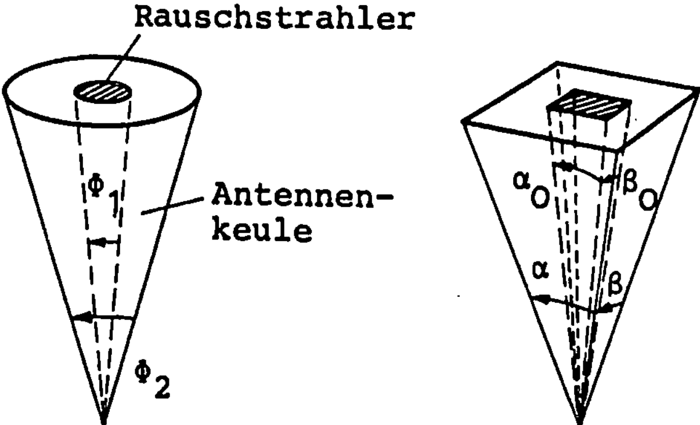

Abb. 2.15 Antennen- und Sichtkegel zur Ermittlung der effektiven Rauschtemperatur

$$T_A = T(\gamma_Z/\gamma_E)^2 \tag{2.84}$$

$$T_A = T\alpha_Z\beta_Z/(\alpha_E\beta_E) \tag{2.85}$$

Wenn die Antennenkeule genau das Ziel ausleuchtet, sind die Winkelwerte gleich und man erhält das plausible Ergebnis, daß die Antenne die Temperatur des Zieles annimmt: $T = T_A$.

Wenn hingegen der Sichtwinkel des Zieles kleiner ist als die Antennenbündelung, dann reduziert sich die wirksame Rauschtemperatur. Das wird in den Gln.2.89 und 2.90 bezüglich der Sonne noch weiter betrachtet.

Wenn aber der Sichtwinkel größer ist als die Antennenbündelung, dann bleibt der Integrationswert dennoch derselbe und somit $T_A = T$.

Als weiterer Fall wird die einfache Antennencharakteristik von Abb. 2.16 betrachtet. 80% der Leistung werde durch die Hauptkeule, 10% durch die Nebenkeulen und 10% durch die Rückwärtskeule empfangen. Die Rauschtemperatur der Atmosphäre sei 5°K, die der Erde 300°K und das kosmische Rauschen, welches über Haupt- und Nebenkeulen aufgenommen wird, sei 20°K. Dann errechnet sich die Antennentemperatur zu

$$T_A = 5 \cdot 0,8 + 300 \cdot 0,1 + 20 \cdot 0,1 + 20 \cdot 0,8 = 52°K$$

Im allgemeinen wird die praktische Berechnung der Antennentemperatur aber für komplizierte Fälle durchzuführen sein. Zu diesem Zweck teilt man die Antennenumgebung in Raumsegmente auf, und zwar derart, daß innerhalb eines jeden Segments $(\Delta\theta_i, \Delta\gamma_i)$ die Rauschtemperatur und der Gewinn als konstant angesehen werden können. Das Integral von Gln.2.80 und 2.81 wird durch eine Summe ersetzt:

$$T_A = (1/4\pi)\Sigma\, G_i T_i \Delta\Omega_i \tag{2.86}$$

$$T_A = (1/4\pi)\sum_{i=1}^{m}\sum_{j=1}^{n} G(\theta_i,\gamma_j)T(\theta_i,\gamma_j)\sin\theta_i\,\Delta\theta_i\,\Delta\gamma_j \tag{2.87}$$

2.3.3.5 Kosmische Rauschquellen

Es besteht die Möglichkeit, mit Hilfe sehr stark bündelnder Antennen die Rauschtemperatur der verschiedenen Rauschquellen direkt zu messen. Diese Messungen sind einerseits sehr interessant für Astronomen, weil sie auf diese Weise zusätzlich zur klassischen optischen Astronomie Informationen über das Geschehen im Weltraum gewinnen. Es führte zu einem besonderen Wissenszweig, der Radioastronomie. Sie sind aber

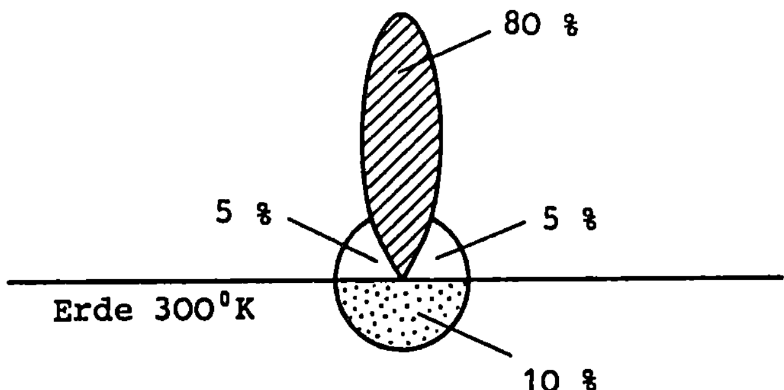

Abb. 2.16 Beispiel zur Berechnung der effektiven Rauschtemperatur

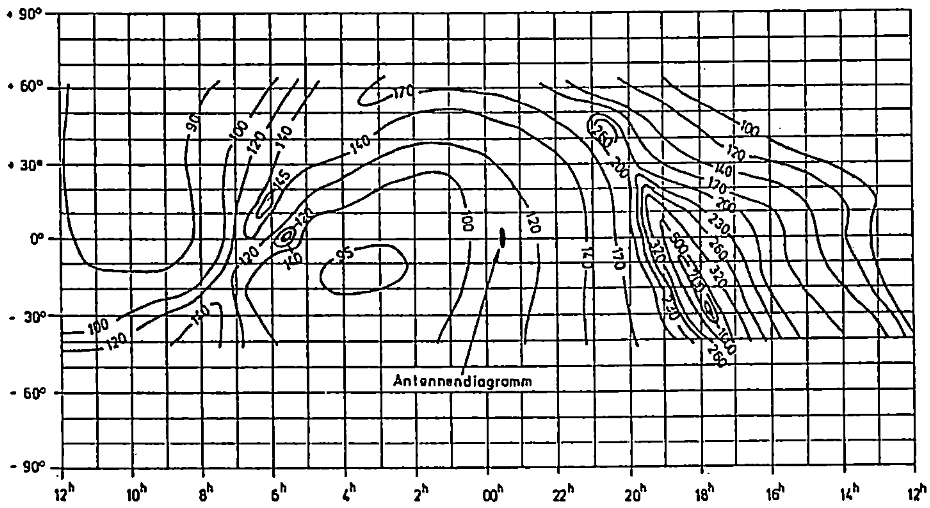

Abb. 2.17 Galaktisches Hintergrundrauschen für f=250 MHz. Die Konturen sind Linien konstanter Rauschtemperatur T.

andererseits auch wichtig für die Belange der Kommunikation generell und speziell für die Raumfahrt-Fernwirktechnik wegen des Rauschens. Daher wurden und werden zahlreiche Messungen durchgeführt. Wichtige Ergebnisse sind in der Abb.2.17 angegeben. Die Konturen geben Linien gleicher Strahlungstemperaturen an. Zur Orientierung sind einige Sternpositionen in den Himmelskoordinaten eingetragen.

Abb.2.18 zeigt den Verlauf der mittleren Rauschtemperaturwerte des Himmels als Funktion der Frequenz durch die gestrichelten Linien. Man beachte, daß ein unterer Grenzwert von etwa 3 K nicht unterschritten wird. Dies ist auf den Urknall (Weltallentstehung) zurückzuführen.

Abb 2.19 gibt die Elevationsabhängigkeit des troposphärischen Rauschens an. Diese erhöht sich flacher werdenden Winkeln aufgrund der dadurch bedingten Verlängerung des Signalweges durch die Troposphäre.

Sonne als Rauschquelle

Von den äußeren Rauschquellen ist die Sonne die kräftigste. Ihre Rauschtemperatur ist abhängig von der Frequenz, liegt bei mehr als $10^6\,°K$ für 100MHz and fällt ab auf etwa $10^4\,°K$ bei 10 GHz. Die Frequenzabhängigkeit läßt sich beschreiben durch die empirisch gefundene Formel

$$T = 290 \cdot 675/f_{GHz}\ °K \tag{2.88}$$

Diese Werte gelten für den Fall "ruhiger Sonne". Sie können aber bei starker Sonnenaktivität über einige Sekunden um den Faktor 10^4 und über einige Stunden um den Faktor 10 höher liegen. Die Funkwellen "sehen" umso tiefer in die Sonnenkorona hinein, je höher die Frequenz ist. Die Rauschtemperatur wird mit steigender Frequenz niedriger. Besonders die äußeren Teile der Korona erscheinen sehr heiß sind. Die hohe Rauschtemperatur der Sonne hat auf die Funkübertragung nur beschränkten Einfluß. Für breite Antennenkeulen reduziert sich diese effektiv auf

$$T = T_{Sonne}\Omega_S/\Omega_A = T_{Sonne}(\gamma_S/\gamma_A)^2 \tag{2.89}$$

wenn γ_A die ebene bzw. Ω_A die räumliche Bündelungsbreite der Antenne ist und γ_S, Ω_S die entsprechenden Winkel angibt, unter denen die Antenne die Sonne "sieht", nämlich

$$\gamma_S\,° = 0,5°\ bzw.\ \Omega_S = 6 \cdot 10^{-5}\ sr \tag{2.90}$$

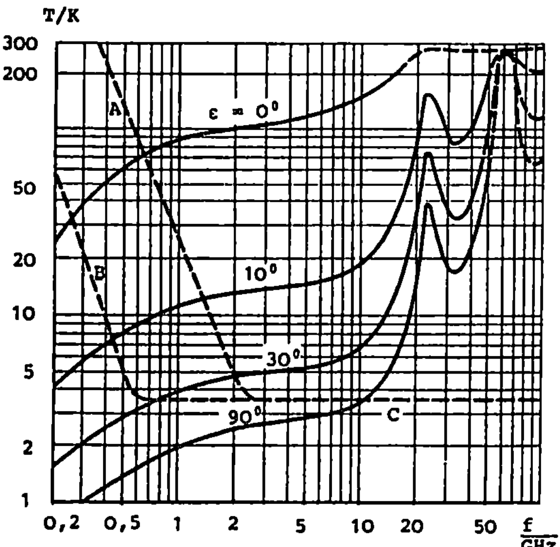

Abb. 2.18 Rauschtemperatur des Himmels als Funktion der Frequenz; Kurven A, B, C beziehen sich auf das gal. Rauschen, die ausgezogenen Kurven auf die atm. Einflüsse mit Elevationswinkel ϵ als Parameter.

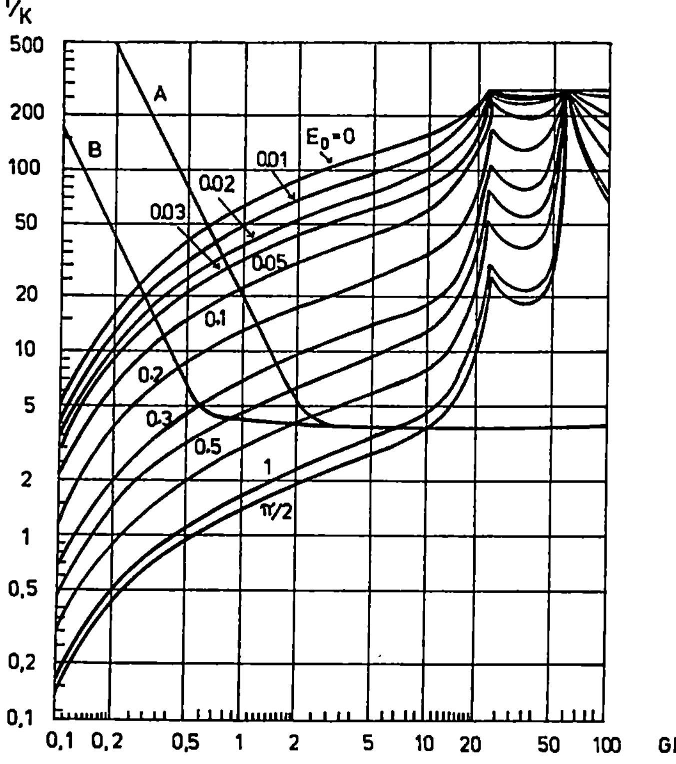

Abb.2.19 Elevationsabhängigkeit des troposphärischen Rauschen

Beispiel: $\gamma_A = 60°$, $\Omega_A = 0,84$ sr

$$T = T_{Sonne}(0,5/60)^2 = 6,94\cdot10^{-5}\ T_s\ \text{bzw.}$$

$$T = T_{Sonne}\cdot6\cdot10^{-5}/0,84 = 7,1\cdot10^{-5}\ T_s$$

Für schmale Antennenkeulen wird die Reduktion natürlich kleiner, d.h. T größer. Dafür ist aber die Wahrscheinlichkeit auch geringer, daß die Antennen-Hauptkeule oder eine der größeren Nebenkeulen direkt in die Sonne sieht. Es kann und muß in diesem Fall eine Unterscheidung getroffen werden zwischen der meist zutreffenden Betriebsart "ohne besonderen Sonneneinfluß" und dem Spezialfall "blackout". Letzterer bedeutet, daß dann das Raumfahrzeug von der Bodenstation aus gesehen in genau oder nahezu derselben Richtung verweilt wie die Sonne. Unabhängig davon, ob dabei das Raumfahrzeug vor oder hinter der Sonne - von der Erde aus gesehen - ist, wird dann in der Regel das Sonnenrauschen wesentlich größer sein als das Telemetriesignal und daher Signalempfang von der Sonde verhindern.

Rauschen des Mondes

Auch der Mond ist bekanntlich unter einem Winkel von 0,5° von der Erde aus zu sehen wie die Sonne. Deshalb gelten für ihn analog die Gln. 2.89 und 2.90. Allerdings ist seine Helligkeitstemperatur wesentlich geringer und liegt zwischen 120°K und 400°K, wobei Temperaturschwankungen mit dem monatliche Mondzyklus im Zusammenhang stehen. Nur bei stark bündelnden Antennen, die direkt auf Mondrichtung eingestellt sind, ist die Mondtemperatur von Einfluß.

Planeten als Rauschquellen

Die Rauschtemperaturen von Planeten sind unterschiedlich. Für den Jupiter liegt T bei 5.10^4°K im 40 MHz-Bereich, fällt aber unter 10^4 °K bei 4 GHz. Die anderen Planeten haben hingegen Temperaturen unter 1000°K. Da die Planeten von der Erde aus nur unter sehr kleinen Sichtwinkeln zu sehen sind, spielt ihr Rauschen eine untergeordnete Rolle, es sei denn bei speziellen Planetenmissionen.

Ionosphären-Rauschen

Ionosphärische Absorption stellt eine weitere Rauschquelle dar. Wie Ausführungen vom

Abschnitt über den verlustbehafteten Vierpol ergaben, bedeutet Dämpfung gleichzeitig Rauschen. Da die Signal-Weglänge durch die Ionosphäre umso länger wird, je flacher der Elevationswinkel E ist, wird auch die Signaldämpfung und mit ihr das Rauschen entsprechend mit 1/sin E verändert. Im Frequenzbereich oberhalb von etwa 100 MHz ist die Dämpfung der Ionosphäre in der Regel gering. Das Rauschen der Ionosphäre wird meist vernachlässigt werden können. Aus den gestrichelt gezeichneten Kurven von Abb. 2.20 lassen sich für verschiedene Sonnenaktivitätsextreme Richtwerte entnehmen.

Troposphären-Rauschen

Anders ist es bei der troposphärischen Absorption. Diese ist vor allem durch Resonanzeffekte der Wasserdampf- und Sauerstoffmoleküle bedingt. Bei Frequenzen oberhalb von 10 GHz sind daher auch die entsprechenden Rauscheffekte von teilweise erheblichem Einfluß und beeinträchtigen die Funkübertragung für sehr hohe Frequenzen. Dennoch ist in dieser Hinsicht die Funkübertragung der Raumfahrt gegenüber der terrestrischen begünstigt. Während nämlich im letzteren Fall die gesamte Übertragungsstrecke, z.B. die Richtfunkstrecke, in dem stark dämpfenden Medium verläuft, wird im Falle der Raumfahrt nur ein sehr kleiner Anteil der Strecke beeinträchtigt.

Das Wettergeschehen und damit die Wasserdampfresonanzdämpfung spielt sich in Höhen bis etwa 10km ab. Die Sauerstoffkonzentration sinkt mit zunehmender Höhe ebenfalls exponentiell. Die durch Wasserdampf und Sauerstoff verursachte Rauschtemperatur ist in den Abbildungen 2.18 und 2.19 als Funktion der Frequenz und des Elevationswinkels dargestellt. Die Regen- und Wolkeneinflüsse sind im Abschnitt 6.2 kurz besprochen. Sie können bei den hohen Frequenzen den Empfang völlig unterbinden. Man muß dann mittels einer zweiten Station, die z.B. mindestens 10 bis 20 km von der ersten entfernt ist, für eine alternative Übertragungsstrecke bei wichtigen Verbindungen sorgen (Space diversity). Die Regenwolken haben in der Regel nur über Bereiche bis zu 5 km sehr große Niederschlagsintensität.

2.3.4 System-Rauschtemperatur

Während die Rauschquellen bisher individuell auf ihr T untersucht worden sind, soll im folgenden die Systemtemperatur berechnet werden. Es handelt sich um diejenige Temperatur, die als Äquivalent der Summe aller Rauschleistungen am Lastwiderstand der Antenne anliegen müßte, wenn man damit ersatzweise alle übrigen Elemente als rauschfrei (T=0) betrachten will.

Es sei betont, daß man anstelle des Antennen-Lastwiderstands natürlich auch jeden
anderen Bezugspunkt wählen könnte. Wichtig ist letztlich nur das Signal- zu Rauschverhältnis, d.h. daß konsequenterweise der Bezugspunkt für beides, für Signal und
Rauschen, einheitlich gewählt werden muß.

$$N_Y = N_i + N_A = kB(T_i + T_A) = kBT_Y \qquad (2.91)$$

mit N_Y = Rauschleistung des Systems

   N_i = inneres Rauschen

   N_A = äußeres Rauschen

   T_Y = Systemrauschtemperaturen

Das System, dessen Rauschtemperatur zu berechnen ist, sei durch die Kenndaten der
Abb.2.21 festgelegt. Empfangen werde mittels einer Antenne, die mit der Hauptkeule
kosmisches Rauschen der Temperatur T_k aufnehme; die Dämpfung der Atmosphäre sei
L_H, ihre Temperatur T_H. Aus den Nebenkeulen empfange die Antenne eine Rauschtemperatur T_N. Unmittelbar an den Antennenausgang sei eine Frequenzweiche geschaltet, die Sender und Empfänger voneinander entkoppelt. Ihre Verluste für den Emp-
fängerzweig seien L_W, die Temperatur der Weiche sei T_W. Am empfängerseitigen Ausgang der Weiche sei über eine Leitung mit der Dämpfung L_L und der Temperatur T_L
der rauscharme Vorverstärker angeschlossen. Dieser habe die Rauschtemperatur T_V
und den Leistungsgewinn G_V. Die nachfolgenden Verstärker- und Mischerschaltung etc.
habe insgesamt eine Rauschtemperatur T_H. Die Systemtemperatur ist

$$T_y = T_k/L_H + (L_H-1)T_H/L_H + T_N + T_W(L_W-1)$$

$$+ T_L L_W(L_L-1) + T_V L_W L_L/G_V \qquad (2.92)$$

2.4 Radiofenster

Die bisherigen Ausführungen haben gezeigt, daß in Hinblick auf die Frequenzauswahl
sowohl nach tiefen als auch nach hohen Frequenzen hin eine Beschränkung vorgegeben
ist. Nach niedrigen Frequenzen hin wird vor allem die Ionosphäre von Bedeutung sein;
sie beschränkt eine zuverlässige Funkübertragung auf Frequenzen oberhalb von 100
MHZ. Darunter ist ebenfalls noch bedingt Übertragung möglich, etwa bis 30 MHz. Die
Störanfälligkeit steigt jedoch mit kleiner werdender Frequenz und die Übertragungseigenschaften werden mehr und mehr dem Kurzwellenfunk ähnlich, mit allen Vor- und

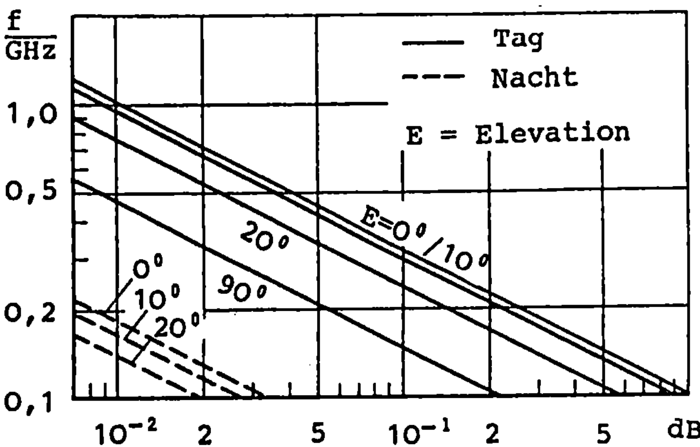

Abb. 2.20 Ionosphärendämpfung als Funktion der Frequenz

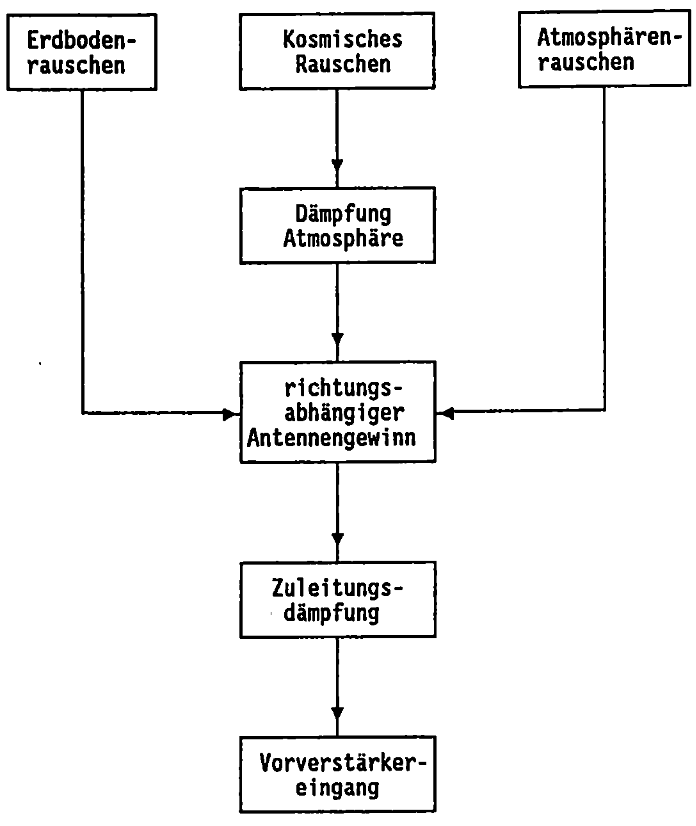

Abb. 2.21 Einstrahlung von Rauschleistung in die Antenne

Nachteilen. Nach oben hin ist die Troposphäre von wesentlichem Einfluß. Die Übertragungseigenschaften bezüglich Signaldämpfung und Rauschen sind im "Frequenzfenster" zwischen 100 MHz und 15 GHz am günstigsten; 20/30 GHz werden aber auch bereits bei mehreren Satelliten verwendet. In der Zukunft werden auch noch höhere Frequenzbereich erschlossen werden müssen, da die Frequenznot bzw. der Wunsch nach immer mehr Raumfahrt- Kommunikation dazu zwingen.

2.5 Störabstand; Pegelplan

Die Leistungsgrößen von Signal und Rauschen interessieren in der Regel vor allem in Bezug auf ihr gegenseitiges Verhältnis. Der "Störabstand", also der Quotient δ dieser beiden Leistungen, ist von Bedeutung. Mit Gln. 2.8 und 2.91 ergibt sich dafür

$$\delta = P_E/N = \frac{P_S G_S A_E \eta}{kBT_y \cdot 4\pi R^2}$$

Mit δ = Systemwirkungsgrad

Diese Gleichung kann zur Berechnung der Sendeleistung benutzt werden, die erforderlich ist, um ein benötigtes oder vereinbartes δ zu erreichen:

$$P_S = \frac{\delta kT_y B \cdot 4\pi R^2}{G_S A_E \eta} \tag{2.93}$$

Es muß nun aber in einem Entwurf auch Rücksicht auf unvorhergesehene Systemverluste genommen werden, verursacht etwa durch Fehlanpassung, Änderungen in der Ausbreitungsdämpfung, Alterungseffekte in Geräten usw. Dies geschieht durch einen Sicherheitsfaktor M:

$$P_S = \frac{kT_y B \cdot 4\pi R^2 \delta M}{G_S A_E \eta} = \frac{kT_y B \cdot 16\pi^2 R^2 \delta M}{G_S G_E \lambda^2 \eta} \tag{2.94}$$

Diese Gleichungen drücken quantitativ aus, was qualitativ plausibel ist: Die erforderliche Sendeleistung ist umso größer,

- je kleiner der Gewinn der Sendeantenne,
- je kleiner das Verhältnis Antennengewinn zu Systemrauschtemperatur der Empfangseinheit,

- je größer die Rauschbandbreite B, sowie
- der gewünschte Rauschabstand δ und
- je größer der erforderliche Sicherheitsabstand M ist.
- Außerdem wirkt sich der Abstand Sender/Empfänger quadratisch aus.
- η ist der Wirkungsgrad, der pauschal berücksichtigt, daß die verschiedenen Prozesse (z.B. Modulation) und Geräte nicht ideal arbeiten. Er berücksichtigt auch die Polarisationsverluste der Antenne, die dadurch entstehen, daß das ankommende Signal meist nicht exakt dieselbe Polarisation hat wie die Empfangsantenne, ferner die Verluste der Eingangsschaltungen und der Übertragungsstrecke (Ionosphären- und Atmosphärendämpfung etc.).

Gl.2.94 kann man natürlich auch im dB-Maß formulieren:

$$P_{SdB} = - E_{dB} + \delta_{dB} - \eta_{dB} + M_{dB} - G_{SdB} + 10\log_{10}B/Hz$$
$$+ 20\log_{10}R/km + 20\log_{10}f/GHz - 136{,}16 \qquad (2.95)$$

Hierbei ist E das Verhältnis von G_E/T_y, das die Güte der Empfangsanlagen beschreibt

$$E_{dB} = 10\log_{10}G_E/T_y = G_{EdB} - 10\log_{10}T_y/^0K = \text{Gütefaktor} \qquad (2.96)$$

T_y ist hierbei zu einer dimensionslosen Zahl gemacht worden, indem man sie ins Verhältnis zu 1^0 K setzt.

Beispiel:

$T_y=40K$; $B=3KHz$; $\delta=20$; $M=2$; $G_S=4$; $G_E=10^2$; $f=2{,}3GHz$; $\eta=0{,}5$; $R=10^7\,km$

Daraus:

$E_{dB} = 10\log(10^2/40)=4$; $\delta_{dB}=13$; $\eta_{dB}=-3$; $M_{dB}=3$; $G_{SdB}=6$;

$20\log_{10}R=140$; $20\log_{10}f=7{,}2$; $10\log_{10}B=34{,}77$

$P_{SdBW} = -4+13+3+3-6+34{,}77+140+7{,}2-136{,}16 = 54{,}81dBW$

Zur Berechnung der Leistungsbilanzen von Signal und Rauschen wird normalerweise tabellarisch vorgegangen, um sicherzustellen, daß alle Einflußgrößen erfaßt werden. Im Abschnitt 7.1 wird dies an einem Beispiel vorgeführt.

3 Modulation

Die bisherigen Ausführungen waren besonders auf die Belange der hochfrequenten Übertragung ausgerichtet. Die eigentliche Nachrichtenübertragung stand noch im Hintergrund. In diesem Abschnitt soll behandelt werden, wie man die Information für die Übertragung aufzubereiten hat. Das Meßsignal sei im folgenden als primäres Signal x(t) bezeichnet.

Der Einfachheit halber sei stets $|x| \leq 1$ vorausgesetzt. x(t) wird durch Modulation umgewandelt mit dem Zweck

- es in einen Frequenzbereich zu transformieren, der für die Fernübertragung besonders geeignet ist, z.B. in das "Frequenzfenster",
- die Störanfälligkeit zu reduzieren (Austausch Bandbreite/Leistung),
- das hochfrequente Übertragungssystem mehrfach nutzen zu können (Multiplexen).

Die Modulation dient aber auch zur Entfernungsmessung, wenn man einen entsprechenden Code (Ranging- Code) verwendet.

3.1 Harmonische Trägersignale

Ein zeitvariables Signal sei durch die Gleichung

$$s(t) = A\cos[\omega_T t + \varphi(t)] \tag{3.1}$$

beschrieben. Hierbei ist ω_T die Kreisfrequenz des Trägersignals, also

$$\omega_T = 2\pi f_T \quad \text{mit } f_T = \text{Trägerfrequenz} \tag{3.2}$$

Ferner ist $\varphi(t)$ der Phasenwinkel. Die momentane Kreisfrequenz ist

$$\omega(t) = \omega_T + d\varphi(t)/dt \tag{3.3}$$

Es wird vorausgesetzt, daß es sich beim Primärsignal zunächst um ein "analoges Signal" handelt. In allen Modulationsverfahren soll ein Merkmal der harmonischen Schwingung durch x(t) variiert werden. Bei Amplitudenmodulation (AM) wirkt x(t) auf die Amplitude ein und zwar in der Form, daß für das Trägersignal dann gilt

$$s_A(t) = A[1+mx(t)]\cos\omega_T t \qquad (3.4)$$

wobei m = Modulationsgrad.

Bei Winkelmodulation (WM) steuert x(t) entweder den Phasenwinkel $\varphi(t)$ selbst (Phasenmodulation PM) oder die zeitliche Phasenänderung $d\varphi/dt = \Delta\omega \cdot x(t)$ wird proportional zum Primärsignal variiert (Frequenzmodulation FM).

Es gilt daher für PM:

$$s_P(t) = A\cos[\omega_T t + \Delta\Phi x(t)] \qquad (3.5)$$

wobei $\Delta\Phi$ = Phasenhub = Betrag der maximal möglichen Phasenablage für $x_{max} = 1$.

Und es gilt für FM:

$$s_F(t) = A\cos[\omega_T t + \int x(t)\Delta\omega dt] \qquad (3.6)$$

wobei

$$\Delta f = \Delta\omega/2\pi = |f_{max} - f_T| = \text{Frequenzhub} \qquad (3.7)$$

$$= \text{Betrag der maximal möglichen Frequenzablage für } x_{max} = 1$$

Im folgenden werden die Eigenschaften der drei Modulationsarten für den einfachen Fall abgeleitet, daß das primäre Signal nur aus einer einzigen harmonischen Schwingung besteht mit der Frequenz f_x bzw. der Kreisfrequenz ω_x.

$$x(t) = \cos\omega_x t \qquad (3.8)$$

Allgemeinere Resultate lassen sich dann dadurch gewinnen, daß man diese harmonische Schwingung als irgendeine der Komponenten des Fourierspektrums von x(t) betrachtet. Enthält also x(t) in seiner Fourier-Darstellung Frequenzen im Frequenzabstand von f_{min} bis f_{max}, dann soll auch f_x in diesem - und nur in diesem - Bereich liegen können.

Daher sprechen wir im folgenden oft von Frequenzband, obwohl nur eine Frequenzlinie mathematisch behandelt wurde, also z.B in Gl.3.10 von einem Seitenband, obwohl eine Seitenlinie wegen der Vereinfachung vorliegt.

3.1.1 Amplitudenmodulation

Aus Gln.3.4 und 3.8 ergibt sich

$$s_A(t) = A[1+m\cos\omega_x t]\cos\omega_T t \tag{3.9}$$

$$m = \text{Modulationsgrad}$$

Anstelle der Amplitude A gibt es hier also eine Hüllkurvenfunktion $A(1+m\cos\omega_x t)$. Das Produkt in Gl.3.9 läßt sich ausmultiplizieren und mit Hilfe von $2\cos\alpha\cdot\cos\beta = \cos(\alpha+\beta)+\cos(\alpha-\beta)$ umwandeln in

$$s_A(t) = A\cos\omega_T t + 0{,}5Am\cos(\omega_T+\omega_x)t + 0{,}5Am\cos(\omega_T-\omega_x)t \tag{3.10}$$

Der erste Summand stellt das Trägerfrequenzsignal s_T dar, der zweite das obere Seitenband s_0 und der dritte das untere Seitenband s_u; Abb. 3.1.

Aus den beiden Gleichungen lassen sich bedeutende Aussagen hinsichtlich der Leistungsaufteilung und Bandbreite gewinnen.

3.1.1.1 Leistungsaufteilung

Gl.3.9 besagt, daß bei AM die Einhüllende der Trägerfrequenzschwingung eine mittlere Amplitude A hat und zwischen den Werten $A(1+m)$ und $A(1-m)$ variiert. Die Hüllkurvenfunktion bleibt also nur solange stets positiv wie

$$|m\cos\omega_x t| < 1 \tag{3.11}$$

Andernfalls erfolgt mit dem Vorzeichenwechsel eine "Übermodulation". Das ist in der Praxis sehr bedeutsam. Demoduliert man nämlich eine übermodulierte Funktion z.B. mit Hilfe eines linearen Gleichrichters, dann gibt das demodulierte Signal nur noch abschnittsweise das ursprüngliche Primärsignal richtig an, wie sich leicht zeigen läßt. Es muß also mit Rücksicht darauf $m < 1$ bleiben. Somit wird von der Gesamtleistung

$$\overline{s_A^2(t)} = \overline{s_T^2(t)} + \overline{s_0^2(t)} + \overline{s_u^2(t)}$$

$$= A^2/2 + A^2m^2/8 + A^2m^2/8 = A^2/2 + A^2m^2/4 \tag{3.12}$$

der relative Anteil

$$(A^2/2)/(A^2/2 + A^2m^2/4) = 2/(2 + m^2)$$

im Trägersignal bleiben, also bei $m=1$ der Wert 2/3. Nur höchstens 1/3 steckt in den

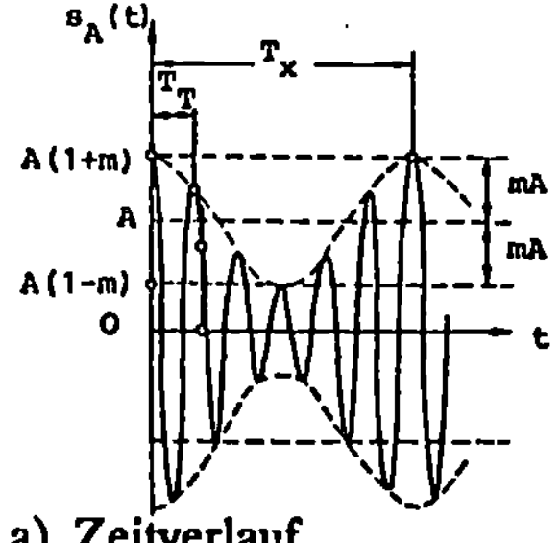

$S_A(t)=A[1+mx(t)]\cos\omega_T$

für $x(t)=\cos\omega_x t$ gilt:

$S_A(t)=A[1+m\cos\omega_x t]\cos\omega_T t$

$T_x=1/f_x$

$T_T=1/f_T$

a) Zeitverlauf

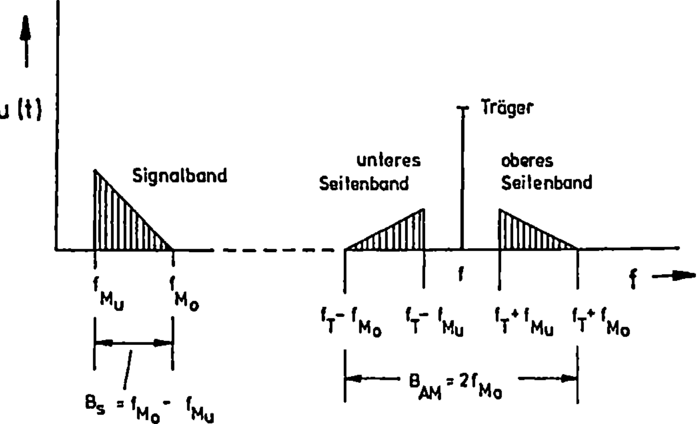

b) Spektrale Darstellung

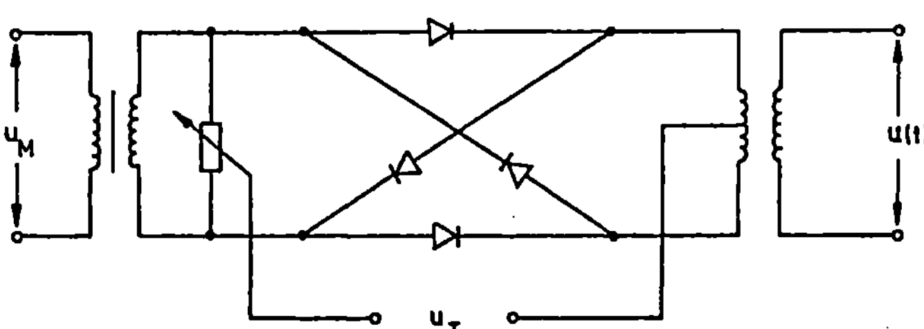

c) Ringmodulator

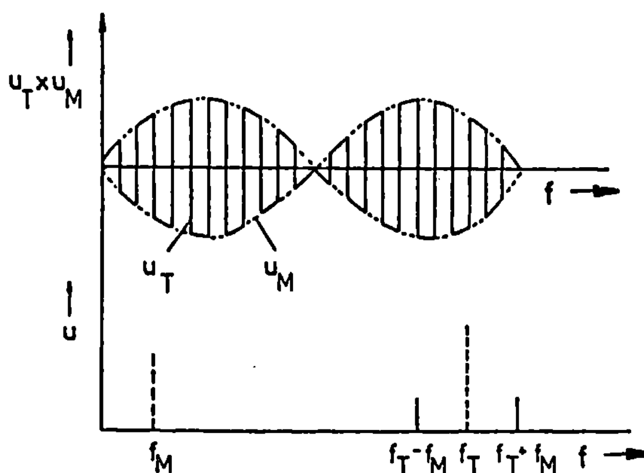

d) Zur Funktionsweise des Ringmodulator: Modulationssignal u_M "schaltet" Trägersignal u_T

Abb. 3.1 Amplitudenmodulation

Seitenbändern. Das ist sehr unwirtschaftlich. Man muß aus diesem Grund in der Raumfahrt eine kohärente Demodulation durchführen. $s_A(t)$ wird zu diesem Zweck gemäß Abb. 3.2 mit einer Schätzfunktion $s(t)$ multipliziert, die möglichst mit dem unmodulierten Trägersignal identisch sein soll. Dieses kann man mit Hilfe eines "Phase Locked Loop" (PLL) bis auf eine kleine Phasenverschiebung ψ auf der Empfangsseite "kopieren". Es ergibt sich

$$s(t) \approx \cos(\omega_T t + \psi) \tag{3.13}$$

bei einer Produktbildung

$$s(t)s_A(t) = \cos(\omega_T t + \psi)A(1 + m\cos\omega_x t)\cos\omega_T t$$

$$= 0,5A(1 + m\cos\omega_x t)(\cos\psi + \cos 2\omega_T t)$$

Der Tiefpaß soll die HF-Komponenten, der Serienkondensator die Gleichstromkomponente aussieben. Dann verbleibt als phasenkohärentes demoudliertes AM-Signal

$$s_{AD} = 0,5Am\cos\omega_x t\cos\psi \tag{3.14}$$

Für $\psi = 0$ ergibt sich also direkt das Primärsignal, wenn man vom Proportionalitätsfaktor Am/2 absieht. Da außerdem die cos-Funktion bei kleinen Argumentwerten ψ nur langsam vom Wert 1 abfällt, ist diese Demodulationsart besonders günstig. Man beachte, daß keine besondere Voraussetzungen über die Größe von m gemacht wurden. Man kann daher bei dieser Demodulationsart übermodulieren, um so möglichst viel Leistung direkt in das Modulationssignal zu pumpen.

Im Idealfall kann man den Träger völlig unterdrücken, ehe die Endstufe des Senders ausgesteuert wird, z.B. mit Hilfe eines Ringmodulators oder einer anderen Art von Brückenschaltung, bei der der Träger durch die Symmetrie der Anordnung unterdrückt wird; Abb. 3.1c und 3.1d. Dann haben wir den Fall der "AM/UT", der AM mit unterdrücktem Träger. In Gl.3.10 fehlt dabei der erste Summand und in den beiden anderen Summanden ist m=1.

Man kann aber auch noch zusätzlich eines der beiden Seitenbänder wegfiltern. Dann haben wir den Fall der Einseitenband-AM, die EM. In beiden Fällen ist die Leistung völlig auf den informationsträchtigen Teil des Spektrums transformiert. Allerdings wird man in praxi nicht vollständig auf das Trägersignal verzichten können. Denn zur Erzeugung der Schätzfunktion mit Hilfe des PLL wird ein geringere Synchronisationssignal erforderlich. Die Leistung hierfür kann aber sehr gering gehalten werden und ist in manchen Fällen vernachlässigbar. Im Falle von AM/UT ist sogar das Trägersignal durch Produktbildung wieder erzeugbar. Das bedeutet nur einen zusätzlichen Aufwand beim Empfänger; bei EM geht dies nicht.

3.1.1.2 Hochfrequenz-Bandbreite

Die zweite bedeutende Aussage ergibt sich aus Gl.3.10. Bei der Modulation entstehen aus den ursprünglichen Frequenzen f_T und f_x die drei Frequenzen f_T, $f_T + f_x$, $f_T - f_x$. Es handelt sich also um eine Frequenztransformation. Hat nun das primäre Signal ein Spektrum von f_0 bis f_{max}, dann besteht das Modulationsspektrum auch aus eben diesem Spektrum, das jedoch um den Betrag f_T in der Frequenzlage verschoben ist. Zusätzlich zu diesem oberen Seitenband existiert noch ein unteres, das sich durch Spiegelung des oberen an f_T ergibt. Das obere Seitenband enthält also das Primärsignal in der richtigen Frequenzlage, das untere in der Kehrlage. In beiden Seitenbändern steckt aber die volle Information; Abb. 3.1b.

Für die Übertragung des AM-Signals ist eine hochfrequente Bandbreite W erforderlich, die das komplette obere und untere Seitenband einschließt. Also gilt

$$W = 2B \tag{3.15}$$

$$\text{mit } B = f_{max}$$

Diese Gleichung gilt sowohl für AM als auch für AM/UT. Bei Einseitenbandmodulation (EM) hingegen ist.

$$W = B \tag{3.16}$$

wobei streng genommen $B = f_{max} - f_0$ kleiner sein könnte als bei den vorhergehenden Fällen, falls f_0 nicht bis $f = 0$ herabreicht. Gerade dann, wenn es erforderlich wird, Bandbreite zu sparen, ist EM von großer Bedeutung, wie der Vergleich der Gl.3.15 mit 3.16 zeigt. Es ist daher durchaus möglich, daß mit zunehmender Frequenzknappheit dieses Verfahren auch in der Raumfahrt eine wichtige Rolle spielt, obwohl es gerätemäßig relativ aufwendig ist.

3.1.2 Winkelmodulation

Der PM und FM kommen in der Raumfahrt aus verschiedenen Gründen besondere Bedeutung zu:
- Die Amplitude des Trägersignals behält konstant ihren Wert bei, so daß die momentane Leistung stets gleich der mittleren Leistung ist. Bei AM existiert hingegen eine Spitzenleistung, nämlich dann, wenn die Einhüllende den Wert A(1+m) hat und eine Minimalleistung, wenn die Einhüllende den Wert A(1-m) hat. Sender sind häufig auf die Spitzenleistung auszulegen. Daher ist bei gleicher Technologie der WM-Sender einem AM-Sender überlegen.

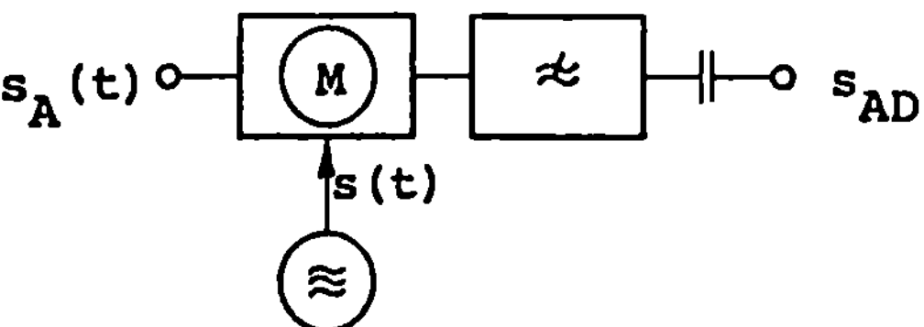

Abb. 3.2 Phasenkohärente AM- Demodulation

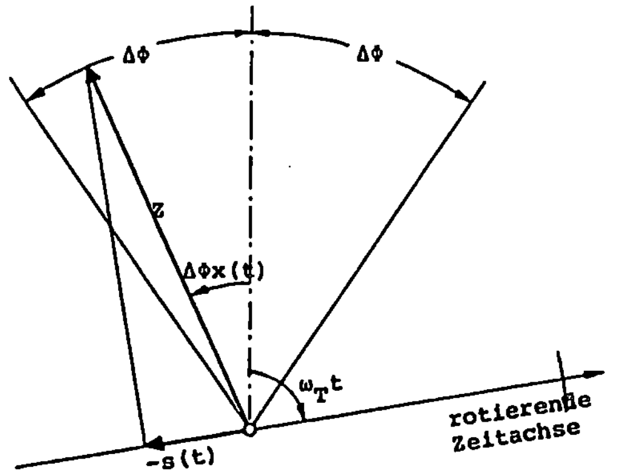

$$s(t) = A\cos[\omega_T t + \Delta\Phi x(t)]$$

$\pm\Delta\Phi$ bestimmen der Grenzen
der Schwankungen des
Zeigers $Z = f(x)$
$|Z| = A =$ constans

Abb. 3.3 Zeigerdiagramm für PM

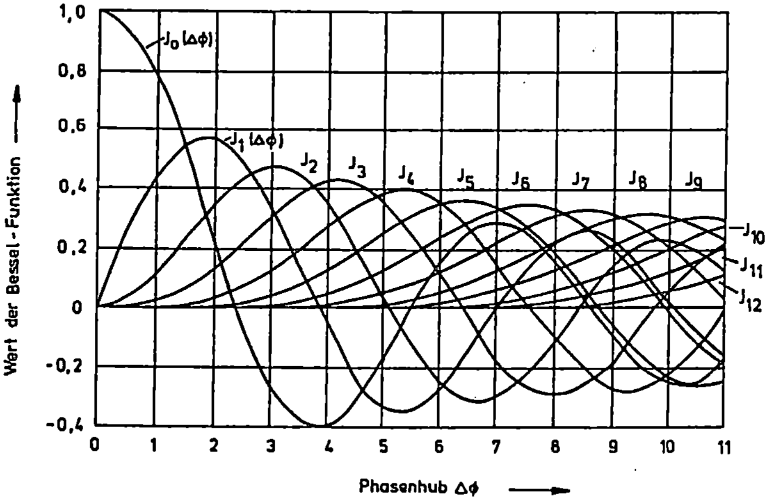

Abb. 3.4 Besselfunktionen in Abhängigkeit von $\Delta\Phi$

- Der Senderwirkungsgrad ist in der Regel aus diesem Grund ebenfalls bei WM höher
  als bei AM.
- Nichtlineare Verzerrungen durch gekrümmte Kennlinien wirken sich wesentlich
  weniger negativ bei WM aus als bei AM. Das ist plausibel, wenn man bedenkt, daß
  ein Begrenzer wie er bei WM eingesetzt wird, völlig unmöglich bei AM wäre.
- Vor allem aber besteht die Möglichkeit, den Störabstand bei vorgegebener Signalleistung durch Vergrößerung der HF-Bandbreite zu verbessern.

3.1.2.1 Phasenmodulation

Das Trägersignal wird in der Phase durch das primäre Signal x(t) moduliert. Gl.3.5
lautete:

$$s_p(t) = A\cos[\omega_T t + \Delta\Phi x(t)]$$

Für diese Gleichung läßt sich ein sehr einfaches Zeigerdiagramm angeben; Abb.3.3. Die
Amplitude bleibt konstant, die Phase variiert um maximal $\pm\Delta\Phi$ entsprechend der Zeitfunktion x(t). Die Projektion des Pendelzeigers auf die Zeitachse ergibt den Momen-
tanwert s(t).

PM mit sinusförmigem Primärsignal

Wir betrachten zunächst den Fall $x(t) = \sin\omega_x t$. Also wird

$$s_p(t) = A\cos[\omega_T t + \Delta\Phi \sin\omega_x t] \tag{3.17}$$

Hier läßt sich eine Umformung nicht mit Hilfe von einfachen trigonometrischen
Formeln vornehmen, sondern mit Hilfe der Besselfunktion $J_p(\Delta\Phi)$ der Ordnung p mit
dem Argument $\Delta\Phi$:

$$\begin{aligned}
s_p(t)/A = &\ J_0(\Delta\Phi)\cos\omega_T t - J_1(\Delta\Phi)\{\cos(\omega_T-\omega_x)t - \cos(\omega_T+\omega_x)t\} \\
&+ J_2(\Delta\phi)\{\cos(\omega_T-2\omega_x)t + \cos(\omega_T+2\omega_x)t\} \\
&- J_3(\Delta\phi)\{\cos(\omega_T-3\omega_x)t - \cos(\omega_T+3\omega_x)t\} + \cdots
\end{aligned} \tag{3.18}$$

$s_p(t)$ besteht also aus einem Trägersignal mit Amplitude $J_0(\Delta\Phi)$ und einer unendlichen
Reihe von oberen und unteren Seitenbändern der Frequenz $(\omega_T \pm n\omega_x)$, deren Amplituden durch $J_n(\Delta\Phi)$ gegeben sind.

$$\begin{aligned}
J_n(\Delta\Phi) = &\ (1/n!)(\Delta\Phi/2)^n - [1/1!(n+1)!](\Delta\Phi)^{n+2}/2 + \\
&\ [1/2!(n+2)!](\Delta\Phi)^{n+4}/2 + \cdots
\end{aligned} \tag{3.19}$$

Wichtig ist die Tatsache, daß man die theoretisch beliebig vielen Seitenbänder auf eine endliche Anzahl beschränken kann. Denn $J_n(\Delta\Phi)$ verschwindet schnell mit $n/\Delta\Phi >> 1$.

AM	$\dfrac{u(t)}{\hat{u}_T} = \cos\omega_T t$	$+\dfrac{m}{2}\left(\cos(\omega_T + \omega_M)t + \cos(\omega_T - \omega_M)t\right)$
FM	$\dfrac{u(t)}{\hat{u}_T} = J_0 \sin\omega_T t$	$+\displaystyle\sum_{n=1}^{\infty} J_n\left(\sin(\omega_T + n\omega_M)t + (-1)^n \sin(\omega_T - n\omega_M)t\right)$
	Träger	Seitenlinien

$$\underline{S}(t) = \underline{S}\exp\left[j\left(\Omega_0 t + \frac{\Delta\omega_0}{\omega}\sin\omega t\right)\right] = \underline{S}\sum_{n=-\infty}^{+\infty} J_n\left(\frac{\Delta\omega_0}{\omega}\right)\exp\left[j(\Omega_0 + n\omega)t\right]$$

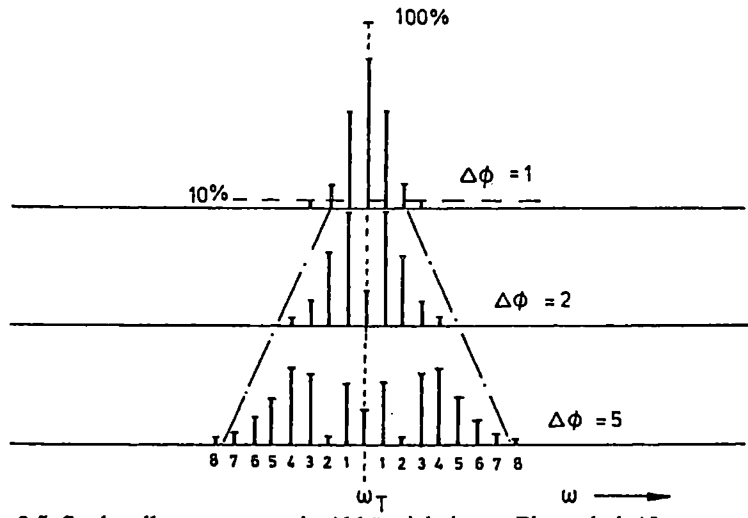

Abb. 3.5 Spektralkomponenten in Abhängigkeit von Phasenhub $\Delta\Phi$

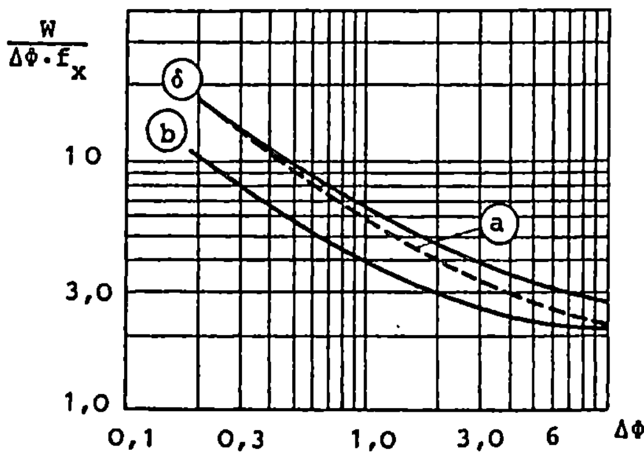

$\delta \equiv 1\%$ Amplitudengrenze

$a \equiv W = 2f_x(2+\Delta\Phi)$

$b \equiv W = 2f_x(1+\Delta\Phi)$

Abb. 3.6 HF-Bandbreitenbedarf

Will man nur diejenigen Glieder berücksichtigen, die größer sind als 2,2% des unmodulierten Trägers, dann muß die Bandbreite von der Größe

$$W = 2f_x(2+1,2\Delta\Phi) \qquad (3.20)$$

sein, für den Fall 1% bedarf es einer Bandbreite

$$W = \delta f_x \qquad (3.21)$$

gemäß Abb.3.6. Werden Seitenamplituden vernachlässigt, die kleiner sind als 10% des unmodulierten Trägers, dann ergeben sich folgende Alternativen:

Ist $\Delta\Phi >> 1$, dann soll

$$W = 2f_x\Delta\Phi \qquad (3.22)$$

sein. Ist $\Delta\Phi < 1$, dann gilt die Carson-Regel

$$W = 2f_x(1+\Delta\Phi) \qquad (3.23)$$

Diese Carson-Regel wird in der Fernwirktechnik der Raumfahrt fast ausschließlich angewandt.

Die Gesamtleistung bei PM gemäß Gl.3.17 ist gegeben durch

$$P_p = (1/T)\int_0^T s_p^2(t)dt = (A^2/T)\int_0^T \cos^2(\omega_T t+\Delta\Phi\sin\omega_x t)dt = A^2/2 \qquad (3.24)$$

Wenn man s_p nicht direkt integriert, sondern die Reihenentwicklung der Gl.3.18, dann erhält man die Leistung aufgeteilt nach den Seitenbändern

$$P_{px} = 0,5A^2(J_0^2(\Delta\Phi)+J_1^2(\Delta\Phi)+J_2^2(\Delta\Phi)+\cdots \qquad (3.25)$$

PM mit binärem Primärsignal

Wenn die PM des harmonischen Trägers nicht durch ein Sinussignal sondern ein binäres Signal geschieht, dann ergibt sich folgende einfache Darstellung

$$s_p(t) = A\cos(\omega_T t\pm\Delta\Phi), \text{ da } x(t) = \pm1 \qquad (3.26)$$

Die vektorielle Signaldarstellung für die beiden möglichen Phasenwerte $x = \pm\Delta\Phi$ ist in Abb.3.7 angegeben. Gl.3.26 läßt sich mit Gl.2.36 umformen

$$s_p(t) = A(\cos\omega_T t\cos\Delta\Phi \mp \sin\omega_T t\sin\Delta\Phi) \qquad (3.27)$$

Der erste Summand stellt das Trägersignal dar, denn es ist unabhängig vom Vorzeichen, also unabhängig davon, ob es sich um eine binäre 0 oder 1 handelt. Der zweite Summand hingegen ist das Informationssignal, das mit dem Binärwert das Vorzeichen wechselt.

Die Gesamtleistung P_p ist wiederum gleich $A^2/2$, wie bei Gl. 3.24. Die Leistung im Trägersignal ist

$$P_{PT} = (A^2/T)\int_0^T \cos^2\omega_T t \, \cos^2\Delta\Phi \, dt = 0,5A^2\cos^2\Delta\Phi \qquad (3.28)$$

und die Leistung im Informationssignal

$$P_{PX} = 0,5A^2\sin^2\Delta\Phi \qquad (3.29)$$

Also geschieht die Leistungsaufteilung in der folgenden Weise:

$$P_{PT} = P_p\cos^2\Delta\Phi \qquad (3.30)$$

$$P_{PX} = P_p\sin^2\Delta\Phi \qquad (3.31)$$

mit

$$P_p = A^2/2 \qquad (3.32)$$

Es ist demnach möglich, die gesamte Leistung in das Informationssignal zu überführen, indem man den Phasenhub $\Delta\Phi=90°$ macht. Dieser Fall, der als Phasenumtastung bzw. PSK (= Phase Shift Keyed) bezeichnet wird, kann auch als AM/UT aufgefaßt werden. Es sind dann nämlich nur die beiden Signale $s_p = \pm A\sin\omega_T t$ möglich.

Die Komponentenzerlegung von Gl.3.26 ist auch in Abb.3.7 gestrichelt angedeutet. Die beiden Vektoren $s_p(0)$, $s_p(1)$ geben die Zustände für die binäre 0 und 1 an. Zu den Vektoren wurde eine Symmetrielinie eingezeichnet sowie die Verbindungslinie der beiden Vektor-Endpunkte. Auf diese gestrichelten Linien werden die Vektoren projiziert. Die Projektion auf die Symmetrielinie ist für beide Vektoren gleich, diejenige für die Verbindungslinie verschieden, entsprechend den beiden Termen von Gl.3.27. Aus der Zeichnung wird offensichtlich, daß die Leistungsaufteilung über den Phasenhub so lange sehr präzise möglich ist, wie $\Delta\Phi$ nicht sehr nahe bei 90° liegt.Denn dann wird bei geringen Unsicherheiten im Phasenhub durch den schleifenden Schnitt eine starke Schwankung in der Leistungsaufteilung verursacht. Man wird daher bei der hochfrequenten Phasenmodulation, z.B. bei PCM/PM einen Hub von $\Delta\Phi=80°$ nicht überschreiten, falls man für den phasenkohärenten Empfang und zur Messung der Dopplerfrequenz ein stabiles Trägerfrequenzsignal benötigt. PSK selbst wird man hingegen bei der Modulation eines Unterträgers vornehmen, so daß dort kein Leistungsverlust für diesen Unterträger auftritt. Davon wird im Kapitel über die Synchronisation noch zu reden sein.

PM mit zwei binären Unterträgern

Es seien nun zwei binäre Signale unterschiedlicher Frequenz aufzumodulieren. Dabei soll es sich z.B. um rechteckförmige Unterträger handeln, die ihrerseits wieder durch irgendwelche Primärsignale moduliert sein können. Es soll errechnet werden, wie sich die Gesamtleistung nun auf den harmonischen Träger und die beiden Unterträger aufteilt.

$$s_P(t) = A\cos(\omega_T t \pm \Delta\Phi_1 \pm \Delta\Phi_2), \quad da \quad x_1(t) = \pm 1 \tag{3.33}$$
$$x_2(t) = \pm 1$$

$$s_P(t) = A\cos\omega_T t(\cos\Delta\Phi_1\cos\Delta\Phi_2 \mp \sin\Delta\Phi_1\sin\Delta\Phi_2)$$
$$- A\sin\omega_T t(\sin\Delta\Phi_1\cos\Delta\Phi_2 \pm \cos\Delta\Phi_1\sin\Delta\Phi_2) \tag{3.34}$$

Wiederum können nur die $\sin\Delta\Phi$-Werte ihre Vorzeichen verändern, so daß wir daran erkennen können, welche Terme die Information für x_1 bzw. x_2 tragen. In der zweiten Klammer beinhaltet der erste Summand Informationen für x_1, der zweite für x_2. In der ersten Klammer hingegen bleibt der erste Summand unabhängig vom Vorzeichen der beiden Signale x_1 und x_2. Er ist daher dem Trägersignal zuzuordnen. Der zweite Summand ist andererseits von beiden Signalen gleichzeitig abhängig. Er liefert ein Kreuzmodulationsprodukt, das bei der Demodulation nicht ausgewertet wird; es ist ein Verlustglied.

Von der Gesamtleistung P_P verbleibt daher

$$P_{X1} = P_P\cos^2\Delta\Phi_2\sin^2\Delta\Phi_1 \tag{3.35}$$

$$P_{X2} = P_P\cos^2\Delta\Phi_1\sin^2\Delta\Phi_2 \tag{3.36}$$

$$P_{PT} = P_P\cos^2\Delta\Phi_1\cos^2\Delta\Phi_2 \tag{3.37}$$

und als Verlust

$$P_{X1X2} = P_P\sin^2\Delta\Phi_1\sin^2\Delta\Phi_2 \tag{3.38}$$

Daraus läßt sich das allgemeine Bildungsgesetz für n Rechteckunterträger ableiten:

$$P_{Xi} = P_P\Pi\cos^2\Delta_j\sin^2\Delta_i \qquad \text{für} \quad j=1\cdots n,$$
$$\text{ohne } i$$
$$P_{PT} = P_P\Pi\cos^2\Delta_j\cos^2\Delta_i \tag{3.39}$$

Hat hingegen ein Unterträger Rechteckform und der andere eine harmonische Schwingung, dann wird gemäß Gl.3.25 und 3.30

$$P_{PT} = P_P J_0^2(\Delta\Phi_2)\cos^2\Delta\Phi_1 \tag{3.40}$$

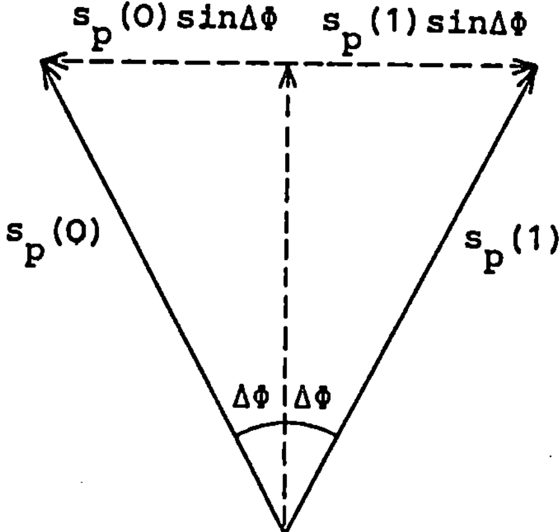

Abb. 3.7 Vektordiagramm für binäre PM

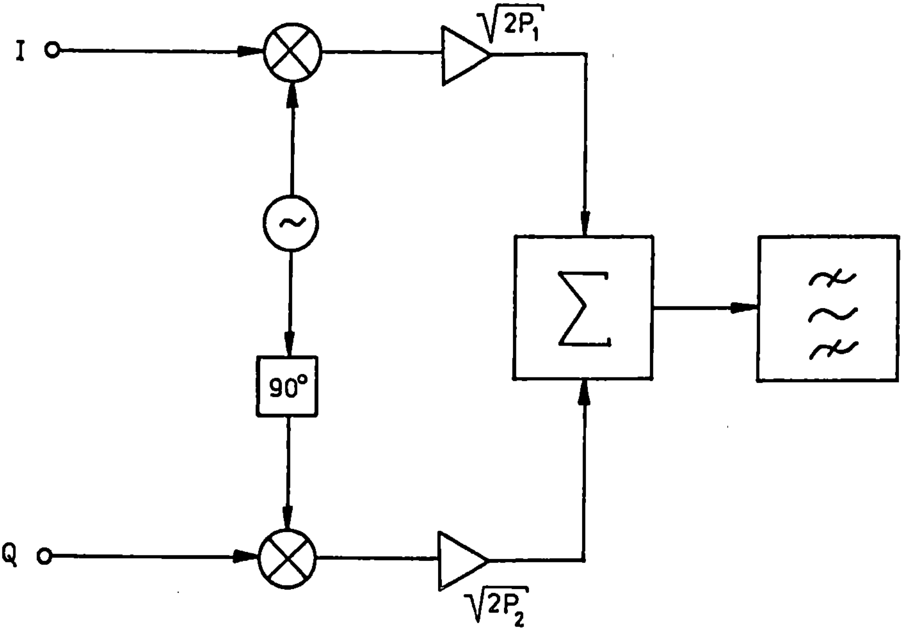

Abb. 3.8 Der QPSK-Modulator

Die Vierphasen- und Mehrphasenmodulation wird angewandt, wenn man eine höhere Spektraleffizienz benötigt, d.h. pro Hertz Bandbreite einige bits übertragen will.

Bei der Vierphasenmodulation (in der englisch-sprachigen Literatur als Quadriphase-Modulation QPSK bezeichnet), werden entweder

- Bitpaare desselben Informationsflusses gleichphasig und mit der Dauer $T = 2\,T_b$ im I-Kanal (in Phase) und im Q-Kanal (Quadraturphase = 90° phasenverschobener Träger) als QPSK moduliert, oder

- die Modulation geschieht mit 2 getrennten Informationsfolgen derselben Bitrate in versetzten Folgen (SQPSK = staggered QPSK), oder

- zwei getrennte Informationsfolgen mit unterschiedlichen Bitraten werden getrennt im I- und Q-Kanal übertragen und erhalten dabei evtl. auch unterschiedliche Leistungsanteile (UQPSK = unbalanced QPSK).

Abb.3.8 gibt das Prinzip eines 4- Phasenmodulators an. Von einem Oszillator werden das I- und Q-Signal (oben bzw. unten) abgeleitet. Die beiden Kanäle werden mit den geradzahligen bzw. ungeradzahligen Vielfachen von 90° moduliert, die sich bei den Bitpaaren ergeben können. Die modulierten Signale des I- und Q-Kanals werden addiert und gefiltert. Die 4 Phasenzustände sind in Abb. 3.8 mit angegeben.

PM-Demodulation

Es werde wieder $s_p(t)$ gemäß Gl.3.5 bzw. Gl.3.17 betrachtet. Es gibt verschiedene Demodulationsverfahren. Besonders bedeutsam für die hier interessierenden Anwendungsfälle ist die kohärente PM-Demodulation. Sie unterscheidet sich von der phasenkohärenten AM-Demodulation von Abb.3.2 lediglich darin, daß man das modulierte Empfangssignal nicht mit einer Schätzfunktion multipliziert, die in Phase mit dem unmodulierten Trägersignal ($\psi = 0^0$) ist sondern diesem gegenüber um $\psi = 90^0$ verschoben sein soll. Also muß das Produkt

$$s_p(t)\cos(\omega_T t - 90^0) = s_p(t)\sin\omega_T t$$

gebildet werden, das dann durch ein Tiefpaßfilter und einen Serienkondensator gesiebt wird. Dadurch ergibt sich analog zu Gl.3.14

$$s_{PD} = 0{,}5A\sin[\Delta\Phi x(t)] \approx 0{,}5A\Delta\Phi x(t) \tag{3.41}$$

für kleine Werte von $\Delta\Phi x(t)$. Das demodulierte Signal ist demnach für kleine Phasenhübe proportional dem primären Signal $x(t)$. Ist das primäre Signal binär, dann funktioniert die PM- Demodulation auch für große Phasenhübe, denn dann spielt die Linearität keine Rolle mehr. s_{PD} springt in diesem Falle zwischen den Werten $\pm$ $A/2 \sin\Delta\Phi$.

3.1.2.2 Frequenzmodulation

Nun wird das Trägersignal in der Frequenz durch das Primärsignal $x(t)$ variiert. Nach Gln.3.6 und 3.8 gilt

$$s_F(t) = A\cos[\omega_T t + \Delta\omega\int x(t)dt] \tag{3.42}$$

$$\Delta\omega\int x(t)dt = \Delta\omega\int\cos\omega_x t\, dt = B\sin\omega_x t$$

$$\text{mit } B = \frac{\Delta\omega}{\omega_x} = \text{Frequenzhub/Modulationsfrequenz}$$

$$= \text{Modulationsindex} \tag{3.43}$$

Somit

$$s_F(t) = A\cos[\omega_T t + B\sin\omega_x t] \tag{3.44}$$

B darf nicht verwechselt werden mit

$$m_F = \frac{\Delta\omega}{\omega_T} = \text{Modulationsgrad der FM} \tag{3.45}$$

Gl.3.44 ist mit Gl.3.17 identisch, wenn $\Delta\Phi$ durch B ersetzt wird. Dann gelten auch die entsprechenden Ergebnisse der PM bezüglich der Reihenentwicklung Gl.3.18 und hinsichtlich der erforderlichen HF-Bandbreite W der Gln.3.20 bis 3.23, Abb.3.6, also

$$s_F(t)/A = J_0(B)\cos\omega_T t$$

$$+ \sum_{n=1}^{\infty} J_n(B)[\cos(\omega_T + n\omega_x)t + (-1)^n\cos(\omega_T - n\omega_x)t] \tag{3.46}$$

$$W = \delta f_x \tag{3.47}$$

$$W = 2f_x(2+1,2B) \text{ für die } 2,2\% \text{ Grenze} \tag{3.48}$$

$$W = 2f_x(2+B) \text{ für } B \ll 1 \tag{3.49}$$

$$W = 2f_x(1+B) \text{ für } B < 1 \tag{3.50}$$

Auch bei FM werden in erster Linie wiederum die Gln. 3.24 und 3.25 praktisch angewandt.

Hinsichtlich der Leistung gelten analog zu Gln.3.24 und 3.25

$$P_F = \frac{1}{T} \int_0^T s_F^2(t)dt = 0,5A^2 \qquad (3.51)$$

$$P_{FX} = 0,5A^2[J_0^2(\beta) + J_1^2(\beta) + J_2^2(\beta) + \cdots] \qquad (3.52)$$

Ein Nachteil der FM gegenüber PM ergibt sich daraus, daß die Trägerfrequenz selbst nicht so einfach gewonnen werden kann. Denn jeder Wert $x(t) \neq 0$ bewirkt hier nicht eine Phasenverschiebung sondern eine Frequenzabweichung. Die Dopplerfrequenz kann daher nur als statistischer Mittelwert über einen beschränkten Zeitraum abgeleitet werden.

FM-Demodulation

Ein idealer FM- Demodulator liefert aus dem Signal

$$s_F(t) = A\cos(\omega_T t + \Delta\omega\int xdt)$$

ein demoduliertes Signal

$$s_{FD} = \Delta\omega x(t) \qquad (3.53)$$

Ein typischer FM-Demodulator der Raumfahrt beruht auf dem Prinzip des PLL und wird daher erst im Kapitel 4 besprochen.

Häufig verwendet man auch für die FM-Demodulation von Unterträgern das einfache Prinzip des "Zero-Crossing-Detector"; Abb.3.9. Er ist ein analoger Frequenzmesser. Immer dann, wenn das Signal vom negativen Spannungspegel kommend den Nullwert überschreitet, wird ein monostabiler Multivibrator getriggert, der nach der Zeit T_1 wieder in seine stabile Lage zurückkehrt. Die mittlere Ausgangsspannung ist direkt proportional zur Meßfrequenz $f - f_1$, wenn $f_1 = 1/2T_1$ ist. Denn es gilt:

$$s_{FD} = \frac{UT_1 - U(T-T_1)}{T} = \frac{U(2T_1-T)}{T} = U(2T_1 f - 1) \qquad (3.54)$$

Wird $T_1 = 1/2f_1$ gewählt, dann gilt

$$s_{FD} = U\frac{f - f_1}{f_1} \qquad (3.55)$$

Ist f_1 die Frequenz des Unterträgers, dann erhält man offensichtlich am Ausgang ein Signal, das direkt proportional ist zur Frequenzabweichung $f - f_1$.

Der Vorteil des beschriebenen Prinzips liegt darin, daß abgestimmte Schwingkreise vermieden werden und daß auch bei großen Frequenzhüben die Linearität zwischen s_{FD} und $f - f_1$ gewahrt bleibt.

Natürlich lassen sich mittels Digitalzähler auch die modulierten Signale direkt auszählen. Ein solche Methode entspricht der generellen Tendenz, möglichst viele Prozesse digital durchzuführen, um weitestgehend integrierte Schaltkreistechnik rational einzusetzen zu können.

3.2 Rauschverhalten

Die Möglichkeit, durch geeignete Modulation Sendeleistung auf Kosten von größerer Bandbreite zu sparen, spielt in der Raumfahrt eine große Rolle. Daher soll nun das Rauschverhalten der bisher besprochenen Modulationsarten erörtert werden.

3.2.1 Amplitudenmodulation

$s_A(t)$ soll durch additives Rauschen gestört sein. Es sind die Auswirkungen auf das demoduliertes Signal zu errechnen. Dabei soll ausschließlich die phasenkohärente AM - Demodulation betrachtet werden, weil nichtkohärente Demodulation für die Raumfahrt zu unwirtschaftlich wäre. Außerdem sei das Trägersignal unterdrückt. Dann vereinfacht sich Gl. 3.9 auf $s_A(t) = A\,x(t) \cdot \cos\omega_T t$. Das HF-Signal $g(t)$ setze sich zunächst additiv zusammen aus $s_A(t)$ und einem Schmalbandrauschen gemäß Gl. 2.34, dessen Bandbreite 1 Hz sei. $\Phi_n(t)$ wird der Einfachheit halber gleich Null gesetzt, ohne dadurch eine besondere Einschränkung in Kauf nehmen zu müssen.

$$g(t) = s_A(t) + n(t) = Ax(t)\cos\omega_T t + r(t)\cos(\omega_T t + \Phi_r) \qquad (3.56)$$

Produktdemodulation liefert nach Gl. 3.14 ein Ausgangssignal

$$g_A(t) = 0{,}5Ax(t) + 0{,}5r(t)\cos\Phi_r \qquad (3.57)$$

Es soll nun die Signal- und Rauschleistung für das hochfrequente und auch für das demodulierte Signal berechnet werden. Aus Gl. 3.56 ergibt sich wegen der statistischen Unabhängigkeit der beiden Terme voneinander und mit $\overline{\cos^2\omega_T t} = 1/2$:

$$\overline{g^2} = \overline{[(s_A(t) + n(t)]^2} = 0{,}5A^2\overline{x^2(t)} + 0{,}5\overline{r^2(t)} \qquad (3.58)$$

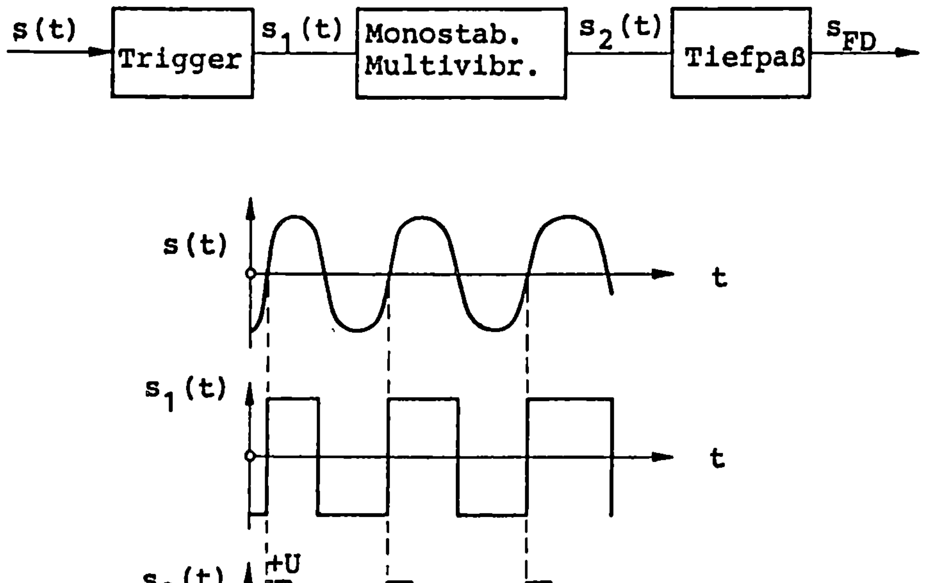

Abb. 3.9 Zero-Crossing-Detektor

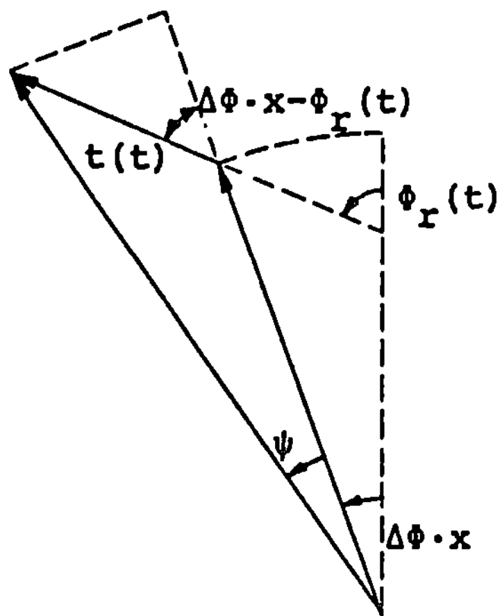

Abb. 3.10 Vektordiagramm zur Ermittlung des Phasenfehlers

Die Gesamtleistung teilt sich demnach auf in die Signalleistung P_S und die Rauschleistung N_A, nämlich in

$$P_S = 0,5A^2\overline{x^2(t)} \quad ; \quad N_A = 0,5\overline{r^2(t)} \tag{3.59}$$

Entsprechend errechnet sich aus Gl. 3.57 die Leistung für das demodulierte Signal zu

$$\overline{g_A^2} = 0,25[A^2\overline{x^2(t)} + 0,5\overline{r^2(t)}]$$

mit den Anteilen

$$P_A = A^2\overline{x^2(t)}/4 = P_S/2 \quad ; \quad N_{0A} = \overline{r^2(t)}/8 = N_0/4 \tag{3.60}$$

Nun lassen wir noch die Voraussetzung fallen, daß nur in 1 Hz Bandbreite Rauschen vorhanden sei. Wir nehmen auch an, daß es sich um weißes Rauschen handelt. Wenn $x(t)$ sein Signalspektrum im Bereich $0 \cdots f_{max}$ hat, dann ist das zugehörige HF-Band $(-f_{max} + f_T)$ bis $(f_T + f_{max})$. Daher ist

$$N = 2f_{max}N_0 \quad ; \quad N_A = 2f_{max}N_{0A} = f_{max}N_0/2 = N/4 \tag{3.61}$$

Der Faktor 2 bei N_A ergibt sich dadurch, daß sowohl das untere als auch das obere Frequenzband des Rauschens in das NF-Band $0 \cdots f_{max}$ hinein demoduliert wird. Denn auch beim AM-Signal selbst stammt die demodulierte Leistung sowohl vom oberen als auch von unteren Seitenband. Während für die Signalanteile aber eine funktionelle Beziehung existiert, die zur Amplitudenaddition bei der Demodulation führt, sind die Rauschanteile des oberen und unteren Bandes unabhängig voneinander und addieren sich daher nur hinsichtlich der Leistung.

$$(P/N)_{AM/UT} = P_A/N_A = A^2\overline{x^2(t)}/(2N/4) = 2P_S/N \tag{3.62}$$

Der Störabstand verbessert sich bei AM/UT um 2. Man kann leicht zeigen, daß bei EM der Faktor 1 wird. EM benutzt man daher als Referenz.

$$(P/N)_{EM} = P_S/N \quad ; \quad (P/N)_{AM/UT} = 2(P/N)_{EM} \tag{3.63}$$

3.2.2 Phasenmodulation

Auch $s_P(t)$ sei zunächst durch Schmalbandrauschen von 1 Hz Bandbreite additiv verzerrt. Das Summensignal (Gln. 3.56 und 3.5)

$$g_p(t) = s_p(t) + n(t) = A\cos[\omega_T + \Delta\Phi x(t)] + r(t)\cos[\omega_T t + \Phi_r(t)]$$

wird durch einen Begrenzer auf eine konstante Amplitude gebracht. Es stören also nur Winkelschwankungen, die durch das Rauschen verursacht werden. Aus Abb. 3.10 entnimmt man für den momentanen Phasenfehler die Beziehung

$$\tan\Psi = \frac{r(t)\sin[\Phi_r(t) - \Delta\Phi x(t)]}{A + [r(t)\cos\Phi_r(t) - \Delta\Phi x(t)]}$$

und für $|r/A| << 1$

$$\tan\Psi \approx \Psi = \frac{r(t)}{A}\sin[\Phi_r(t) - \Delta\Phi x(t)] \tag{3.64}$$

Der Einfluß des Rauschens wird also um den Faktor $1/A$ gemildert. Mit anderen Worten: Durch das Rauschen verändert sich der nominelle Phasenwinkel $\Delta\Phi x(t)$ auf den Wert

$$\Psi_p = \Delta\Phi x(t) + \Psi \tag{3.65}$$

so daß sich eine demodulierte Nutzleistung P_p und eine demodulierte Rauschleistung N_{0P} ergeben, für die mit Gl. 3.64 gilt

$$\overline{\Psi_p^2} = P_p + N_{0P} \quad ; \quad P_p = (\Delta\Phi)^2\overline{x^2(t)} \quad ; \quad N_{0P} = \overline{\Psi^2} = \frac{\overline{r^2(t)}}{2A^2} \tag{3.66}$$

Nun lassen wir wieder die Einschränkung des Schmalbandrauschens fallen. HF- seitig sei wieder weißes Rauschen vorgegeben. Wiederum sei das demodulierte Signal im Frequenzbereich $0...f_{max}$ zu empfangen. Dorthin wird auch das Rauschen sowohl aus positiven als auch aus negativen Winkelwerten $\Phi_r(t)$ demoduliert, so daß gilt

$$N_p = 2N_{0P}f_{max} = 2N_0 f_{max}/A^2 \tag{3.67}$$

$$\left[\frac{P}{N}\right]_{PM} = \frac{P_p}{N_p} = \frac{(\Delta\Phi)^2\overline{x^2(t)}A^2}{2N_0 f_{max}} = (\Delta\Phi)^2\left[\frac{P}{N}\right]_{AM/UT} = 2(\Delta\Phi)^2\left[\frac{P}{N}\right]_{EM} \tag{3.68}$$

Es ergibt sich somit das wichtige Resultat, daß proportional zum Quadrat des Phasenhubs der Störabstand bei PM- Demodulation verbessert wird. Das gilt allerdings nur unter der Voraussetzung $A >> r$. Für den Fall $r >> A$ gilt sogar das Umgekehrte, daß nämlich der Störabstand noch weiter verschlechtert wird und zwar proportional zu $(\Delta\Phi)^2$. Es ist also wichtig, daß schon HF- seitig ein Mindeststörabstand gewährleistet ist. Seine Größe ist durch den "Schwellwert" gekennzeichnet und wird in einem gesonderten Abschnitt behandelt.

3.2.3 Frequenzmodulation

Analog zu den Betrachtungen für PM gilt auch hier wieder für das verrauschte Signal die Darstellung von Abb. 3.10 mit

$$s_F(t) + n(t) = A\cos[\omega_T t + \Delta\omega\int x(t)dt] + r(t)\cos(\omega_T + \omega)t \qquad (3.69)$$

Es ist hier also zunächst vorausgesetzt, daß das Rauschen $r(t)$ von einer einzelnen Kreisfrequenz $(\omega_T + \omega)$ herrühre. ωt entspricht dem $\Phi_r(t)$ der PM.

Der momentane Phasenfehler Ψ ist hier gegeben durch

$$tg\Psi = \frac{r(t)\sin[\omega t - \Delta\omega\int x(t)dt]}{A + r(t)\cos[\omega t - \Delta\omega\int x(t)dt]}$$

$$\text{bzw. für } r \ll A: \quad \Psi \approx (r(t)/A)\sin[\omega t - \Delta\omega\int x(t)dt] \qquad (3.70)$$

Es verändert sich deshalb fälschlicherweise die Frequenz um

$$\frac{1}{2\pi}\frac{d\Psi}{dt} \approx \frac{r}{A}\frac{\omega}{2\pi}\cos[\omega t - \Delta\omega\int x(t)dt] \qquad (3.71)$$

Die entsprechende demodulierte Rauschleistung ist daher

$$\frac{\overline{r^2(t)}f^2}{2A^2} = \frac{f^2}{2A^2}\overline{r^2(t)} \qquad (3.72)$$

Man beachte, daß die demodulierte Rauschleistung mit f^2 steigt: Je weiter die Störkomponente $n(t)$ der Gl. 3.69 von der Trägerfrequenz entfernt liegt, desto mehr Einfluß hat sie. Wenn also bei weißem Rauschen am Eingang des Empfängers die Rauschleistungsdichte N_0 herrscht, dann erhalten wir am Detektorausgang ein Rauschleistungsspektrum der Form

$$S_{f/FM} = f^2 N_0/A^2 \qquad (3.73)$$

Die gesamte demodulierte Rauschleistung im Frequenzband $f = 0 \cdots f_{max}$ wird

$$N_F = \frac{2N_0}{A^2}\int_0^{f_{max}} f^2 df = \frac{2f_{max}^3 N_0}{3A^2} \qquad (3.74)$$

Der Faktor 2 ergibt sich, weil die Rauschkomponente von den oberen und den unteren Seitenbändern bei der Demodulation Leistung liefern. Das demodulierte Nutzsignal $\Delta fx(t)$ hat eine Leistung:

$$P_F = (\Delta f)^2 \overline{x^2(t)} \qquad (3.75)$$

Also gilt mit Gl. 3.74

$$\left[\frac{P}{N}\right]_{FM} = \frac{P_F}{N_F} = \frac{(\Delta f)^2 \cdot 3A^2\overline{x^2(t)}}{2N_0 f_{max}{}^3} = \left[\frac{\Delta f}{f_{max}}\right]^2 \frac{3A^2\overline{x^2(t)}}{2N_0 f_{max}}$$

$$= 3\beta^2 A^2/2N = \frac{3}{4}\beta^2\left[\frac{P}{N}\right]_{AM/UT} = \frac{3}{2}\beta^2\left[\frac{P}{N}\right]_{EM} \qquad (3.76)$$

wobei

$$N_0 2f_{max} = N = \text{äquival. Rauschleistung von AM} \qquad (3.77)$$

Die Verbesserung des Rauschabstandes ist in diesem Fall also proportional zu $3\beta^2$, d.h. daß dieselbe Verbesserung bei PM und FM erreicht wird, wenn $\Delta\Phi=\sqrt{3}\beta$. Das Spektrum von PM und FM stimmt aber überein, wenn $\Delta\Phi=\beta$. FM hat also bei gleicher Bandbreite als PM eine um den Faktor 3 höhere Verbesserung. Das ist der Grund, weshalb bei analogen Systemen in den Fällen FM angewandt wird, wo z.B. auf das Trägerfrequenzsignal verzichtet werden kann. Außerdem muß aber noch die Frequenzabhängigkeit des Rauschspektrums in Betracht gezogen werden, ehe man sich endgültig für FM oder PM entscheidet. Bei Trackingverfahren muß es in der Regel möglich sein, die Trägerfrequenz wieder herzustellen, um daraus u.a. den Dopplereffekt zu bestimmen.

3.2.4 Pre- und Deemphase

Die Frequenzabhängigkeit der Störabstandsverbesserung bei FM kann von Vor- und Nachteil sein. Das ist besonders von der Fernsehtechnik her verständlich. Denn bekanntlich wirken sich höherfrequente Störungen beim menschlichen Betrachter weniger unangenehm aus als niederfrequente Störungen. In diesem Fall wäre das FM-Verhalten vorteilhaft. Wegen des höheren Bandbreitenbedarfs wird allerdings im konventionellen Fernsehen nicht die FM angewandt sondern die Restseitenband- AM. Aber bei Fernsehübertragungen mittels Satelliten kommt es zur Anwendung.

Bei Daten- und Meßwertübertragung der Fernwirktechnik ist es häufig allerdings zweckmäßig, eine frequenzunabhängige Störabstandsverbesserung zu erzielen. Beim Frequenzmultiplex (Abschnitt 3.3) würden sonst die höherfrequenten Kanäle stärker verrauscht und die niederfrequenten bevorzugt werden.

Während die gleichmäßige Behandlung bei PM automatisch gewährleistet ist, muß bei FM erst eine entsprechende Vorkehrung getroffen werden. Man kann durch Anhebung der Amplituden der höheren Frequenzen des Primärsignals und durch eine entspre-

chende Dämpfung der niederfrequenten Anteile eine Vorverzerrung, eine sogenannte
Preemphase, durchführen, ehe die Modulation des Senders erfolgt. Auf der Empfangsseite kompensiert man dann diese künstlich eingeführte Verzerrung wieder durch ein
Deemphase-Netzwerk. Bei der Deemphase werden die Signalpegel wieder auf die richtigen Amplitudenwerte gebracht, d.h. nun erfolgt für die höherfrequenten Anteile eine
Amplitudenverkleinerung. Natürlich werden dabei auch die höherfrequenten Rauschanteile des Empfangssignals abgesenkt.

Man kann denselben Effekt erzielen, wenn man das zu übertragende Signal vor der
Modulation integriert. Daran zeigt sich, daß der Vorteil der Störabstandsverbesserung
von FM gegenüber PM nur einschränkend gegeben ist.

3.2.5 Schwellwert

Die Störabstandsverbesserung wird bei den Winkelmodulationsverfahren nur dann
erzielt, wenn vor der Demodulation der Störabstand bereits relativ groß ist. Ist er hingegen klein, dann verschlechtert er sich bei diesen Modulationsverfahren sogar noch.
Denn für den Demodulator ist stets das größere Signal das Referenzsignal, auch dann,
wenn dieses - wenigstens zeitweise - das Rauschen ist.

Wenn der Spitzenwert der Rauschamplitude in der Größenordnung der Signalamplitude
kommt, dann wird also der Rauschabstand schlechter werden. Im Falle von Gaußschen
Rauschen kann theoretisch die Rauschamplitude jeden beliebig hohen Wert annehmen.
Sinnvoll erweist sich, daß man nur solche Spitzenwerte berücksichtigt, die mindestens
mit der Wahrscheinlichkeit von 0,01 % auftreten. Das entspricht einem "Crestfaktor" 4,
d.h. es ist der vierfache Effektivwert. Dieser so definierte Maximalwert der Rauschleistung soll beim Schwellwert dieselbe Größe haben wie die Signalamplitude A:

$$A = 4\sqrt{N}; \qquad P = A^2/2 = 8N \tag{3.78}$$

Für den Fall von PM ergibt sich gemäß Gl. 3.68 beim Schwellwert ein ausgangsseitiger
Störabstand von

$$(P/N)_{PMS} = (\Delta\Phi)^2 \cdot 8N/2N = 4\Delta\Phi^2 \tag{3.79}$$

Der Schwellwert steigt also mit $\Delta\Phi^2$ an.

Entsprechend gilt für FM gemäß Gl. 3.76

$$(P/N)_{FMS} = 12B^2 \qquad\qquad (3.80)$$

In Abb. 3.11 ist die Rauscheigenschaft der FM und die Schwellwert- Wirkung skizziert.
Für die Belange der Raumfahrt sind die Schwellwerte von großer Bedeutung. Im
Gegensatz zur konventionellen Nachrichtenübertragungstechnik soll hier mit gerade
noch akzeptablen Störabständen zum Zwecke der Leistungseinsparung gearbeitet werden. Man möchte einen hohen Modulationsindex nutzen, um mit kleiner Sendeleistung
arbeiten zu können, auch wenn man dafür hohe Bandbreite in Kauf nehmen muß.
Hoher Modulationsindex m bedeutet aber hohen Schwellwert S. Daher wird S für großes m zu einer sehr scharfen Grenze. Oberhalb von S wird der Störabstand befriedigend,
darunter sehr schlecht. Man muß daher für der Berechnung der Streckendämpfung auf
die verschiedenen zeit- und ortsvariablen Einflüsse sorgfältig achten, ehe man die
Sendeleistung endgültig festlegt. Außerdem sind Demodulationsverfahren zu verwenden, die geringen Schwellwert haben. Sie beruhen auf dem PLL-(Phase- Locked- Loop=
Regelschleife) Prinzip.

3.3 Frequenzmultiplex

Ein besonderes Merkmal der Fernwirktechnik besteht darin, daß von vielen Meßstellen
Signale zu übertragen sind und man daher die HF - Anlagen zweckmäßigerweise
gemeinsam nutzt. Es gibt hierfür drei Methoden, das Frequenzmultiplexen, das Zeitmultiplexen, sowie das Codemultiplexen. Es soll in diesem Abschnitt die Methode des Frequenzmultiplexens erläutert werden und zwar anhand eines Beispiels: Dem IRIG-FM-
FM-System. Dieses wurde in den USA für die Raketenerprobung entwickelt und findet
auch im Rahmen der Raumfahrt Anwendung. Es sei allerdings betont, daß das Zeitmultiplexen zunehmend zu Lasten des Frequenzmultiplexens an Bedeutung gewinnt.

3.3.1 Prinzip

Das Schema des FM-FM Systems ist in Abb. 3.12 angegeben. Für jede Meßstelle M und
damit für jedes Primärsignal wird ein "Kanal", d.h. ein Unterträger bereitgestellt, der
moduliert werden kann. Die Frequenzen der Unterträger müssen so gewählt sein, daß
sich ihre Modulationsspektren nicht gegenseitig überlappen. Unter dieser Vorausset-

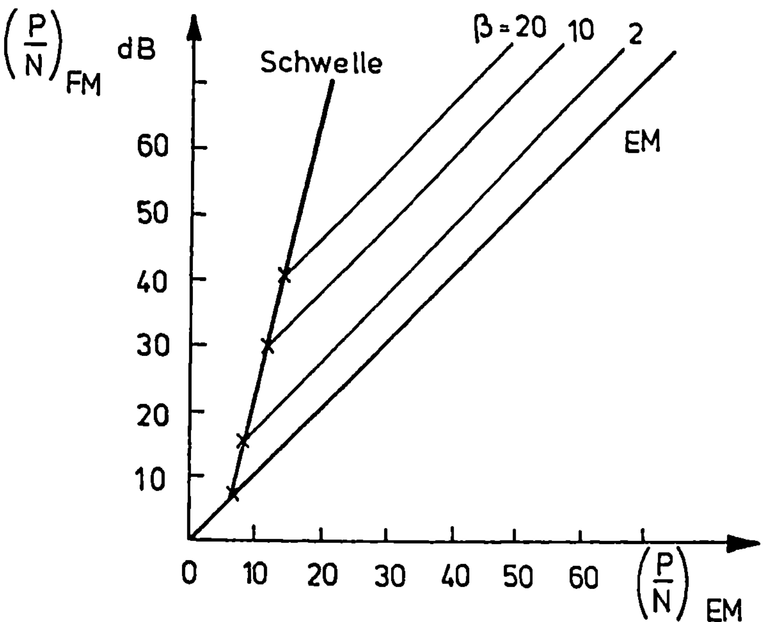

Abb. 3.11 Störabstand und Schwellwert

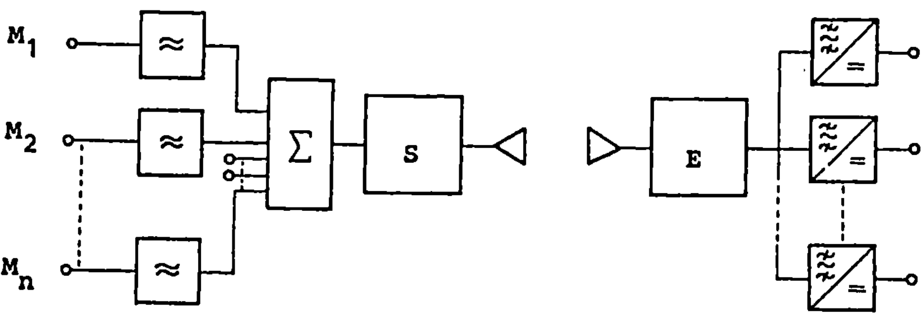

Abb. 3.12 Unterträgermodulation für Frequenzmultiplex

zung können sie in einem Mischverstärker aufsummiert werden. Dieses Gemisch wird im Sender S dem Hauptträger aufmoduliert, mit dem es übertragen wird. Empfängerseitig erfolgt die Demodulation des Hauptträgersignals in E, so daß dann das Gemisch verfügbar wird, welches durch Frequenzfilterung und Unterträgerdemodulation demultiplext werden kann und somit die Primärsignale wieder getrennt liefert. Durch die gemeinsame Übertragung wird also einerseits Aufwand gespart, andererseits müssen aber auch besondere Anforderungen an die Leistungsfähigkeit der HF- Funktionsgruppen gestellt werden, damit nicht z.B. durch Nichtlinearitäten Intermodulationsprodukte und Interferenzen von solchem Ausmaß entstehen, daß die demultiplexten Signale nicht mehr brauchbar sind. Darauf wird später noch genauer einzugehen sein.

Es gibt eine Reihe von Möglichkeiten, das skizzierte Schema zu realisieren. Man kann verschiedene Modulationsverfahren bei den Unterträgern anwenden. EM hat den Vorteil, daß das UT- Spektrum besonders schmal bleibt. AM und FM sind aber einfacher zu realisieren. Auch für die Modulation des Hauptträgers kann man zwischen FM und PM wählen. AM ist allerdings auszuschließen, da einerseits die Möglichkeit der Störabstandsverbesserung genutzt werden soll und andererseits die Amplitude sehr großen Schwankungen unterworfen sein kann, etwa bedingt durch den Aufbau der Antennen auf komplizierten, oder auch auf einfachen aber dennoch "störenden" Strukturen, die das Antennendiagramm erheblich modifizieren können. Auch die große Dynamik der Signalamplitude infolge der großen Entfernungsänderungen würde sich bei AM sehr schädlich bemerkbar machen. Entsprechend der Reihenfolge der Modulationen von Unterträger und Hauptträger werden die verschiedenen Telemetriesysteme klassifiziert. Ein AM/FM - System ist gekennzeichnet als ein Verfahren, bei dem die Unterträger mit AM moduliert sind und dem Hauptträger das Signalgemisch mit FM aufmoduliert wird.

Es besteht übrigens durchaus die Möglichkeit, auch mehrfach zu multiplexen, also z.B. ein Verfahren EM/AM/FM einzuführen. Dann werden zunächst Teilmengen von Primärsignalen jeweils mittels EM zusammengefaßt, diese über AM zu einer Gesamtmenge von Primärsignalen im Frequenzmultiplex zusammengemischt und schließlich für die Übertragung einem Hauptträger im FM aufmoduliert.

3.3.2 IRIG-FM-FM-System

Die primären Signale M_1 bis M_n werden gemäß Abb. 3.13 jeweils einem Unterträgeroszillator zugeführt, den sie in seiner Frequenz modulieren. Verwendung findet hierbei eine spannungsgesteuerter Oszillator, einer sog. VCO (Voltage Controlled Oscillator). Die Ausgangsfrequenz dieses VCO ist in einem beschränkten Bereich um seine Mittenfrequenz f_0 herum durch eine Eingangsspannung u variabel:

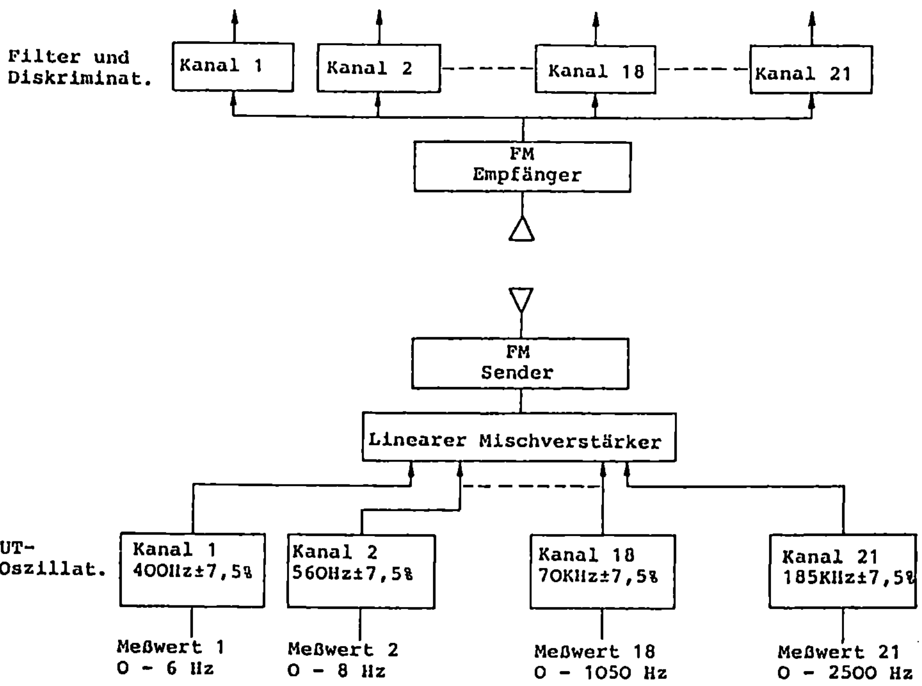

Rauscheigenschaften:

$$(S/N)_{FM/FM} = (S/N) \cdot (3/4) \cdot (W_T/W_{UT}) \cdot (\Delta f_{UT}/f_{UT}) \cdot (\Delta f_{XUT}/W_{UT})^2$$

$$(S/N)_{AM/FM} = (S/N) \cdot (W_T/W_{UT}) \cdot (\Delta f_{UTeff}/f_{UT})^2$$

Δf_{UT} Frequenzhub des Trägers durch den Unterträger

Abb. 3.13 IRIG-FM-FM Telemetriesystem

$$f_{VCO} = f_0 + f^+ u = f_0(1+uf^+/f)\qquad(3.81)$$

Hierbei ist f^+ der Konversionsfaktor des VCO. Er gibt die Abhängigkeit der VCO- Frequenz von der Eingangsspannung u an. f^+ ist in seinem Zahlenwert entwurfsspezifisch und hat die Dimension Hz/V. Es gibt zahlreiche integrierte Schaltungstypen für weite Bereiche des Frequenzspektrums.

Im IRIG-System ist eine Frequenzabweichung von 7,5% in den meisten Fällen üblich; Abb.3.13. Die Zahl bezieht sich auf eine maximale Eingangsspannung von 5V, d.h. $u \cdot f^+/f_0 = 0{,}075$ für u= 5 Volt, also $f^+ = f_0 \cdot 0.075/5 = f_0 \cdot 0.015$ Hz/V, falls f_0 in Hz eingesetzt wird. f_0 wird den angegebenen Kanalfrequenzen angepaßt. Das Frequenzspektrum vom Ausgang des linearen Mischverstärkers entspricht der Summe der Einzelspektren. Im "Frequenzmultiplex" werden somit die Signale der maximal 21 Meßkanäle gemeinsam dem Sender in FM aufmoduliert. Empfängerseitig erfolgt zunächst eine FM-Demodulation, anschließend eine Frequenzfilterung und -demodulation, z.B. mit Hilfe von Phase Locked Loops (Abschn. 4.1) oder mit "Zero-Crossing- Detektoren".

In Tab.3.1 sind Zahlenwerte für die Unterträgerfrequenzen angegeben, die zur IRIG-Norm für konstanten Modulationsgrad m_F gehören. In der Regel is $m_F = 7{,}5\%$, jedoch kann auch $m_F = 15\%$ bei den höheren Kanälen angewandt werden. Wegen des breiten Spektralbereichs läßt sich dann aber nur jeder zweite Kanal nutzen. Nach Gl. 3.45 bedeutet konstanter m_F-Wert einen mit höher werdender Unterträgerfrequenz steigenden Frequenzhub. Nach Gl. 3.42 sind dann auch höhere Modulationsfrequenzen erlaubt. Dies erklärt, weshalb mit aufsteigender Kanalnummer größere spektrale Bandbreiten für Primärsignale zulässig sind.

Man kann auch mit kleinereren Modulationsindices arbeiten und dementsprechend die primär zulässige Bandbreite erhöhen, allerdings zulasten des Störabstandes. Selbst $\beta = 1$ ist zulässig. Zwischen benachbarten Trägerfrequenzen ist ein Frequenzverhältnis von etwa 1,3 : 1 festgelegt, mit einer einzigen Ausnahme: Zwischen 14,5 kHz und 22 kHz ist eine größere Lücke vorgesehen, damit dort ein Pilotton für Magnetbandaufzeichnungen übertragen werden kann.

In manchen Fällen ist es von Vorteil, daß die relative Bandbreite konstant ist und man somit für unterschiedlichste absolute Bandbreiten der Primärsignale einen passenden Kanal auswählen kann. Manchmal ist jedoch die konstante absolute Bandbreite zweckmäßiger. Auch hierfür existiert ein entsprechendes Frequenzschema; Tab. 3.1b.

Beim FM-FM-Verfahren hat man auch Beschränkungen in Kauf zu nehmen; mit steigender Anzahl von Meßkanälen steigt der Aufwand erheblich an und damit auch die

Tab.3.1a Unterträgerfrequenzen der IRIG-Norm; konstanter Modulationsgrad

Kanal	Trägerfrequenz in kHz	Frequenzhub in Hz	f_{xmax}/Hz bei $\beta = 5$	
01	400	30	6	$m_F = 7,5\%$
02	560	42	8	
03	730	55	11	
04	960	74	14	
05	1300	98	20	
06	1700	128	25	
07	2300	173	35	
08	3000	225	45	
09	3900	293	59	
10	5400	405	81	
11	7350	551	110	
12	10500	788	160	
13	14500	1088	220	
14	22000	1650	330	
15	30000	2250	450	
16	40000	3000	600	
17	52500	3938	790	
18	70000	5250	1050	
19	93000	6975	1395	
20	124000	9300	1860	
21	165000	12375	2475	
A	22000	3330	660	$m_F = 15\%$
B	30000	4500	900	
C	40000	6000	1200	
D	52500	7875	1575	
E	70000	10500	2100	
F	93000	13950	2790	
G	124000	18600	3720	
H	165000	24750	4950	

Tab. 3.1b Unterträgerfrequenzen der IRIG-Norm; konstante Bandbreite

Kanal	1A	2A	3A	4A	5A	6A	7A	8A	9A	10A	11A	12A	13A	14A	15A	16A	17A	18A	19A	20A	21A
Träger in kHz	16	24	32	40	48	56	64	72	80	88	96	104	112	120	128	136	144	152	160	168	176

Frequenzhub $= 2$ kHz; $f_{xmax} = 0,4$ kHz bei $\beta = 1$ und 2 kHz bei $\beta = 5$

Kanal	3B	5B	7B	9B	11B	13B	15B	17B	19B	21B
Träger in kHz	32	48	64	80	96	112	128	144	160	176

Frequenzhub $= 4$ kHz; $f_{xmax} = 0,8$ kHz bei $\beta = 1$ und 4 kHz bei $\beta = 5$

Kanal	3C	7C	11C	15C	19C
Träger in kHz	32	64	96	128	160

Frequenzhub $= 8$ kHz; $f_{xmax} = 1,6$ kHz bei $\beta = 1$ und 8 kHz bei $\beta = 5$

Anforderung an die Linearität der Geräte. Ferner ist die Ausnutzung der hochfrequenten Bandbreite denkbar gering. Für die Summe der 21 Kanäle beträgt die gesamte Meßwert-Bandbreite 9744 Hz, wofür ein Trägerfrequenzband von 177,375 bis 370 kHz erforderlich ist. Dieses Verhältnis beträgt also rund 5,5%.

3.3.3 Kombinationsfrequenzen beim Frequenzmultiplexen

Bei der Übertragung im Frequenzmultiplex spielen Nichtlinearitäten eine störende Rolle. Sie verursachen "Übersprechen". Betrachten wir ein Übertragungssystem, bei dem zwischen der Eingangsspannung u_E und der Ausgangsspannung u_A die folgende Beziehung herrscht:

$$u_A = a_1 u_E + a_2 u_E^2 + \cdots \cdot a_m u_E^m \qquad (3.82)$$

wobei a_1, $a_2 \cdots a_m$ Konstanten sind, dann beschreiben a_2 bis a_n diese Nichtlinearitäten. Sind letztere gleich Null, dann ist das System streng linear.

Wir untersuchen die Wirkung der Nichtlinearität auf eine Summe harmonischer Schwingungen

$$u_E = \cos\omega_1 t + \cos\omega_2 t + \cdots \cdot + \cos\omega_n t \qquad (3.83)$$

also auf die n Unterträger. Gl. 3.83 in Gl. 3.82 eingesetzt:

$$u_A = a_1 \Sigma\cos\omega_i t + a_2 (\Sigma\cos\omega_i t)^2 + \cdots \qquad (3.84)$$

Es entstehen somit Produkte von cos- Funktionen, die sich in harmonische Schwingungen von Summen, Differenzen und Oberwellen zerlegen lassen, wie schon aus der einfachen Beziehung

$$\cos\alpha\cos\beta\cos\gamma = 0,25[\cos(\alpha+\beta-\gamma)+\cos(\gamma+\beta-\alpha)+\cos(\gamma+\alpha-\beta)+\cos(\alpha+\beta+\gamma)] \qquad (3.85)$$

hervorgeht. Abb. 3.14 zeigt schematisch, welche Frequenzkombinationen sich bei zwei Eingangsfrequenzen f_i, f_j aus welcher Nichtlinearität ergeben. Je mehr Kanäle beteiligt sind, desto größer ist die Anzahl der störenden Kombinationsfrequenzen, desto schwieriger wird es daher auch, wenigstens diejenigen Komponenten mit besonders großer Amplitude in die Übertragungslücken zwischen den Kanälen zu legen. Angenommen es sind nur bis zur kubischen Nichtlinearität die Kreuzmodulationsprodukte zu berücksich-

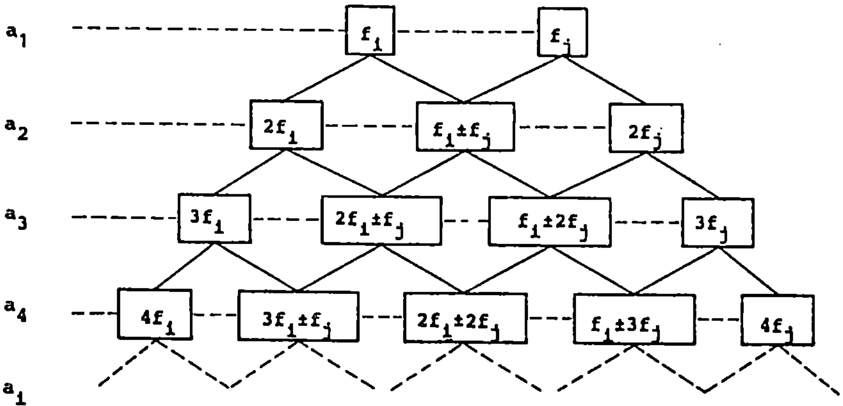

Abb. 3.14 Entwicklung der Frequenzkombinationen

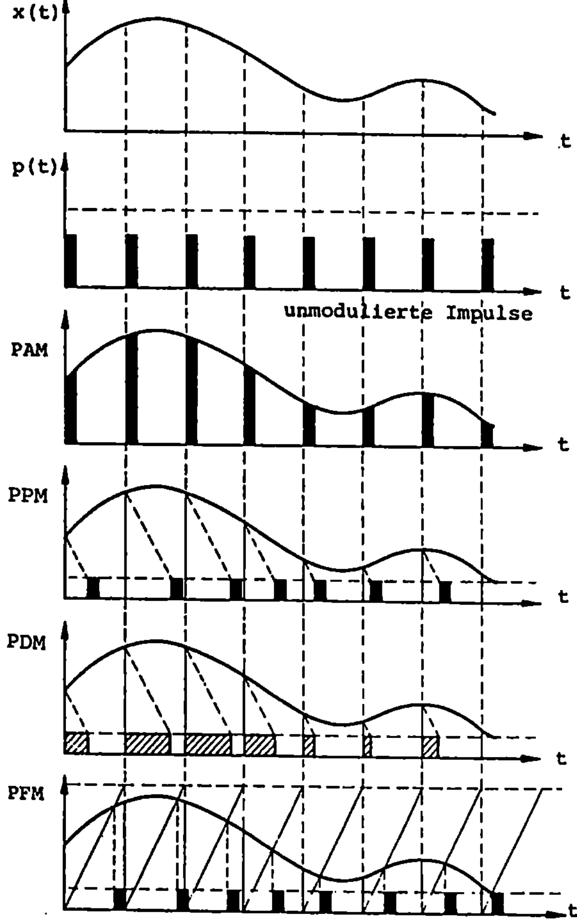

Abb. 3.15 Modulation eines pulsformigen Trägers

tigen, dann ergeben sich bei n Unterträgern schon

n Terme der Type 3f

4n! /3!(n-3)! Terme der Typen $f_j \pm f_k \pm f_e$,

4n! /2!(n-2)! Terme der Typen $2f_j \pm f_k$,

2n! /2!(n-2)! Terme der Typen $f_i \pm f_j$ usw.

Zu beachten ist, daß Nichtlinearitäten in erster Linie durch den gemeinsamen Mischverstärker hervorgerufen werden. Daher ist die eben beschriebene Problematik nicht gegeben, wenn z.B. bei einer terrestrischen Telemetrieübertragung über Draht die einzelnen Unterträger direkt gesendet werden.

3.4 Pulsförmiges Trägersignal

Wenn man als Trägersignal nicht eine harmonische Schwingung verwendet sondern eine periodische Impulsfunktion, dann lassen sich die folgenden vier Parameter durch das Primärsignal verändern:

- Amplitude (Pulsamplitudenmodulation PAM)
- Impulsdauer (Pulsdauermodulation PDM)
- Impulslage (Pulslagemodulation bzw. Pulspositionsmod. PPM)
- Pulsfrequenz (Pulsfrequenzmodulation PFM)

Die Prinzipien sind in Abb. 3.15 angegeben.

Neben dieser Einteilung kann noch eine weitere Unterteilung erfolgen, nämlich in amplitudenkontinuierliche und quantisierte Primärsignale. Die größte Bedeutung von all diesen Verfahren hat das Pulscodemodulationsverfahren (PCM). Dieses wird daher im folgenden vorwiegend behandelt.

Zunächst soll aber die Tatsache beschrieben werden, daß es generell möglich ist, zeitkontinuierliche Signale durch eine Folge von diskreten "Abtastwerten" eindeutig darzustellen. Das führt zur Behandlung des Abtasttheorems der Nachrichtentechnik.

Die Pulsmodulation eröffnet auch die Möglichkeit, Signale zeitlich zu verschachteln.
Das führt zum Zeitmultiplex im Gegensatz zum Frequenzmultiplex, von dem vorher die
Rede war. Es wird gezeigt, daß Zeitmultiplex eine besonders große Flexibilität bringt
und für die Übertragung von vielen Kanälen dem Frequenzmultiplex überlegen ist. Dies
erfordert aber besondere Maßnahmen zur Synchronisation.

3.4.1 Abtasttheorem

Wir betrachten eine Zeitfunktion $x(t)$. Sie möge ein Frequenzspektrum besitzen, das auf
den Frequenzbereich 0 bis f_{max} beschränkt ist. Eine solche Zeitfunktion würde z.B. dadurch in einer Abbildung skizziert werden können, daß man in einem Zeitraster für die
diskreten Zeiten $t_i = iT$, $i = 0,1,2,3...$ Funktionswerte $f(t_i)$ aufträgt und diese "Meßpunk-
te" oder "Abtastwerte" derart durch eine Kurve miteinander verbindet, wie es allgemein
bekannt und üblich ist. Je kürzer der Zeitabstand T gewählt wird, desto genauer wird
natürlich die Kurve den tatsächlichen Sachverhalt beschreiben können. Man will aber
mit möglichst wenigen Abtastwerten auskommen. Es soll also gerade noch gewährleistet
werden können, daß die wahre Kurve zwischen den Abtastwerten noch "glatt" verläuft.
Die Kurve darf z.B. keine Wellenbewegungen dazwischen vollführen. Diese würden bei
einer einfachen Interpolation verloren gehen. Bei einer Sinusfunktion muß es offenbar
möglich sein, mit etwa drei bis vier Punkten pro Periode auszukommen. Enthält eine
Zeitfunktion eine Summe von harmonischen Schwingungen, dann wird diejenige mit der
kürzesten Periode T, also der größten Frequenz $f_{max} = 1/T$, die Anforderungen an das
Zeitintervall festlegen. Alle niedrigeren Frequenzen verlaufen glatter. Diese Überlegungen geben also bereits eine plausible Erklärung für das

Abtasttheorem:

Eine bandbegrenzte Zeitfunktion $x(t)$ kann durch eine Folge ihrer Abtastwerte $x(iT)$
ohne Informationsverlust dargestellt werden. Es gilt nämlich:

$$x(t) = \Sigma\ x(iT)si[\pi(t-iT)/T] \qquad\qquad (3.86)$$

$$\text{mit } i = -\infty \text{ bis } +\infty \text{ und}$$

$$si(x) = sin(x)/x \qquad\qquad (3.87)$$

Das Frequenzspektrum von $x(t)$ muß dabei aber auf den Bereich $f = 0 .. f_{max}$ beschränkt sein. Der Mindestwert der Zeitintervalle T zwischen zwei Abtastungen muß

$$T = 1/2f_{max}; \quad f_s = 2f_{max} = \text{Abtastfequenz (Nyquist-Theorem)} \qquad (3.88)$$

sein. Es empfiehlt sich aber für die praktische Anwendung, die Zeitabstände auf $1/2,5f_{max}$ bis $1/5f_{max}$ zu verkürzen. Denn die reellen Zeitfunktionen $x(t)$ sind nicht scharf in ihrem Leistungsspektrum begrenzt.

Aus den Abtastwerten kann man $x(t)$ gemäß Gl. 3.86 mit Hilfe eines Tiefpasses wiederherstellen, der eine Übertragungsfunktion $F(f)$ der folgenden Form hat:

$$F(f) = 1 \quad \text{für} \quad |f| < f_{max} = 1/2T \qquad (3.89)$$

$$F(f) = 0 \quad \text{für} \quad |f| > f_{max}$$

Er läßt also Schwingungen bis zur Grenzfrequenz f_{max} ungedämpft passieren und dämpft die höheren Frequenzen beliebig stark. Wenn die Abtastzeit auf $1/2f_{max}$ ausgelegt ist, aber tatsächlich noch höhere Frequenzen vorkommen, dann kann bei der Wiederherstellung des kontinuierlichen Signals ein nicht vernachlässigbar großer Fehler auftreten. Man spricht vom "aliasing" Fehler. Um ihn abschätzen zu können, wird im folgenden angenommen, daß das Leistungsspektrum von $x(t)$ gegeben sei durch

$$S_f = S_0/[1 + (f/f_g)^{2m}] \qquad (3.90)$$

wobei f_g = 3 dB-Grenzfrequenz ist, bei der die Leistungsdichte um 3 dB abgefallen sein soll. Das entspricht dem Leistungsspektrum, welches man gewinnen würde, falls man ein weißes Rauschen durch einen Tiefpaß m-ter Ordnung dämpft; Abschnitt 4.3. Wenn irgendeine Frequenz $f > f_g$ als f_{max} definiert wird, dann liegt im Frequenzbereich außerhalb f_{max} ein Teil S_A der Leistung, dessen relativer Anteil in Bezug auf die Gesamtleistung S durch folgende Gleichung gegeben ist:

$$S_A/S_{ges} = 2^{2m}[m/\pi(2m-1)]\sin(\pi/2m)(f_g/f_s)^{2m-1} \qquad (3.91)$$

vgl. Abb. 3.16. Wenn z.B. die spektrale Leistungsdichte um 30 dB pro Oktave abfällt ($m = 5$) und mit $f_s = 4f_g$ abgetastet wird, dann bleibt ein Fehler von 1,5%. Selbst eine erhebliche Bedämpfung des Spektrums mit Hilfe eines vierpoligen Tiefpaßfilters vor der Abtastung nützt allein nicht sehr viel. Es ist zweckmäßiger, man erhöht die Abtastrate, z.B. auf $f_s = 5f_g$.

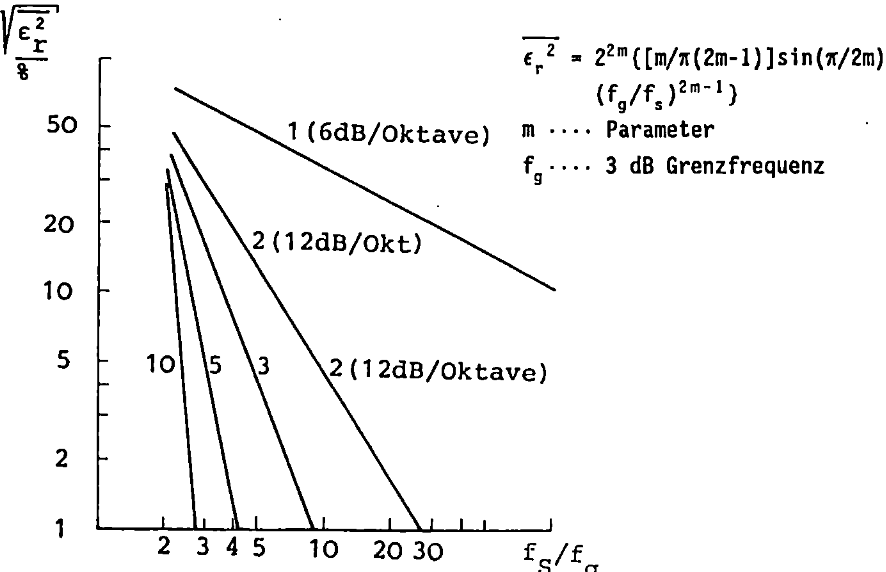

$$\overline{\epsilon_r^2} = 2^{2m}\{[m/\pi(2m-1)]\sin(\pi/2m)\,(f_g/f_s)^{2m-1}\}$$

m ···· Parameter

f_g ···· 3 dB Grenzfrequenz

Abb. 3.16 Aliasing Fehlerleistung

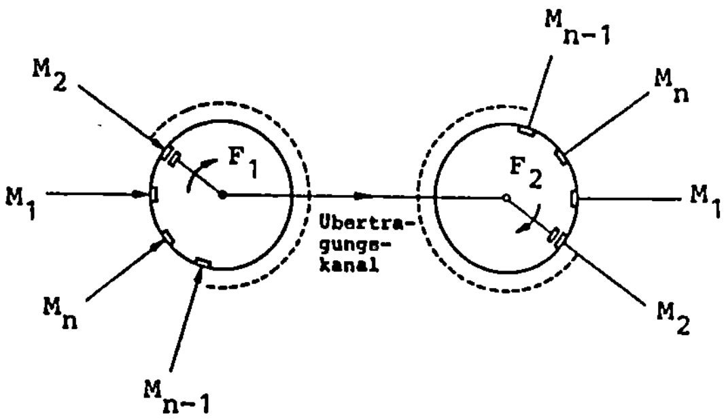

Abb. 3.17 Zeitmultiplex (Kommutation)

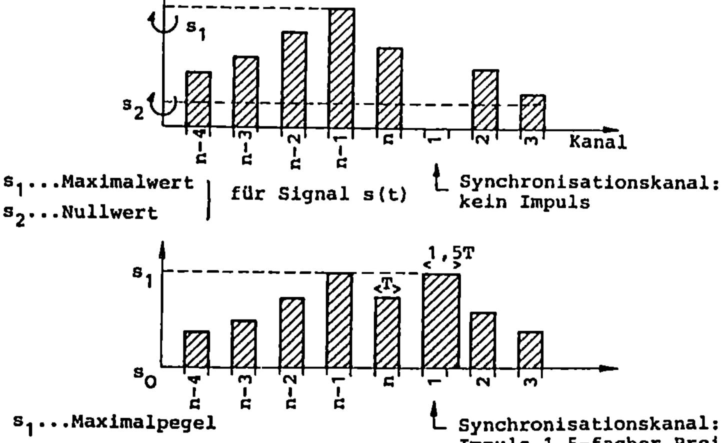

s_1...Maximalwert
s_2...Nullwert
für Signal s(t)
Synchronisationskanal: kein Impuls

s_1...Maximalpegel
s_0...Minimalpegel
Synchronisationskanal: Impuls 1,5-facher Breite

Abb. 3.18 Beispiele für Synchronisationszeichen bei PAM

3.4.2 Zeitmultiplex

Das Prinzip soll anhand von Abb. 3.17 erklärt werden. Ein mechanischer oder elektronischer Schalter F_1 (Multiplexer, Kommutator) mit n Abgriffen schalte zeitlich nacheinander die Meßstellen M_1, M_2, M_3 ....M_n durch. Die Abtastperiode sei nT sec, so daß pro Abgriff und daher pro Meßstelle T sec Abfragezeit zur Verfügung steht. Es ergibt sich somit am Schalterausgang eine zeitliche Folge von Abtastwerten.

Zur Entflechtung des Meßwertgemisches ist als Gegenstück des Multiplexers F_1 auf der Empfängerseite ein Demultiplexer erforderlich, der im Prinzip mit dem Multiplexer identisch ist. Laufen sender- und empfängerseitig die beiden Schalter synchron, schalten sie also im gleichen Rhythmus jeweils dieselbe Meßstelle M_i durch, dann erhält man an den Demultiplexerausgängen während einer Abtastperiode der Zeit nT je einen Abtastwert. Nach einer Tiefpaßfilterung ergeben sich entsprechend dem Abtasttheorem wieder die n analogen Meßwertfunktionen. Vorausgesetzt ist natürlich, daß die Abtastrate größer und somit nT kleiner ist als $(1/2f_{max})$ der Meßstellen-Funktionen.

Diese Technik, die die Vielfachnutzung des Übertragungssystems für viele Meßstellen mit Hilfe der zeitlich gestaffelten Abfrage erlaubt, bezeichnet man als Zeitmultiplex. Jede Meßstelle belegt innerhalb eines Rahmens einen festen Platz, einen "Kanal". Eine typische Anforderung des Zeitmultiplex ist die Synchronisation: Es muß auf der Empfängerseite der Schalttakt verfügbar sein, mit dem senderseitig der Multiplexer betrieben wird, und es müssen "Synchronisationszeichen" übertragen werden, die angeben, wann z.B. eine neue Periode der Abfrage beginnt bzw. welche Meßstelle M_i zum Zeitpunkt t_i durchgeschaltet ist. Die Synchronisation ist also eine Zusatzaufgabe des Zeitmultiplex. Sie bringt Probleme mit sich. Darüber wird ausführlich im Kapitel "Synchronisation" die Rede sein. Hier sei lediglich erwähnt, daß man bei PAM relativ einfache Möglichkeiten hat. Man kann Synchronisationszeichen einfügen, die einmalig sind, z.B. im Spannungswert oder in der Länge. Abb. 3.18 zeigt zwei Beispiele. Bei dem später zu behandelnden PCM- Verfahren fehlt aber dieser Vorteil.

Besonders günstig ist beim Zeitmultiplex- Verfahren die Tatsache, daß man hohe Flexibilität bezüglich der Abtastrate hat. Man kann nämlich zusätzlich zum Kommutieren auch superkommutieren und subkommutieren. Im ersteren Fall schaltet man z.B. die zwei diametral gegenüberliegenden Stellen des Multiplexers an ein und dieselbe Meßstelle, wenn diese ein Signal mit einer oberen Frequenz vom Wert $2f_{max}$ hat. Für eine entsprechende Meßstelle eines Signals mit $3f_{max}$ für die obere Frequenz schaltet man drei um jeweils 120° Grad versetzte Stellen des Multiplexers an usw.; Abb. 3.19. Meßstellen, deren obere Frequenzen wesentlich kleiner als f_{max} sind, faßt man mittels eines getrennten Multiplexers zusammen, der jeweils von einer seiner Meßstelle zu seiner nachfolgenden erst umschaltet, sobald der Haupt-Multiplexer einen vollen Zyklus durchlaufen hat. Das ist das Verfahren des "Subkommutierens" oder "Untermultiplexens", welches ohne weitere Erklärung aus der Anordnung der Meßstellen der Abb. 3.19 offensichtlich wird. Die Meßstellen A_1, A_2 $\cdots\cdots$ werden subkommutiert.

Natürlich läßt sich das Prinzip auch mit einem Prozeßrechner realisieren. Dadurch werden die verschiedensten Alternativen möglich. Sogar im Verlauf einer Mission lassen sich dann diverse Varianten abwickeln, die den praktischen Bedürfnissen in sehr flexibler Weise Rechnung tragen.

Man bezeichnet die Summe der Meßstellen M_1 bis M_n als "Rahmen", "Blöcke", oder "Hauptrahmen", die überkommutierten Meßstellen als "Überrahmen", die subkommutierten als "Unterrahmen". Übrigens können bei extrem langsamen Vorgängen auch Unterrahmen nochmals subkommutiert werden, sodaß sich dann "Unter- Unterrahmen" ergeben. Analog gibt es für sehr schnelle Veränderungen auch die Möglichkeit der Über-Überkommutierung.

Jeder Unterrahmen wird um die Anzahl der Kontaktstellen seines Unterrahmen- Kommutators langsamer, der Überrahmen um die Vielfachheit der Anschlüsse vermehrt gegenüber dem Hauptrahmen abgefragt. Dementsprechend sind die zulässigen Maximalfrequenzen der Unterrahmen- Meßstellen niedriger, die der Überrahmen höher als f_{max} des Hauptrahmens.

Multiplexer werden in der Regel nicht mehr mechanisch sondern elektronisch ausgeführt. Daher werden sinnvollerweise die Abtaststellen eine Potenz von 2 sein, d.h. es gibt Multiplexer für 8, 16, 32, $\cdots\cdots$ Abgriffe.

3.4.3 Quantisierung

Bei den Pulsmodulationsverfahren kann man unterscheiden zwischen solchen, die innerhalb vorgegebener Schranken jeden Amplitudenwert annehmen können und solchen, die quantisierte Amplitudenwerte besitzen. Wir befassen uns mit letzteren, da sie wegen der zunehmenden Bedeutung der Digitalisierung mehr und mehr die nichtquantisierten Verfahren verdrängen. Quantisierung bedeutet die Unterteilung des Amplitudenbereichs $0 \cdots A_0$ in eine vorgebbare Anzahl diskreter Amplitudenwerte; Abb. 3.20. Wenn die Quantisierungsschritte alle dieselbe Größe a haben (auf diesen Fall beschränken wir uns, obgleich auch andere Unterteilungen möglich und sinnvoll sind), dann lassen sich insgesamt

$$n = A_0/a = 1 + (A/a) \qquad\qquad (3.92)$$

diskrete Amplitudenpegel unterscheiden. Jeder Abtastwert wird beim Quantisierungs-
prozeß mittels Analog-Digitalwandler (ADW) dem am nächsten gelegenen diskreten
Amplitudenpegel zugeordnet. Es wird somit eine Unsicherheit um $\pm$ a/2 eingeführt, die
auch nicht mehr rückgängig gemacht werden kann.

Der Quantisierungsvorgang bedeutet also einen Informationsverlust. Da jedoch bei den
nichtquantisierten Übertragungsverfahren durch Störspannungen auch Fehler hervorgerufen werden, ist der eben erwähnte Nachteil bei genügend feiner Quantisierung de
facto nicht gegeben. Dies wird besonders klar, wenn man bedenkt, daß ein quantisierter
Abtastwert trotz additiven Rauschens fehlerfrei übertragen wird, solange das Rauschsignal eine Amplitude hat, die kleiner als der Quantisierungsschritt a ist.

Quantisierung verursacht also einen Fehler ("Quantisierungsfehler"). Dieser ist aber
eindeutig definiert. Der Quantisierungsfehler hat einen quadratischen Mittelwert von

$$\overline{\epsilon^2} = (1/a)\int_{-a/2}^{a/2} \epsilon^2 d\epsilon = a^2/12 \qquad\qquad (3.93)$$

Hierbei ist ϵ die Differenz zwischen dem wahren Abtastwert und dem zugeordneten
Quantisierungspegel. Der mittlere Fehler $\overline{\epsilon}$ ist hingegen Null. $\overline{\epsilon^2}$ kann als die Störleistung des Quantisierungsrauschens aufgefaßt werden. Damit lassen sich zwei Definitio-
nen vom Signal/Rauschabstand definieren. Im ersten Fall wird $\overline{\epsilon^2}$ auf die Spitzenleistung des Signals bezogen, d.h. auf

$$P_s = A^2 = n^2 a^2 \qquad\qquad (3.94)$$

im zweiten Fall auf eine mittlere Signalleistung

$$P_m = (n^2 - 1)a^2/12 \qquad\qquad (3.95)$$

Die letzte Gleichung ergibt sich unter folgender Voraussetzung: Alle Signalpegel sollen
gleich wahrscheinlich sein und die mittlere Gleichspanunng wird zu Null angenommen.
Die Pegel x sollen eine positive und negative Amplitude von maximal A/2 haben. Die
Gesamtleistung im nichtquantisierten Signal ist dann

$$P_n = \int_{-A/2}^{+A/2} x^2 p(x)\, dx = \frac{1}{3A}[A^3/8 - (-A)^3/8)] = A^2/12 \qquad\qquad (3.96)$$

Diese teilt sich auf in die Leistung P_m des quantisierten Signals und in die Quantisierungsleistung $\overline{\epsilon^2}$

$$P_n = P_m + \overline{\epsilon^2}$$

oder mit Gln. 3.93, 3.96

$$P_m = A^2/12 - a^2/12 = (1/12)(n^2-1)a^2$$

Die beiden Definitionen für den Störabstand bei Quantisierung liefern nun folgende Ergebnisse:

$$P_s/\overline{\epsilon^2} = 12n^2 \qquad\qquad (3.97)$$

$$[P_s/\overline{\epsilon^2}]_{dB} = 10,8 + 20\log_{10}n \qquad\qquad (3.98)$$

Für n=2 ist der Störabstand also 17 dB, für n=32 bereits 41 dB und für n= 128 ist er 53 dB.

$$P_m/\overline{\epsilon^2} = n^2 - 1 \qquad\qquad (3.99)$$

Für große Werte von n liefern die Gln. 3.97 und 3.99 bis auf einen konstanten Faktor dieselben Ergebnisse.

3.4.4 Quantisierte Pulsmodulationsverfahren

Die Prinzipien der quantisierten Pulsmodulationsverfahren sind in Abb. 3.21 dargestellt. Allen Verfahren ist gemeinsam, daß im Zeitmultiplex die primären Signale nacheinander abgefragt und die einzelnen Abtastwerte dann quantisiert werden. Je nach Pulsmodulationsart folgt eine entsprechende quantisierte Veränderung der Amplitude, Dauer, Lage oder Frequenz einer Impulsfolge (Rechteckunterträger). Die Pulsfolge wird dann einem hochfrequenten Träger aufmoduliert und übertragen. Empfängerseitig erfolgt die HF-Demodulation und anschließend der Detektionsprozeß. Bei diesem muß die Größe der Pulsveränderung ermittelt werden, d.h. eine Aussage gewonnen werden, welchem Quantisierungspegel das empfangene Signal entsprechen soll. Bei gering verrauschten Signalen und wenigen Signalpegeln ist dies relativ einfach. Bei Rauschen, das größer sein kann als ein Quantisierungsschritt, muß jedoch mit besonderen Verfahren der Korrelation gearbeitet werden. Nach der Entscheidungsfindung wird jeder Abtastwert in die gewünschte Signalform gebracht, z.B. wieder in die quantisierte Amplitudenstufe. Dann erfolgt das Demultiplexen und die Verteilung auf die einzelnen Meßstellenanzeigen.

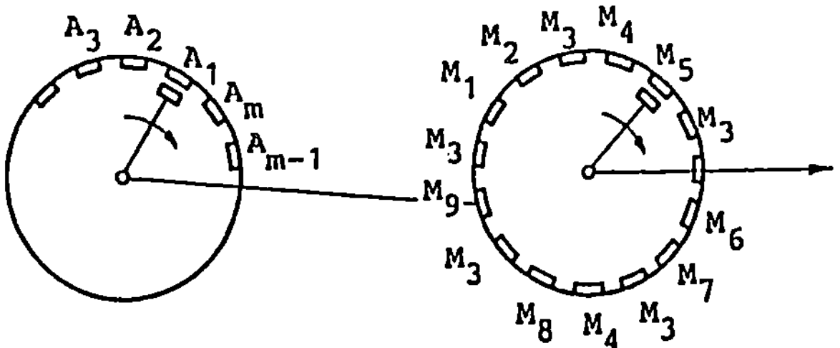

Abb. 3.19 Super- und Subkommutierung

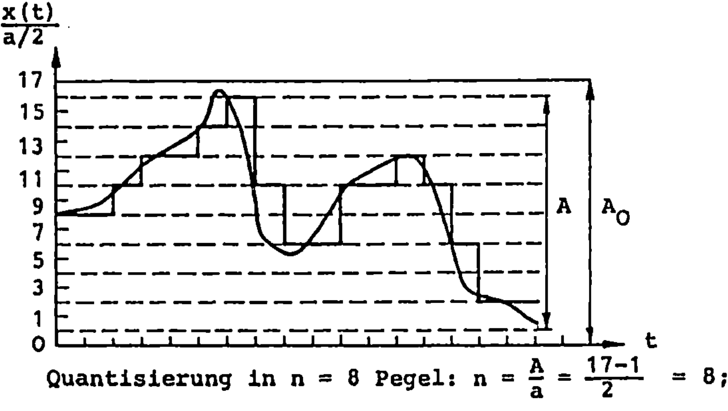

$$\text{Quantisierung in } n = 8 \text{ Pegel: } n = \frac{A}{a} = \frac{17-1}{2} = 8;$$

$$A_0 = (n+1)\,a$$

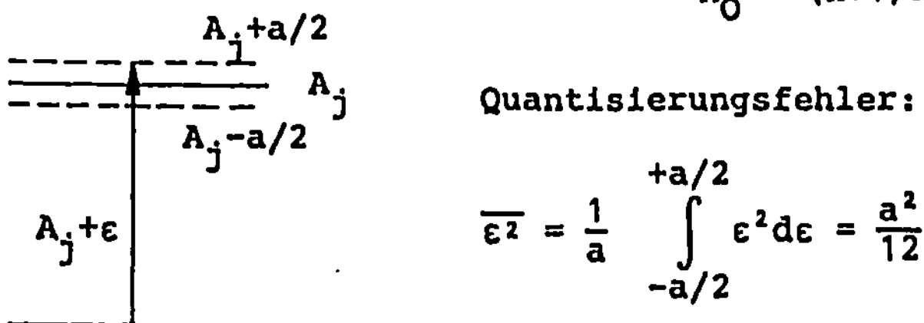

Quantisierungsfehler:

$$\overline{\epsilon^2} = \frac{1}{a} \int_{-a/2}^{+a/2} \epsilon^2 d\epsilon = \frac{a^2}{12}$$

Abb. 3.20 Quantisierungsfehler

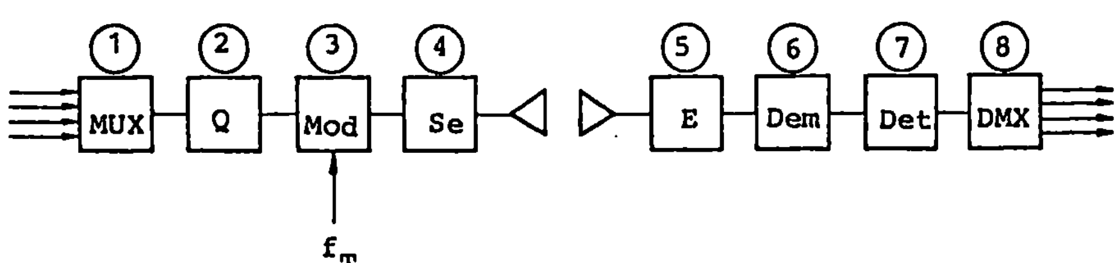

1 Zeitmultiplex
2 Quantisierung eines der
   Parameter von Abb. 3.15
3 Modulation
4 Senser

5 Empfänger
6 Demodulierer
7 Entscheidung über
   Quantisierungsstufe
8 Demultiplexer

Abb. 3.21 Blockschaltbild für Zeitmultiplex

3.5 Pulscodemodulation

Die überragende Rolle unter den Pulsmodulationsverfahren spielt die Pulscodemodula-
tion (PCM). Die rasch fortschreitende Entwicklung im Bereich intergrierter logischer
Schaltungen gibt die Möglichkeit, von den prinzipiellen Vorteilen dieser Technik
Nutzen zu ziehen: Hohe Flexibilität in den Einsatzmöglichkeiten, computergerechte
Signalaufbereitung, hohe Zuverlässigkeit, Anpassungsmöglichkeit des Signalflusses an
die Kapazität von Signalquelle und Kanal durch geeignete Codierung, Einfachheit in der
Magnetbandaufzeichnung und Möglichkeit einer Geschwindigkeitstransformation bei
der Wiedergabe. Ferner bauen sich längs einer Serie von Übertragungsstrecken die Fehler nicht additiv auf, wie dies bei Analogverfahren der Fall ist. Denn durch die Regenerierung bei jeder einzelnen Übertragungsstrecke wird das Rauschen immer wieder auf
dasselbe Quantisierungsrauschen beschränkt. Weiter sind die digitalen Signale einfacher
zu schalten als die analogen . Vor allem aber ist in besonderem Maße die VLSI-Technik
(very large scale integrated circuit) bei PCM verwendbar, die als die billigste, leistungs-
ärmste, kompakteste und sehr zuverlässige Bauelementetechnik einen konkurrenzlos
günstigen Schaltungsaufbau ermöglicht.

3.5.1 Stufenzahl und Codewortlänge

Der grundlegende Unterschied von PCM gegenüber den bisherigen "analogen, quantisierten" Pulsmodulationsverfahren besteht darin, daß man nicht mehr für jede der n möglichen Amplitudenstufen auch n verschiedene Zeichen wählt, sondern weniger, nämlich
k< n. Auch im täglichen Leben unterscheidet man zwischen Zahlenwerten mit Hilfe von
wenigen Symbolen, nämlich den k= 10 Ziffern 0 bis 9 im Dezimalsystem bzw. den k= 2
Ziffern 0 und 1 im Dualsystem. k bezeichnet man als Stufenzahl. Mit r_k aneinander-
gereihten Ziffern, also einer r_k - stelligen Zahl, lassen sich

$$n = k^{r_k} \qquad\qquad (3.100)$$

verschiedene "Zahlen" beschreiben.

In der Nachrichtentechnik nennt man den dadurch codierten Zahlenwert das Codewort,
das Zeichen oder einfach die Zahl. Die Stellenzahl r_k ist die (Code-)Wortlänge. n gibt
die Zeichenmenge an, also die Anzahl der darstellbaren unterschiedlichen Codeworte.
Die Codierung beschreibt eigentlich nur, welches der möglichen Codeworte gemeint ist.
Es verteilt quasi "Hausnummern" an die Elemente der möglichen Meßwerte. Aus Gl.
3.100 kann man bei vorgegebener Zeichenmenge n die erforderliche Stellenzahl r_k für
eine Stufenzahl k errechnen:

$$r_k = \log_k n \qquad\qquad (3.101)$$

r_k wird umso größer, je geringer die Stufenzahl k des Codes ist. Am größten wird sie für den Binärcode, d.h. für k=2

$$r_2 = \log_2 n = \text{ld}(n) \tag{3.102}$$

Da die Binärcode eine besonders große Bedeutung für PCM hat, benutzt man ihn für den Codevergleich. Daher rechnet man auch r_k auf r_2 um. Wegen

$$\log_k n = \text{ld}(n)/\text{ld}(k)$$

ergibt sich

$$r_k = r_2/\text{ld}(k) \tag{3.103}$$

Für eine beliebige Zahl m ≠ 0 muß auch gelten

$$r_k m = r_2 m/\text{ld}(k) = r_2/\text{ld}(k^{1/m}) \tag{3.104}$$

Bei einer m- fach größeren Wortlänge kann die Stufenzahl um den m- ten Wurzelwert herabgesetzt werden. Wenn also die Codeworte z.B. im Oktalcode 3 Stellen haben, kann man stattdessen auch mit 9- stelligen, binärcodierten Worten arbeiten. Bei der Übertragung eines solchen Codeworts kann man daher im Oktalcode gegenüber dem Binärcode pro Ziffer die dreifache Zeit zur Verfügung stellen. Dementsprechend wird bei sonst gleichen Verhältnissen der Binärcode auch die dreifache Bandbreite in Anspruch nehmen. Dafür ist er unempfindlicher gegen Rauschen. Es besteht somit die Möglichkeit eines Austausches von Stufenzahl und Bandbreite. Wenn man in der Raumfahrt mit kleinen Leistungen auskommen will und somit starkes Rauschen in Kauf nimmt, muß man mit großen Bandbreiten bezahlen. Es kommen hierbei nur PCM-Systeme für die Stufenzahlen 2, 4, sowie in sehr seltenenen Fällen noch 8 bis 16 in Frage.

3.5.2 Prinzipieller Aufbau eins binären PCM- Telemetriesystems

Gemäß Abb. 3.22 wird angenommen, daß ein Teil der zu übertragenden Meßwerte ursprünglich in analoger Form anfällt, während ein anderer Teil bereits digital vorliegt. Die Analogdaten werden im Zeitmultiplex abgefragt und einem gemeinsamen Analog-Digitalwandler zugeführt, der seriell Binärdaten liefert. Die digitalen Meßwerte werden hingegen direkt dem digitalen Multiplexer zugeführt. Aus der Summe aller digital vorliegenden Daten wird im Digitalmultiplexer ein kontinuierlicher binärer Datenfluß erzeugt, wobei die Bits eines Wortes stets hintereinander folgen, ehe der Nachbarkanal

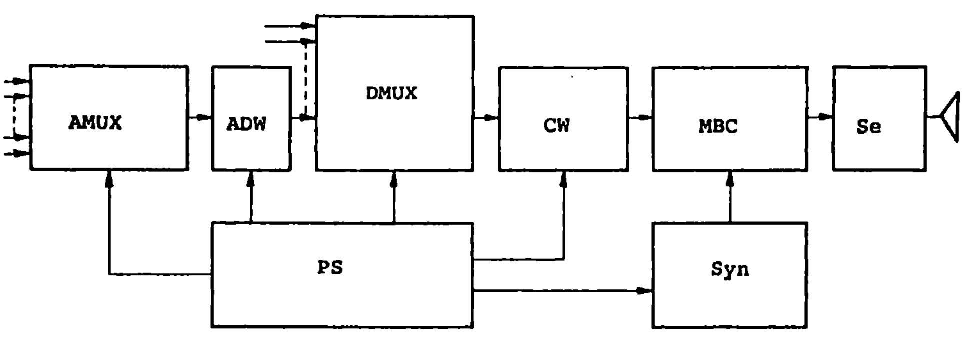

AMUX	Zietmultiplex analoger Signale Hauptrahmen Unterrahmen	ADW	Umwandlung Analog/Digital
DMUX	Zeitmultiplex digitaler Daten Hauptrahmen Unterrahmen	CW	Parallel/Serienwandlung der Digitadaten Kanalcodierung
MBC	Mischen und Bit-codierung Einfügen für Rahmen- und Unterrahmen Umwandlung in gewünschtes Bitformat	Se	Modulation von Unter- träger und Träger Leistungsverstärkung Abstrahlung
Syn	Erzeugen der Synchronisa- tionsworte z.B. mit rück- gekoppelten Schieberegistern	PS	Programmsteuerung Takt z.B. aus Quarzoszillator Zählerketten Steuerimpulse Bit, Wort-, Rahmen-, Unterrahmentakt

Abb. 3.22 PCM-Sendeseite

abgefragt wird. Die Folge der binären Daten wird nun an den Stellen unterbrochen, wo Synchronisationsworte eingefügt werden sollen. Diese werden durch den Rahmen-Synchronisationsgenerator erzeugt. Sie geben an, wann der bzw. die Multiplexer eine neue Periode béginnen. Multiplexer und Synchronisationsgenerator sowie die übrigen Programmabläufe werden durch den Programmgeber (Programmsteuerung) gesteuert, der seinerseits an einen Taktgeber , z.B. einen Quarzoszillator, angeschlossen ist. Für die weitere Verarbeitung werden die binären Signale in geeignete Codes umgewandelt. Angewandt werden PCM- Formate, über deren Eigenschaften im folgenden Abschnitt noch zu reden sein wird. Es sei jedoch schon hier erwähnt, daß in Digitalgeräten fast ausnahmslos der natürliche binäre Code (NRZ-L) benutzt wird. Für die Aufzeichnung auf Magnetband sowie für die Übertragung sind jedoch andere Formate zweckmäßiger, insbesondere der Miller- Code und der Manchester- Code.

Zur Erhöhung der Übertragungsqualität kann der Datenstrom kanalcodiert werden. Dabei werden zusätzliche binäre Symbole eingefügt, damit man entweder empfangs-seitig ermitteln kann, ob Übertragungsfehler aufgetreten sind (fehlererkennende Codes), oder damit man teilweise die Fehler sogar korrigieren kann. Es besteht auch die Möglichkeit, dadurch den Entscheidungsprozess , um welches Signal es sich handelt, sicherer zu gestalten. z.B. durch Orthogonalcodierung.

Die einfachste Möglichkeit der Fehlererkennung bietet die Verwendung eines Prüfbits, das als parity bit bezeichnet wird. Gemäß Tab.3.2 wird die Anzahl der 1-bits eines Wortes jeweils auf eine ungerade Zahl ergänzt. Empfängerseitig wird im Sinne einer Kontrollrechnung ermittelt, ob das parity bit 0 oder 1 sein müßte. Stimmt das tatsächlich empfangene Signal mit diesem Ergebnis nicht überein, muss bei der Übertragung ein Fehler passiert sein. Bei mehreren Fehlern pro Wort merkt man diesen Fehler aller-dings nur, wenn die Fehleranzahl ungerade ist. Wie jede Kanalcodierung hat auch die parity bit-Codierung den Nachteil zusätzlichen Aufwandes und Bandbreitenbedarfs für das Zusatzbit.

Tab. 3.2 Parity-Check-Codierung für ein 3-Bit-Wort

Wort	Parity
0 0 0	1
0 0 1	0
0 1 0	0
0 1 1	1
1 0 0	0
1 0 1	1
1 1 0	1
1 1 1	0

Übrigens kann man das Prüfbit auch für die Fehlerkorrektur benutzen und nicht nur für die Fehlererkennung: Man stellt zunächst über das Prüfbit fest, daß es sich um einen Fehler in der Übertragung handeln muß. Dann nimmt man an, es müsse dies ein Einzelfehler sein, da die Wahrscheinlichkeit für einen Dreifachfehler erheblich kleiner ist und Zweifachfehler nicht als solche erkannt werden. Bei einem Einfachfehler ist nun die Fehlerwahrscheinlichkeit für dasjenige Bit des Wortes am größten, welches beim Entscheidungsprozeß dem Entscheidungspegel am nächsten war. Wenn man also zunächst diese Pegel der Entscheidung mit mißt und registriert und im Falle einer parity bit Fehlerangabe dieses meistverdächtige Bit umkehrt, dann hat man in den meisten Fällen die richtige Korrektur durchgeführt.

Der binäre Datenstrom kann entweder direkt einem HF-Träger aufmoduliert werden oder zunächst einem Unterträger, der sinusförmig oder rechteckförmig sein kann. Der rechteckförmige Unterträger hat den Vorteil, daß PSK-Modulation durch eine einfache modulo-2 Addition durchgeführt werden kann (siehe Abschnitt 4.10). Der sinusförmige Unterträger benötigt weniger Bandbreite. In beiden Fällen erfolgt nach der Modulation und Filterung Leistungsverstärkung und Abstrahlung.

Auf der Empfängerseite (Abb. 3.23) erfolgt zunächst die Demodulation von HF-Signal und ggf. Unterträgersignal. Dann steht eine binäre Signalfolge zur Verfügung, die nun von Jitter, Gleichspannungsverschiebungen und Amplitudenschwankungen (Rauschen) zu befreien ist, so daß die ungestörten Binärsignale - evtl. in verschiedenen Bitformaten - verfügbar werden. Ausserdem ist der Bittakt herzuleiten. Bei Kanalcodierung erfolgt nun auch die Decodierung. Über Bit- und Rahmenzähler wird der Demultiplexer gesteuert. Die Serien / Parallelwandlung der PCM-Worte im SPW, die Erkennung der Synchronisationsworte im Synchronisationsdetektor SD und die Überprüfung auf Synchronisation bezeichnet man als Rahmensynchronisation. Die Überprüfung erfolgt durch Vergleich der Ausgangsimpulse des SD mit denen der Zähler. Letztere steuern den Demultiplexer. Alle Zähler werden über die Rahmensynchronisations- bzw. Unterrahmensynchronisationsdetektoren periodisch auf Null gesetzt, sodaß spätestens nach einer Rahmen- oder Unterrahmenlänge wiederum der richtige Takt gefunden wird. Die Zählerausgänge werden auch noch für das Takten des SPW genutzt.

Der Rahmensynchronisierer erkennt und überprüft die Synchronisationsworte, teilt die Bitfolge auf und gibt sie in Form von Parallelworten aus. Die Rahmensynchronisation erfolgt in drei Phasen: In der Suchphase wird bit für bit getestet, ob bzw. wo das Synchronisationswort (Erkennungswort) vorhanden ist. In der Prüfphase stellt man fest, ob das gesuchte Synchronisationswort im Rahmenabstand auch immer wiederkehrt. Trifft dies z.B. dreimal zu, dann wird in die Betriebsphase umgeschaltet, bei der der eigentliche Datenempfang geschieht. In dieser Phase wird die Rahmensynchronisation laufend überprüft. Treten mindestens dreimal hintereinander bei der Prüfung Fehler auf, dann

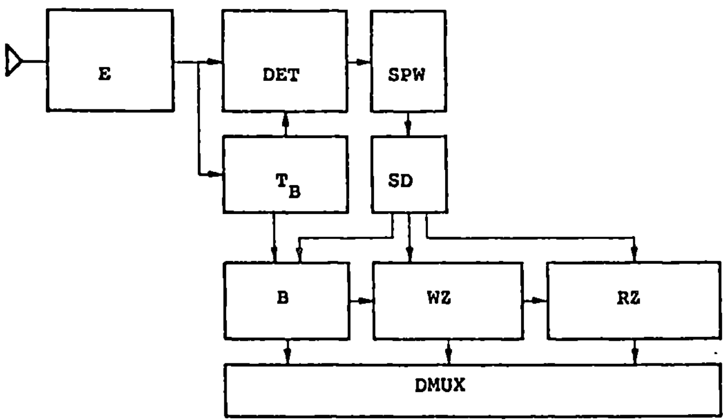

E	Empfangsverstärkung Demodulation von Träger und Unterträger	DET	Detektion Regenerierung der verrauschten Signale Kanalcodierung Formatumwandlung
T_B	Bittaktgewinnung	B	Summierung von Bittakten zu Wortperioden
WZ	Summierung von Worttakten zu Rahmentakten	SPW	Schieberegister mit Serieneingabe/Parallelausgabe
RZ	Summierung von Rahmentakten zu Unterrahmentakten	DMUX	Aufteilung des Datenstroms in Datenkanäle
SD	Erkennen der Synchronisationworte und Steuerung der Zähler		

Abb. 3.23 PCM-Empfangsseite

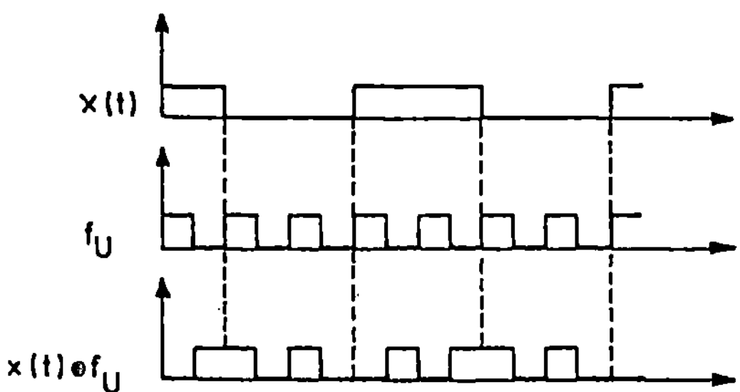

Abb. 3.24 UT-Modulation; Binärfall

wird wiederum auf die vorhergehenden Phasen zurückgesprungen. Eine Rahmensynchronisation erfolgt sowohl bei Haupt- als auch dem Unterrahmen. Die Synchronisationsworte können auch zur Abschätzung der allgemeinen Fehlerrate genutzt werden, da
man in diesem Falle ja ein bekanntes Bitmuster verfügbar hat.

Bei den PCM- Verfahren unterscheidet man wiederum hinsichtlich der Modulationsart.
PCM/PSK/PM bedeutet z.B., daß die Signale nach ihrer PCM- Codierung Bit für Bit
einen Unterträger in PSK modulieren und der Unterträgerträger dann den Hauptträger
phasenmoduliert. Der Unterträger wird vor allem bei geringen Datenraten angewandt,
weil dann das Leistungspektrum des PCM-Signals beachtliche Werte nahe bei $f = 0$
haben kann. Deshalb würde bei der PM-Modulation auch in unmittelbarer Nähe der
Trägerfrequenz Signalleistung auftreten und somit das phasengetreue Herausfiltern der
Trägerfrequenz durch den PLL erschweren. Die Unterträgerfrequenz bewirkt bei pas-
sender Wahl den erforderlichen Frequenzabstand des Modulationsspektrums von der
Trägerfrequenz. Wenn es sich dabei um einen Rechteck-Unterträger handelt, der in
PSK moduliert wird, geht durch diesen Unterträger nicht einmal Leistung verloren. Ferner wird dann die PSK- Modulation durch einfache modulo-2 Addition möglich; Abb.
3.24.

3.5.3 PCM- Bit- Formate

Wie im vorherigen Abschnitt bereits kurz erwähnt, werden für die binäre Darstellung
der binären 0 und 1 verschiedene Signalformen, also verschiedene "Bitformate", verwendet; Abb. 3.25. Hier wurden auch die amerikanischen Bezeichnungen beibehalten, da sie
in der Telemetrie allgemein Verwendung finden. Diese Formate lassen sich nach der
Pulsform unterteilen in RZ- Codes, NRZ- Codes, sowie Bi-Phase- Codes und Miller-
Codes. Ferner können sie unterteilt werden in Formate, die die Binärzeichen selbst
codieren (Mark oder Space) und solche, die Zeichenänderungen angeben.

Die grundsätzlichen Merkmale der Codes lassen sich direkt aus den Erläuterungen der
Abb. 3.25 entnehmen. Es sei im folgenden aber noch auf einige weitere Eigenschaften
hingewiesen.

Der *NRZ-Code* liefert bei einer Serie von "0"- bits konstant den Grundspannungspegel,
bei einer Serie von "1"- bits den 1-Pegel. Es fehlt in diesem Fall die Taktinformation, die
empfängerseitig für die Bitsynchronisation notwendig ist. Wie zwingend solche Pegelsprünge gebraucht werden, wird schon aus der Abb. 3.25 offensichtlich. Würden die vertikalen Striche fehlen und bestünden die Bitfolgen nur aus Nullen oder Einsen, dann
wären die NRZ-Folgen nur horizontale Striche. Jegliche Orientierung bezüglich der Anzahl und des Bitbeginns würde fehlen. Sie würden gleichstromgekoppelte Schaltungen

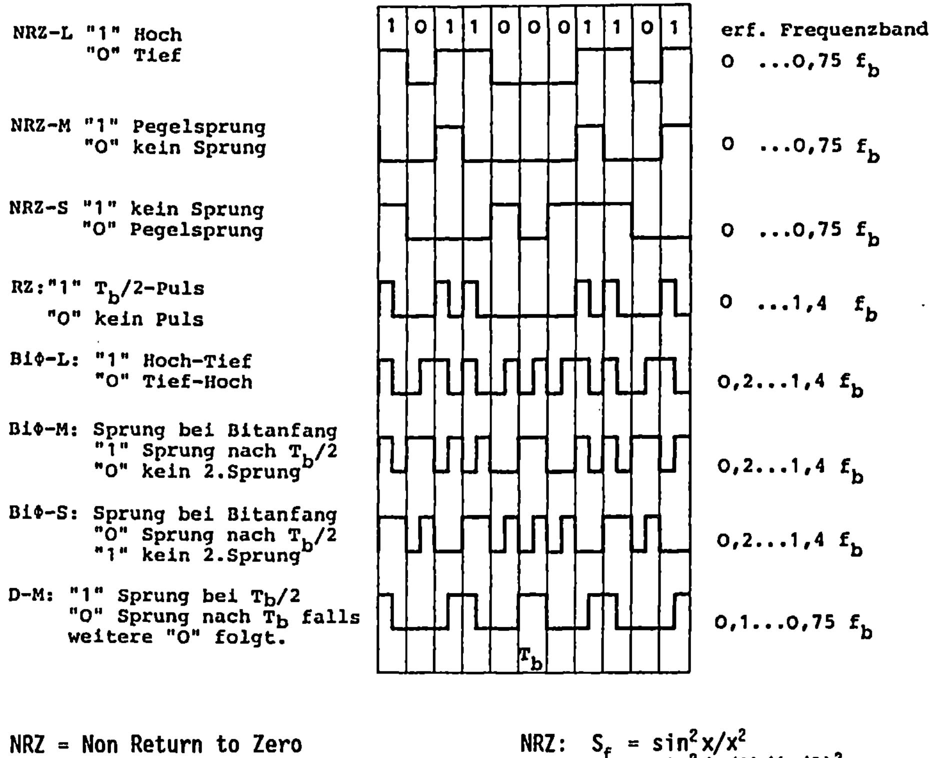

NRZ = Non Return to Zero
RZ = Return to Zero
Biɸ = Bi-Phase (Manchester)
DM = Delay-Modulation (Miller)
 -L = Level
 -M = Mark
 -S = Space
T_b = $1/f_b$ = Bitdauer

NRZ: $S_f = \sin^2 x/x^2$
RZ: $S_f = \sin^2(x/2)/(x/2)^2$
Biɸ: $S_f = \sin^4(x/2)/(x/2)^2$

$$\text{DM: } S_f = \frac{23-2\cos x-22\cos 2x \cdots}{2x^2(17+8\cos 8x)}$$

$$x = \pi f T_b$$

Abb. 3.25 Bitformate

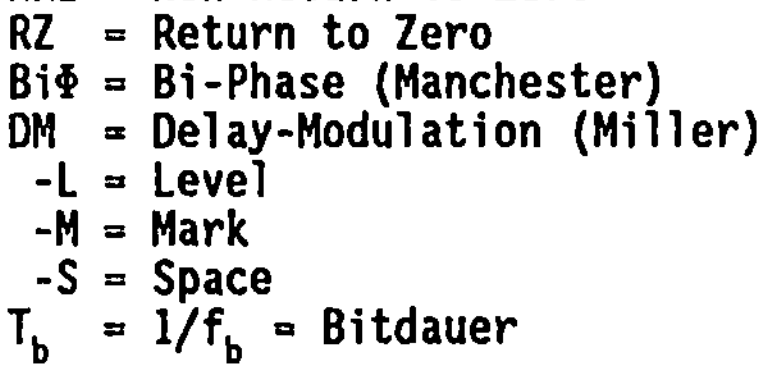

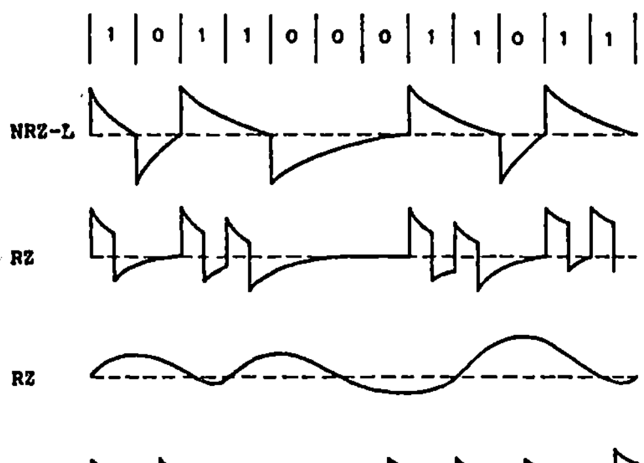

Abb. 3.26 Verzerrung der Bitformate bei Wechselstromkopplung

benötigen. Diese möchte man normalerweise vermeiden. Bei einer kapazitiven Kopplung der Schaltkreise ist der Gleichstrommittelwert abhängig vom Dateninhalt. Das Leistungsspektrum würde sich bis zur Nullfrequenz herab erstrecken; Abb. 3.26 und 3.27. Das bewirkt übrigens zusätzlich, daß bei Modulation von NRZ-formatierten Signalen die Trägerfrequenz nicht ausgefiltert werden kann. Die maximale Frequenz der Pegelsprünge ergibt sich bei periodisch aufeinanderfolgenden 0-1-Signalen und ist dann gleich der halben Bitrate.

NRZ-L ist das Format, welches bei logischen Bausteinen in Anwendung kommt. Für Signalübertragung und Bandaufzeichnung wird es seltener angewandt. Man kann allerdings durch die sog. Verwürfelung, die bei den PN- Folgen noch zu besprechen ist, die Nachteile dieser Formatierung beheben.

Das *RZ-Format* hat gegenüber dem NRZ- Format den Nachteil, daß die maximale Taktfrequenz um den Faktor 2 höher liegt, nämlich bei der Bitrate f_b. Sie tritt bei einer Folge von "1"- bits auf. Trotzdem reicht das Spektrum bis $f = 0$ herab, nämlich bei der "0"- bit- Folge. Diese beiden Eigenschaften sind der Grund dafür, daß man das RZ-Format in der Praxis nicht gerne anwendet.

Bei den *Bi-Phasen-Formaten* enthält jede Bitperiode ein bis zwei Pegelsprünge. Es ist daher stets eine Information bezüglich des Bittaktes vorhanden. Außerdem ist keine Gleichstromkopplung erforderlich. Die Taktfrequenz liegt mindestens bei $f_b/2$ und höchstens bei f_b. Dadurch ist bei Modulation einer Trägerfrequenz mit Bi- Phasen-Signalen ein Abstand zur Trägerfrequenz f_T gewährleistet, sodaß die Trägerfrequenz ausgefiltert werden kann.

Der *Miller-Code* hat ebenfalls den Vorteil der gesicherten Pegelsprünge. Zusätzlich ist aber das Leistungsspektrum besonders stark konzentriert und für viele Anwendungen in Signalübertragung und -bandspeicherung am zweckmässigsten von allen bisher besprochenen Formaten. Außerdem ist der Miller- Code nicht empfindlich auf 180°-Phasenmehrdeutigkeit.

Jede *Codierung auf Zeichenwechsel* (Mark- Differenzcodierung) hat ihren Sinn darin, daß bei manchen Demodulationsverfahren nicht eindeutig der Pegel oder die Phase erkannt wird, sondern nur der Pegel- oder Phasensprung. Allerdings handelt man sich bei dieser Codierungsart ein, daß jedem einzelnen Bitfehler automatisch ein zweiter Bitfehler hinzugefügt wird. Dies bewirkt eine erhöhte Bitfehlerrate.

Eine interessante Möglichkeit der Bitformatierung sei noch erwähnt: Man kann die Nachteile der NRZ- Formatierung vermeiden, wenn man dabei auf den normalen Bitstrom noch eine PN- Folge aufmoduliert. Dies wird offensichtlich, wenn man die Eigenschaften der PN- Folgen kennt; vgl. Abschnitt 4.10. Denn es wird bei dieser PN- modulierten NRZ- Folge faktisch (fast)unmöglich eine reine Nullfolge oder 1- Folge zu erhalten, da die PN- Folge selbst die reine Nullfolge vermeidet und fortlaufend quasizufällige Zahlen einbringt. Darauf wird im erwähnten Abschnitt noch eingegangen.

3.5.4 Detektionsprozeß

Die PCM- Signale können stark verrauscht sein, sodaß besonders sorgfältige Signalaufbereitung erforderlich wird. Die Wiederherstellung eines sauberen Bitformats aus dem empfangenen verrauschten Signal bezeichnen wir als Detektion.

Um den Vorgang der Signaldetektion einfach beschreiben zu können setzen wir voraus, daß die binären Signale im NRZ- Format mit den Pegeln Null und A gegeben sind. Die Aufgabe der Detektion besteht dann darin, innerhalb eines jeden Bittaktes festzustellen, ob eine 0 oder 1 gesendet worden ist. Dementsprechend soll dann verzerrungsfrei - evtl. in einem veränderten Format das Bit erneut erzeugt werden (Regenerierung). Bei gering verrauschtem Empfangssignal kann man z.B. in der Mitte eines jeden Bits messen, ob der Signalwert bei 0 oder A liegt. Dementsprechend kann man dann einen Flip-Flop setzen. Die Mitte des Bittaktes wählt man deshalb, weil die Enden durch die dynamischen Vorgänge und evtl. durch Jitter beeinträchtigt sind.

Falls das Signal verrauscht ist, wird es mehr oder weniger stark von dem Sollwert abweichen. Dann wird man vernünftigerweise dennoch von einem 0-Signal sprechen, wenn der momentane Messwert kleiner als $A/2$ ist. Bei größeren Werten spricht man hingegen von 1- Signalen. Solange das Rauschen betragsmässig kleiner als $A/2$ ist wird diese Entscheidung auch stets richtig sein. Andernfalls wird es aber auch Abtastwerte geben, die gelegentlich zu falschen Entscheidungen führen.

Nun soll errechnet werden, mit welcher Wahrscheinlichkeit eine Fehlentscheidung zustande kommt. Es wird angenommen, das Rauschen $n(t)$ sei gaussisch, d.h. die Wahrscheinlichkeit für das Auftreten eines Rauschspannungswertes n sei

$$p(n) = 1/\sqrt{2\pi N} \cdot \exp(-n^2/2N) \tag{3.105}$$

Hierbei wird angenommen, daß der Mittelwert $n(t)$ Null sei, während die Varianz (= Rauschleistung an 1 Ohm)

$$N = \overline{n^2} \tag{3.106}$$

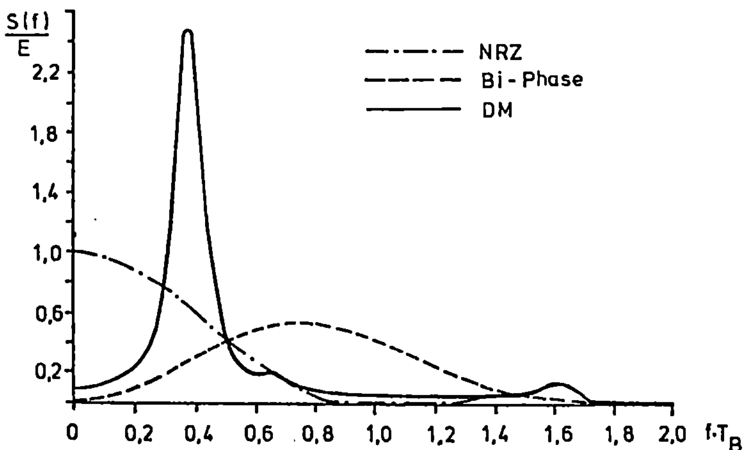

Abb. 3.27 Leistungsspektrum der Bitformate nach Lindsey Simon

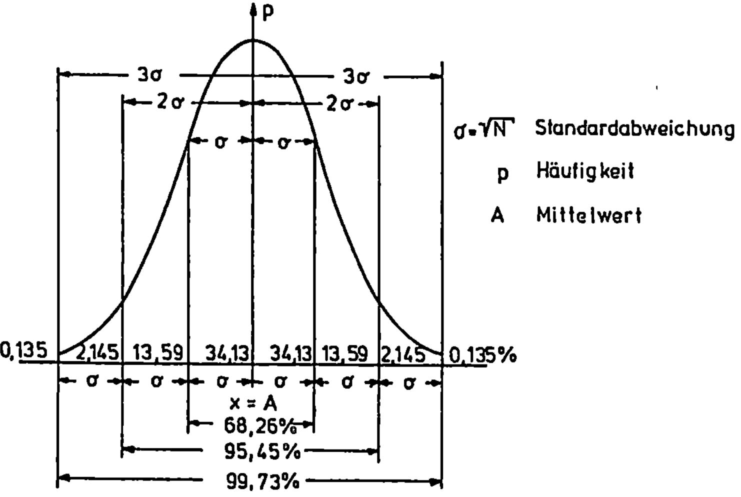

Abb. 3.28a Gaußverteilung

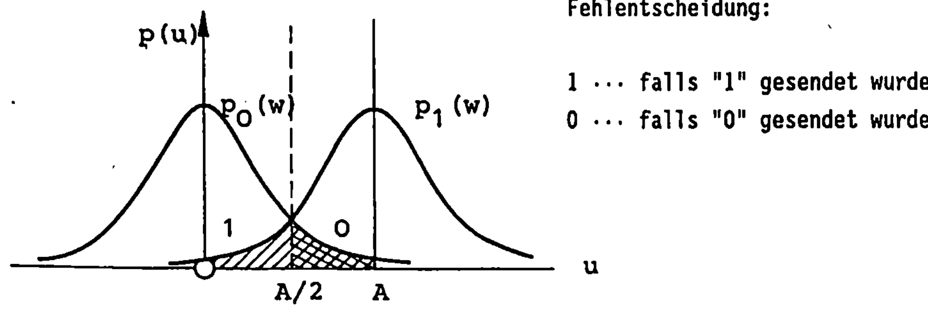

Abb. 3.28b Wahrscheinlichkeitsdichte p(u)

einen positiven Wert haben wird.

Wird eine binäre 1 gesendet, erscheint empfängerseitig ein Puls mit der Amplitude A, dem eine Rauschen n(t) überlagert ist. Das zusammengesetzte Signal ergibt zum Zeitpunkt T_1 den Wert

$$u = A + n(T_1) \tag{3.107}$$

Die Amplitudenverteilung dieses zusammengesetzten Signals hat die Wahrscheinlichkeitsdichte

$$p_1(u) = 1/\sqrt{2\pi N}\cdot\exp[-(u-A)^2/2N] \tag{3.108}$$

Der Rauschpegel von Gl. 3.105 wird also auf den Mittelwert A verschoben.

Wird hingegen eine binäre 0 gesendet, erscheint empfängerseitig der Nullwert plus Rauschen. In diesem Fall ist die Wahrscheinlichkeitsdichte

$$p_0(u) = 1/\sqrt{2\pi N}\cdot\exp(-u^2/2N) \tag{3.109}$$

Ein Fehler tritt immer dann auf, wenn u > A/2 wird, obwohl die binäre 0 gesendet worden ist; vgl. die gestrichelt gezeichneten Flächen von Abb. 3.28a,b.

Die Bitfehlerwahrscheinlichkeit ergibt sich demnach zu

$$P_b = 0,5[\int_{A/2}^{\infty} p_0(u)du + \int_{-\infty}^{A/2} p_1(u)du\ ]$$

$$= 0,5\mathrm{erfc}(A/2\sqrt{2N}); \quad \mathrm{erfc}(x) = 1 - \mathrm{erf}(x) \tag{3.110}$$

mit

$$\mathrm{erfc}(x) = \sqrt{2/\pi}\int_0^x \exp(-r^2)dr \tag{3.111}$$

Der Faktor 0,5 in Gl. 3.110 berücksichtigt die stillschweigend gemachte Voraussetzung, daß die 0- und 1- Bits mit gleicher Wahrscheinlichkeit gesendet werden.

Die Bitfehlerwahrscheinlichkeit hängt also nur von A^2/N ab, also von dem Verhältnis der Signalamplitude zum quadratischen Mittelwert des Rauschens; Abb. 3.29. Man beachte, daß P_b zunächst nur sehr allmählich absinkt, dann aber ab $A^2/N = 8$ dB um mindestens eine Dekade pro dB. Dieses Ergebnis kann noch verbessert werden, und zwar dadurch, daß man das Bitsignal nicht nur in einem einzigen Moment (T_i) mißt sondern über die gesamte Bitdauer hinweg. Das ist offensichtlich, da man selbst aus einem stark verrauschten Signal immer noch den mittleren Kurvenverlauf sehr gut abschätzen kann, selbst wenn für viele kurze Augenblicke schon extreme Abweichungen vom Sollwert existieren; Abb. 3.30. Was man am Bildschirm visuell durch "Ausmittelung" erreicht, kann man instrumentell dadurch erzielen, daß man über die Bitdauer T_b integriert und - falls man nicht schon T_b ohnehin als Zeiteinheit gewählt hat - anschließend durch T_b dividiert. Das ist letztlich auch eine Mittelung.

Ist das Bitformat komplizierter, z.B. Bi-Phase, mit positiven und negativen Amplituden innerhalb der Bitdauer, dann ergäbe der Mittelwert selbst Null. Es wäre also keine Entscheidung möglich, welches Binärsignal existierte. Multipliziert man aber vor der Integration das Empfangssignal mit dem Bitformat für "1" selbst, dann kann das Integral zweierlei liefern: Wurde tatsächlich eine "1" gesendet, dann ergibt sich mit $\int s_1^2\, dt$ die Energie des 1-Bitsignals. Wurde jedoch die "0" gesendet, dann ergibt sich $\int s_1 s_0\, dt$, der Kreuzkorrelationswert. Wenn beide sehr unterschiedlich sind, letzterer z.B. bei "Orthogonalität" von s_1, s_0 gleich Null ist, dann kann man aufgrund der Integration einfach entscheiden, welches Signal tatsächlich gesendet worden ist.

Eine genaue Untersuchung zum optimalen Empfang verbietet sich durch den beschränkten Umfang des Buches. Es werden daher nur wichtige Ergebnisse dieser Theorie gebracht, soweit sie für die weiteren Ausführungen erforderlich sind:

1. Bei beliebigen Bitformaten besteht der optimale Empfänger aus zwei Korrelatoren. Das Empfangssignal wird beiden zugeführt und im einen mit dem 1-Format, im anderen mit dem 0-Format multipliziert und integriert. Am Ende der Bitdauer stehen somit zwei Resultate fest. Das größere davon bestimmt, welches bit als gesendet zu gelten hat. Je "verschiedener" die beiden Bitformate voneinander sind, d.h. je kleiner die Kreuzkorrelation ist, desto sicherer wird die richtige Entscheidung getroffen.

2. Jede Korrelation kann mit Hilfe eines rücksetzbaren Integrators durchgeführt werden: Der Kondensator von Abb.3.31 wird nach T_b kurz entladen, nachdem vorher seine Spannung abgelesen und für die Entscheidung verwendet wurde.

Man kann das gewünschte Ergebnis auch mit Hilfe eines "Matched Filter" erhalten; Abb.3.32. In diesem Fall wird das Frequenzspektrum des Empfangssignals optimal gewichtet. Nach T_b wird wieder die Spannung für den Entscheidungsprozeß genutzt. Von der Theorie her sind beide Verfahren gleichwertig.

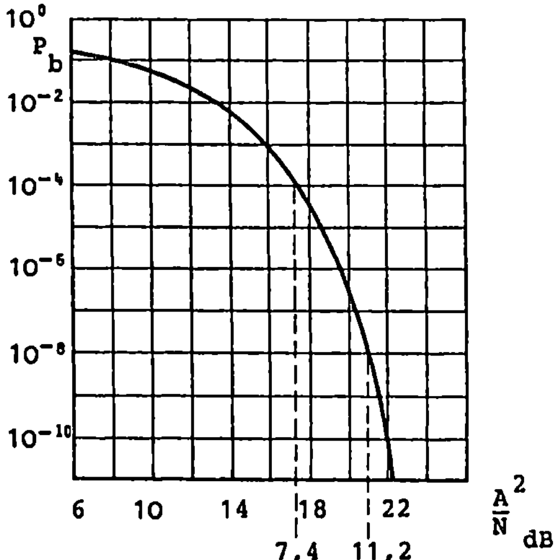

Abb. 3.29 Bitfehlerwahrscheinlichkeit bei einfacher Schwellwertentscheidung

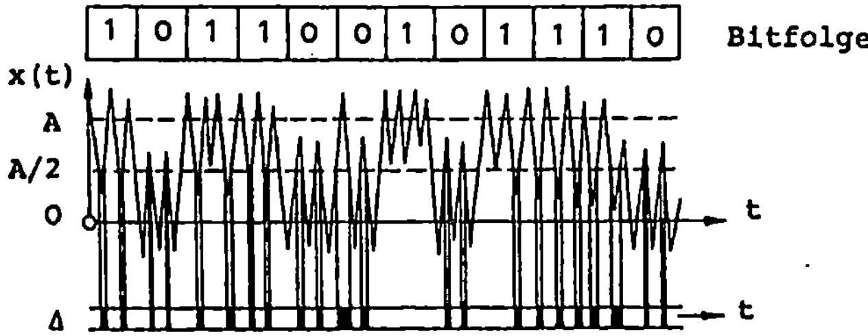

Abb. 3.30 Verrauschte PCM: Die untere Spur gibt durch Schwärzung jene Zeitbereiche an, in denen falsch entschieden werden würde

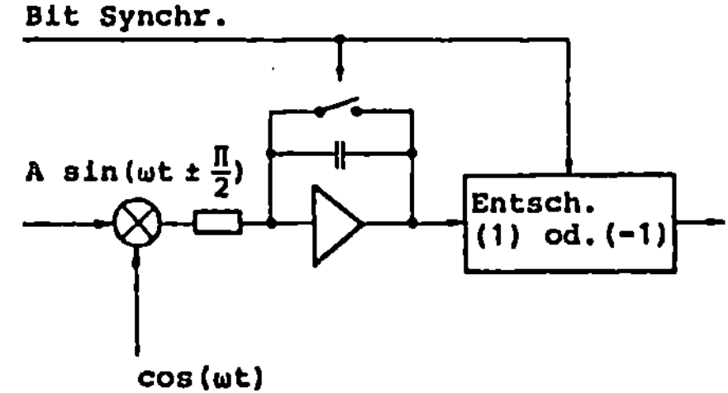

Abb. 3.31 Korrelationsempfang mit rücksetzbarem Integrator

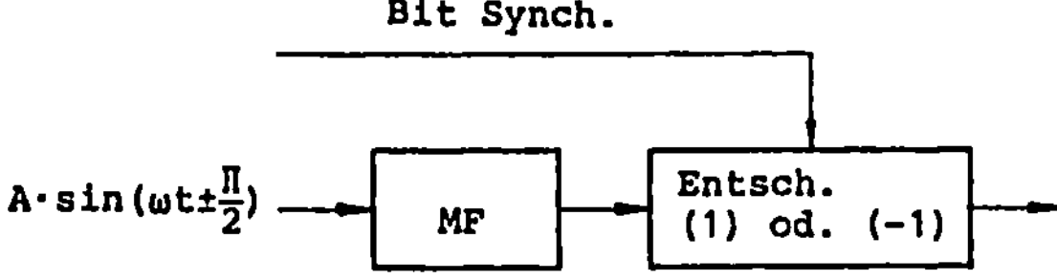

MF = Filter mit Frequenzantwort, die konjugiert
     komplex zum Spektrum des Eingangssignals ist

Abb. 3.32 Optimalempfang mit Matched Filter

3. Der Entscheidungsprozeß besteht darin, dasjenige Signal als gesendet zu erklären, das bei der Korrelation den größeren Wert liefert. Die Wahrscheinlichkeit, daß eine "0" oder "1" gesendet worden ist, muß dabei je 0,5 sein. Außerdem muß die Signalenergie für beide gleich sein.

4. Man kann auch mit einem einzigen statt mit zwei Korrelatoren arbeiten, da bei den PCM-Formaten von Abb.3.25 die "0"-und "1"-Signale jeweils zueinander orthogonal sind: $\int x_1 x_0 dt = 0$. Bei zwei Korrelatoren würde also der eine den Wert $\int x_1^2 dt = E_b$ liefern, der zweite Null, falls man das Rauschen vernachlässigt und "1" gesendet worden ist. Man setzt daher die Schwelle auf $E_b/2$ und entscheidet sich für eine 1, wenn der Korrelator zur Zeit T_b größer als dieser Schwellwert ist, anderenfalls für eine 0.

5. Die Bitfehlerwahrscheinlichkeit wird bei diesen optimalen Detektionsprozessen eine Funktion der Signalenergie E_b des Bit und der Rauschleistungsdichte N_0. Es besteht daher die Möglichkeit, ein erforderliches E_b/N_0 entweder bei vorgegebener Bitdauer T_b mit einer Leistung $P=E_b/T_b$ zu erzielen, oder bei vorgegebener Leistung P mit einer bestimmten Bitdauer

$$T_B = E_b/P \qquad\qquad\qquad (3.113)$$

Letzteres bedeutet, daß man mit beliebig kleiner Signalleistung auch auskommt, wenn man nur T_b entsprechend lang macht, also die Bitrate

$$f_b = 1/T_b \qquad\qquad\qquad (3.114)$$

klein. Eine gewisse Grenze besteht in praxi allerdings, weil man nicht beliebig lange ohne Drift integrieren kann. Bei rein digitalen Verfahren sind aber viele Stunden Integrationszeit denkbar und werden hinsichtlich der Ranging-Technik benutzt.

6. Für die Errechnung der zulässigen Bitrate benutzt man Abb.3.33 und geht so vor: Die Pegelrechnung von Abschnitt 7.1 liefert für das modulierte Signal ein bestimmtes

$$P/N_0 = w \qquad\qquad\qquad (3.115)$$

Aus Abb.3.33 ermittelt man für eine gewünschte Bitfehlerwahrscheinlichkeit P_b und vorgegebene Modulationsart das erforderliche

$$E_b/N_0 = q \qquad\qquad\qquad (3.116)$$

Dann wird

$$T_b = E_b/P = q/w \tag{3.117}$$

$$f_b = 1/T_b = w/q \tag{3.118}$$

z.B. seien $P/N_0 = 100$, $P_b = 2 \cdot 10^{-3}$ und phasenkohärente PSK vorgegeben. Also ist $E_b/N_0 = 6dB = $ Faktor $4 = q$ aus Abb. 3.33 zu ersehen.

$$T_b = 4/100 \text{ sec}; \quad f_b = 25 \text{ Hz}$$

7. Aus Abb.3.33 läßt sich entnehmen, daß die kohärente PSK-Modulation den geringsten Energiebedarf hat. Daher werden in der Raumfahrt und insbesondere bei Missionen mit großen Entfernungen (Sonden) "vollkohärente PCM-PSK-PM"-Methoden eingesetzt.

Beispiel: Bitrate f_b = 20 Mbits/sec; B_w = 120 MHz; dann ist für E_b/N_0 = 8.4 dB die Bitfehlerwahrscheinlichkeit $P_b = 10^{-4}$.

3.5.5 Wortfehlerwahrscheinlichkeit

In der Regel interessiert für die praktische Anwendung letztlich nicht die Bitfehlerwahrscheinlichkeit, sondern die Wortfehlerwahrscheinlichkeit P_w. Denn es ist der einzelne Meßwert, der richtig übertragen werden muß, unabhängig davon, ob nur eines, mehrere, oder alle Bits in ihm falsch sind. Es soll daher nun der Zusammenhang zwischen P_b und P_w errechnet werden. Dabei wird vorausgesetzt, daß P_b sehr klein ist gegen 1. Ein Wort ist nur korrekt, wenn alle Bits des Wortes richtig sind. Die Wahrscheinlichkeit, daß ein Bit richtig ist, ist $(1-P_b)$, die Wahrscheinlichkeit, daß N Bits richtig sind, ist $(1-P_b)^N$. Daher ist

$$P_w = 1 - (1-P_b)^N \tag{3.119}$$

Für sehr kleine P_b-Werte gilt näherungsweise

$$P_w \approx 1 - (1-NP_b) = NP_b \tag{3.120}$$

Bei der Bit für Bit-Detektion wird die Wortfehlerwahrscheinlichkeit also um den Faktor N höher als P_b, wenn N die Anzahl der Bits pro Wort ist.

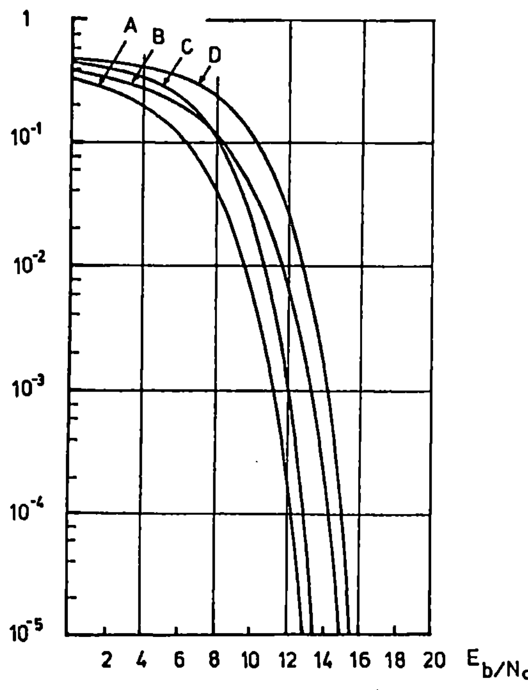

A ··· koh. PM
B ··· koh. FM
C ··· nicht koh. AM
D ··· nicht koh. FM

Abb. 3.33 Fehlerwahrscheinlichkeit als Funktion der Bitenergie pro Rauschleistungsdichte

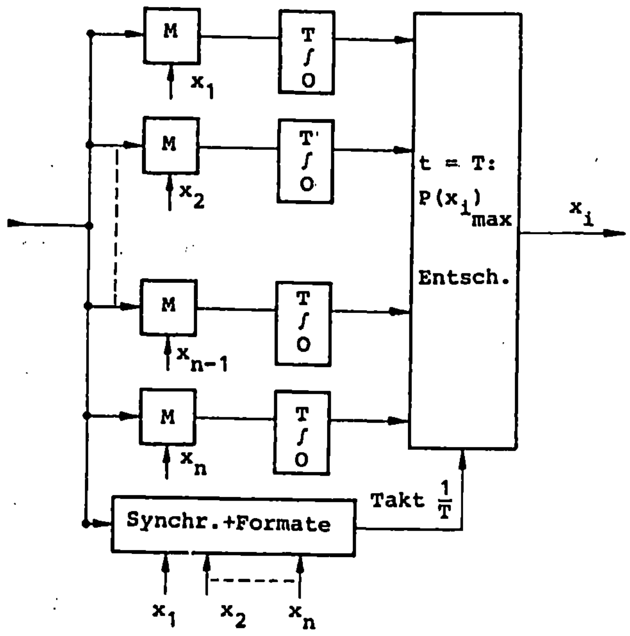

Abb. 3.34 Optimaler Empfang für n-äre Modulation

3.5.6 PCM mit n-ärer Modulation

Wenn nicht, wie im binären Fall, nur zwischen zwei Symbolen unterschieden wird, sondern zwischen n, wird von n-ärer bzw. n-Stufen-Modulation gesprochen.

Ein multiphasengetastetes System kann z.B. erzeugt werden durch die Menge der Polyphasensignale der Form

$$s_i(t) = A\cos(\omega_T t + \theta_i) \tag{3.121}$$

$$\text{mit } \theta_i = 2(i-1)\pi/n; \quad i=1, 2\cdots n \tag{3.122}$$

Für $n=2$ ist dies die Darstellung der PSK-Modulation, für $n=4$ handelt es sich um das quadriphasengetastete Signal (QPSK) usw.

Eine optimale Detektion erfolgt, indem eine Bank von n Korrelatoren das Empfangssignal mit den n möglichen Sendesignalen vergleicht, d.h. mit $A\cdot\cos\omega_T t$ und ihren um θ_i verzögerten Kopien; Abb. 3.34. Wenn der i-te Korrelator den Maximalwert nach einer Symbolzeit liefert, wird auch angenommen, daß das i-te Symbol gesendet wurde.

Die Wortfehlerwahrscheinlichkeit errechnet sich nach Lindsay zu

$$P_w = (n-1)/n - 0,5\,\mathrm{erf}(a) - 1/\sqrt{2} - (1/\sqrt{2})\int_0^a e^{-y^2} b\,dy \tag{3.123}$$

$$a = (E_n/N_0)\sin\pi/n; \quad b = \mathrm{erf}\ y\cot\pi/n$$

Hierbei ist E_n die Energie pro Wort. Die Gleichung ist in Abb.3.35 ausgewertet. Es ist zu beachten, daß generell mit steigendem n auch P_w steigt bzw. für gleiches P_w mehr Energie pro Wort erforderlich wird. Dafür verringert sich aber der Bandbreitenbedarf. Man beachte, E_n/N_0 gibt an, welche Energie erforderlich ist, um einen Meßwert mit bestimmter Übertragungs- und Fehlerrate zu übermitteln.

Ein Sonderfall verdient Beachtung: Für $n=4$ stimmen QPSK und PSK in der Wortfehlerwahrscheinlichkeit überein, solange der Störabstand groß ist, also nur kleine Bitfehlerwahrscheinlichten auftreten. Dann gilt analog zu Gl.3.120 $P_b \approx P_w/\mathrm{ld}\ n$. Für PSK ($n=2$) ist nach Gl.3.123

$$P_w = 0,5\,\mathrm{erfc}\sqrt{E_n/N_0} = P_b, \quad \text{da}\ \ \mathrm{ld}(2) = 1$$

Für $n=4$ ist

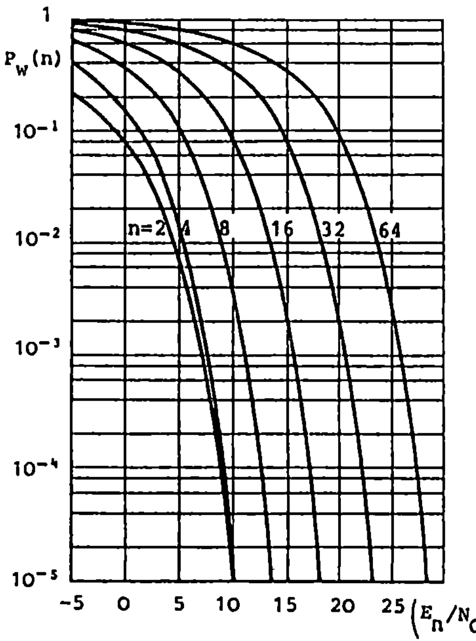

Tab. 3.3 Dezimalzahlen D = 0 bis 15 in Graycode G

D	G
00	0000
01	0001
02	0011
03	0010
04	0110
05	0111
06	0101
07	0100
08	1100
09	1101
10	1111
11	1110
12	1010
13	1011
14	1001
15	1000

Abb. 3.35 Fehlerwahrscheinlichkeit für n-Phasen-Signalen

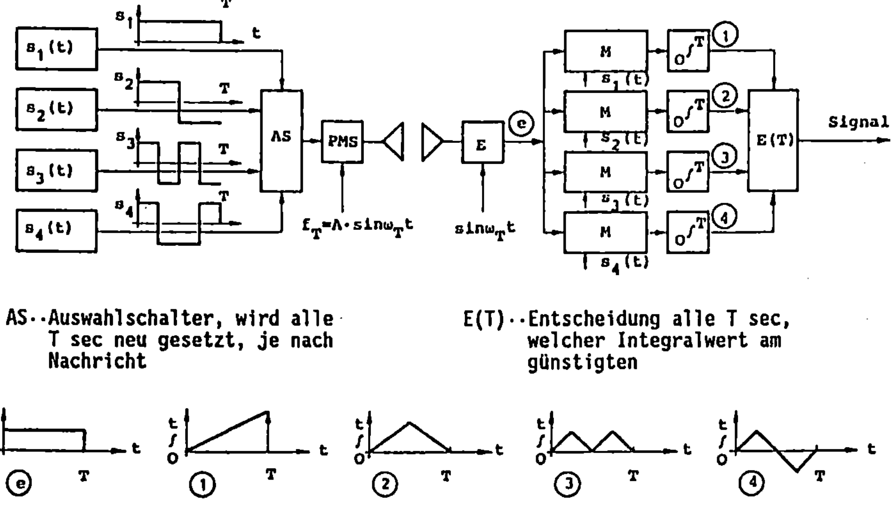

AS··Auswahlschalter, wird alle
T sec neu gesetzt, je nach
Nachricht

E(T)··Entscheidung alle T sec,
welcher Integralwert am
günstigten

T = Zeitpunkt der Entscheidung

Abb. 3.36 4-Bit-Wortcodierung

$$P_w \approx \text{erfc}\sqrt{E_n/2N_0} - 0,25\,\text{erfc}^2\sqrt{E_n/2N_0} \approx \text{erfc}\sqrt{E_n/2N_0}$$

$$P_b = 0,5 P_w$$

D.h. PSK und 4-Phasenmodulation (QPSK) haben gleiche Bitfehlerwahrscheinlichkeit; letztere benötigt aber nur halb so große Symbolrate bzw. Bandbreite wie die erste.

Allerdings setzen die Überlegungen zu QPSK voraus, daß tatsächlich jede falsche Phasenmessung nur ein einziges Bit verfälscht. Das ist nur dann der Fall, wenn die Codierung im Graycode erfolgt; Tab. 3.3.

3.5.7 Kanalcodierung

Der Umfang des Buches erlaubt es nicht, generell die Möglichkeiten der Kanalcodierung zu behandeln. Es wird daher nur eine spezielle Technik, die in der Raumfahrt entwickelt wurde und meist auch nur dort Anwendung findet. Es muß aber betont werden, daß andere Verfahren, insbesondere das sog. Convolutional Encoding/ Sequential Decoding und die algebraischen Codes, in der Raumfahrt von großer Bedeutung sind. Dafür gibt es aber sehr gute Lehrbücher.

Abb. 3.36 zeigt für den Fall $n=4$ eine Möglichkeit des optimalen Empfangs, bei dem jedes der vier möglichen Symbole aus einer Rechteckfolge besteht, die sich als eine Kombination von zwei Bits im NRZ-Format auffassen läßt. Generell kann man mit ld n Bits pro Gruppe einen n-ären Code aufbauen. Die Auswahl der Bits einer Gruppe sollte man zweckmäßigerweise so treffen, daß die verschiedenen Gruppen einander sehr unähnlich sind. d.h. deren Kreuzkorrelationswerte möglichst klein sind. Nun wird bei binären Symbolen im NRZ-Format die Berechnung der Korrelation besonders einfach, nämlich

$$c_{ij} = (\Sigma\,\ddot{u} - \Sigma\,n)/(\Sigma\,\ddot{u} + \Sigma\,n) \tag{3.124}$$

mit ü = Übereinstimmungen,

    n = Nichtübereinstimmungen,

    bezogen auf die Gesamtzahl von Bits der Gruppe

und zwar dann, wenn man die binäre 0 durch eine Spannung von -1 Volt und die binäre 1 durch +1 Volt repräsentiert. Das Produkt zweier Symbole nimmt dann ebenfalls den Wert 1 an, wenn es sich um gleiche, dagegen -1, wenn es sich um unterschiedliche Symbole handelt; vgl. Abschnitt 4.10.2. Unter dieser Voraussetzung sollen nun passende Binärfolgen ausgewählt werden.

3.5.7.1 Orthogonalcode

Wenn die Anzahl der Übereinstimmungen gleich der der Nichtübereinstimmungen ist, dann wird $c_{i,j} = 0$. Trifft diese Bedingung für jede beliebige Gruppe i und j zu, die Verwendung findet, sprechen wir vom Orthogonalcode. Jede der verwendeten Gruppen sei nun als kanalcodiertes Wort bezeichnet, auch dann, wenn es nicht einen kompletten Abtastwert repräsentiert. Es unterscheidet sich ferner von den quellencodierten Worten, die bisher besprochen wurden, dadurch, daß es "redundante Bits" enthält. Nicht alle der 2^n Kombinationen eines binären Wortes der Länge n werden hier also angewandt, sondern nur einzelne davon, die in besonderer Relation zueinander stehen. Im vorliegenden Fall ist diese Besonderheit die Orthogonalität.

Für $n=2$ finden wir sehr einfach einen Orthogonalcode. Lautet das erste Wort 11, so muß das zweite, um orthogonal zu sein, entweder 01 oder 10 werden. Wir wählen 10 und schreiben die beiden als Zeilenvektoren einer Matrix M.

$$M_2 = \begin{bmatrix} 1 & 1 \\ 1 & 0 \end{bmatrix} \tag{3.125}$$

Diese Art der Darstellung als Matrix werden wir im folgenden beibehalten. Für M_4 finden wir die Codeworte aus den Elementen der Matrix M_2, nämlich durch

$$M_4 = \begin{bmatrix} M_2 & M_2 \\ M_2 & \overline{M_2} \end{bmatrix} \tag{3.126}$$

Mit $\overline{M_2}$ = Komplement von M_2, also

$$\overline{M_2} = \begin{bmatrix} 0 & 0 \\ 0 & 1 \end{bmatrix} \tag{3.127}$$

Aus diesen drei Gleichungen ergibt sich

$$M_4 = \begin{bmatrix} 1 & 1 & 1 & 1 \\ 1 & 0 & 1 & 0 \\ 1 & 1 & 0 & 0 \\ 1 & 0 & 0 & 1 \end{bmatrix} \begin{array}{l} \text{1. Codewort} \\ \text{2. Codewort} \\ \text{3. Codewort} \\ \text{4. Codewort} \end{array} \tag{3.128}$$

Für $n=8$ gewinnen wir in entsprechender Weise die Codeworte, indem wir bei der Matrix von Gl.3.126 M_4 statt M_2 einsetzen

$$M_8 = \begin{bmatrix} 1\ 1\ 1\ 1 & 1\ 1\ 1\ 1 \\ 1\ 0\ 1\ 0 & 1\ 0\ 1\ 0 \\ 1\ 1\ 0\ 0 & 1\ 1\ 0\ 0 \\ 1\ 0\ 0\ 1 & 1\ 0\ 0\ 1 \\ 1\ 1\ 1\ 1 & 0\ 0\ 0\ 0 \\ 1\ 0\ 1\ 0 & 0\ 1\ 0\ 1 \\ 1\ 1\ 0\ 0 & 0\ 0\ 1\ 1 \\ 1\ 0\ 0\ 1 & 0\ 1\ 1\ 0 \end{bmatrix} \begin{matrix} \text{1. Codewort} \\ \cdot \\ \cdot \\ \cdot \\ \cdot \\ \cdot \\ \cdot \\ \text{8. Codewort} \end{matrix} \qquad (3.129)$$

Es läßt sich leicht überprüfen, daß jedes Codewort zu jedem orthogonal ist, also $c_{ij} = 0$. Die Vorschrift läßt sich beliebig fortsetzen.

Mit n Stellen ergeben sich so n zueinander orthogonale, kanalcodierte Worte.

3.5.7.2 Transorthogonalcode

Bei den Orthogonalcodes fällt auf, daß jedes Codewort mit 1 beginnt. Dieses erste Element ist also allen Worten gemeinsam und kann daher zu der Unterscheidbarkeit nichts beitragen. Läßt man es weg, erhält man den "Transorthogonalcode". Für ihn ist

$$c_{ij} = [(0{,}5n{-}1) - 0{,}5n]/(n{-}1) = -1/(n{-}1) \qquad (3.130)$$

Der Korrelationskoeffizient ist hier also sogar negativ, für große n allerdings nur um einen geringen Betrag. Dieser Code ist bezüglich des c_{ij} um eine Kleinigkeit günstiger als der Orthogonalcode und somit auch in Hinblick auf die Bitzahl und bezüglich der erforderlichen Sendeleistung und Bandbreite.

3.5.7.3 Biorthogonalcode

Eine andere Methode, den Orthogonalcode besser zu nutzen, besteht darin, daß man zu jedem Codewert das entsprechende Komplementärwort zusätzlich mit verwendet, also z.B. zu 0011 auch 1100. Dann erhält man 2n Worte für die Länge n, braucht jedoch nur n Korrelatoren, weil das Komplementärwort auch zu allen anderen Worten orthogonal ist. Es gibt eine Ausnahme: Beim Wort i, zu dem es das Komplementärwort i darstellt, liefert es ein

$$c_{i\bar{i}} = -1 \qquad (3.131)$$

Im unverrauschten Fall muß also nach jeder Wortzeit an n-1 Korrelatoren der Wert Null anliegen und an einem entweder der Wert 1 oder -1. Ist dieser der Korrelator i, dann wurde dementsprechend entweder das Wort i oder das Wort i gesendet. Für n=4 lauten die Biorthogonalworte

$$\begin{bmatrix} \begin{bmatrix} M_4 \end{bmatrix} \\ \begin{bmatrix} \overline{M_4} \end{bmatrix} \end{bmatrix} = \begin{bmatrix} 1 & 1 & 1 & 1 \\ 1 & 0 & 1 & 0 \\ 1 & 1 & 0 & 0 \\ 1 & 0 & 0 & 1 \\ 0 & 0 & 0 & 0 \\ 0 & 1 & 0 & 1 \\ 0 & 0 & 1 & 1 \\ 0 & 1 & 1 & 0 \end{bmatrix} \tag{3.132}$$

Die Wortfehlerwahrscheinlichkeit für die verschiedenen Codes ist in Abb. 3.37 dargestellt. Es ist deutlich zu sehen, daß mit länger werdender Wortlänge P_w bei gleicher Energie pro Informationsbit kleiner wird und daß gegenüber dem uncodierten Fall eine Verbesserung auftritt. Man beachte: Die Zahl der Informationsbits ist beim Orthogonalcode ld(n) pro Wort, beim Transorthogonalcode ld(2n) pro Wort.

3.5.7.4 Kanalkapazität

Bei vorgegebener P_w bietet die Codierung die Möglichkeit, mit weniger Energie pro Informationsbit auszukommen als der uncodierte Fall. Oder umgekehrt: Bei vorgegebener Energie pro Informationsbit erreicht man durch Codierung eine günstigere Wortfehlerwahrscheinlichkeit. Daher liegt die Frage nahe, wieviel Energiegewinn im Extremfall durch Kanalcodierung überhaupt erreicht werden kann. Die Antwort dafür findet sich in der Informationstheorie von Shannon. Demnach kann man bis zu einer Bitrate C, der Kanalkapazität, im Extremfall fehlerfrei übertragen. Höhere Bitraten sind aber mit Sicherheit mit extrem hohen Fehlerraten verbunden. Die Kanalkapazität ist für den uns interessierenden Gaußschen Kanal gegeben durch

$$C = B \cdot ld[1+(P/N)] \tag{3.133}$$

mit B = Bandbreite, N = Rauschleistung, P = Signalleistung.

Schreiben wir die Gleichung P/N etwas um, indem wir die Bitzeit T_b, Bitrate $R_b = 1/T_b$, spektrale Rauschleistungsdichte N_0 und E_b = Bitenergie einführen, erhalten wir

$$P/N = PT_b R_b/N_0 B = E_b R_b/N_0 B \tag{3.134}$$

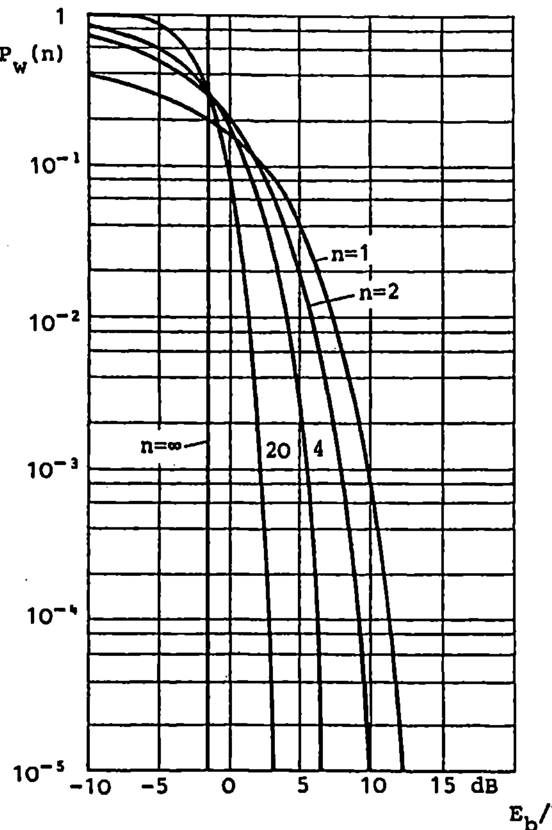

Abb. 3.37 Wortfehlerwahrscheinlichkeit für Biorthogonalcodierung

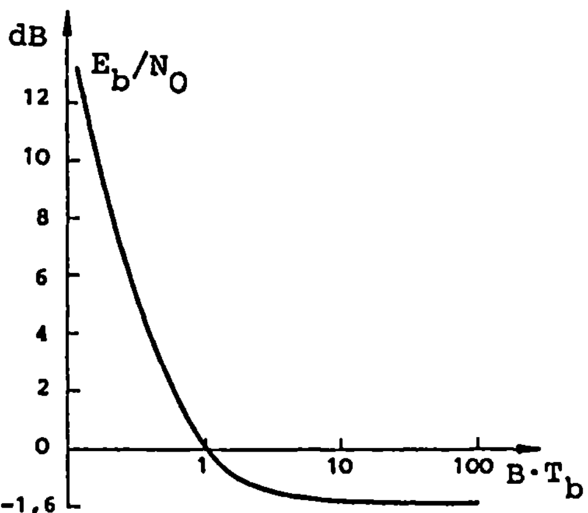

Abb. 3.38 Shannongrenze für fehlerfreien Empfang

und somit für $C = R_b$

$$R_b/B = \text{ld}[1+(E_b R_b/N_0 B)] \tag{3.135}$$

Diese Gleichung ist in Abb.3.38 ausgewertet. Bei $B = R_b$ ist $E_b = N_0$. Mit größer werdender Bandbreite B läßt sich bei vorgegebenem E_b/N_0 eine umso höhere Bitrate R_b erreichen, je größer die Bandbreite ist. Im Extremfall $B/R_b \to \infty$ wird

$$E_b/N_0 = -1,6 \text{ dB, also } 0,69 \tag{3.136}$$

Das ist die Mindestenergie, die pro Bit und Rauschleistungsdichte aufgebracht werden muß. Bei kleineren Beträgen ist eine fehlerfreie Übertragung ausgeschlossen. Dieser Grenzwert gilt nur für den idealen Codierungsfall, für den kein Codierschema bekannt ist. Alle reellen Verfahren liegen in ihren Anforderungen höher. Die Größe

$$E_b/N_0 B = \text{"Kommunikationswirkungsgrad"} \tag{3.137}$$

ist das Maß zum Vergleich verschiedener Modulations- und Codierverfahren, das bereits in den vorhergehenden Abschnitten zur Bit- und Wortfehler-Beschreibung genutzt wurde.

Es sei daran erinnert, daß gemäß Abb.3.33 für die PM-Modulation und eine Bitfehlerwahrscheinlichkeit von $P_b = 10^{-5}$ ein E_b/N_0 von 9,4dB erforderlich ist, also ein um 11 dB höherer Wert als der von Gl.3.136. Mit höher werdenden Ansprüchen an die Bitfehlerwahrscheinlichkeit werden die Verhältnisse noch ungünstiger. Letzteres liegt daran, daß die ideale Shannon-Codierung grundsätzlich bis zur Kanalkapazität fehlerfrei arbeitet, während die reellen Verfahren nicht sprunghaft, sondern nur stetig mit E_b/N_0 besser werden.

4 Synchronisation

Wie bereits mehrfach erwähnt, sind kohärente Übertragungsverfahren besonders energiesparend. Sie fordern aber eine Reihe von Synchronisationsvorgängen zur

- Synchronen Demodulation des HF-Trägers und des oder der Unterträgersignale,
- Gewinnung des Bittaktes für die Bitregenerierung,
- Rahmen- und Unerrahmensynchronisation, u.a.m.

In allen Fällen geht es darum, daß man die Kopie eines Signals, das sendeseitig ausgestrahlt wird, empfängerseitig phasenrichtig wiederherstellt und das Rauschen unterdrückt.

Im folgenden werden einige Verfahren hierfür angegeben. Dabei spielt die Phasenregelschleife, der sog. Phase Locked Loop (PLL), eine Schlüsselrolle. Das Grundprinzip des PLL und die verschiedenen Ausführungsformen stehen daher im Vordergrund der folgenden Abhandlung.

4.1 Phase Locked Loop

Der PLL besteht im wesentlichen aus drei Komponenten, nämlich dem

- Phasendetektor M, dessen Ausgangssignal proportional zu Phasendifferenz seiner beiden Eingangssignale u_E und u_V ist,
- Tiefpaß, der die höherfrequenten Komponenten des Phasendifferenzsignals wegfiltert, sowie
- einem spannungsgesteuerten Oszillator (VCO).

Aufgabe des VCO ist es, eine Schwingung zu erzeugen, die dieselbe Frequenz wie das Empfangssignal u_E hat und zu dieser in einer festen Phasenbeziehung steht. Der VCO soll dieses phasenkohärente Signal auch bei stark verrauschten u_E sauber liefern, ohne Jitter und mit konstanter Amplitude.

Der VCO wurde bereits im Abschnitt 3.3.2 kurz besprochen. Er kann um einen Nominalwert f_T herum proportional zur Steuerspannung u_c in seiner Frequenz variiert werden.

Es soll nun die Funktionsweise des PLL anhand von Abb.4.1 beschrieben werden. Das Eingangssignal sei eine harmonische Funktion der Form

$$u_E(t) = \sqrt{2}\, U_E \sin(\omega_T t + \Phi_T) \tag{4.1}$$

Dieses Signal werde dem Phasendetektor M zugeführt, der in der Regel ein Produktdetektor ist. Seine Funktion kann mathematisch durch eine Multiplikation seiner beiden Eingangssignale beschrieben werden. Das zweite Eingangssignal kommt vom VCO und habe die Form

$$u_V(t) = \sqrt{2}\, U_V \cos[(\omega_T + \Delta\omega)t + \Phi_V] \tag{4.2}$$

Am Ausgang des Produktdetektors M erhalten wir dann das Signal

$$
\begin{aligned}
u_M &= K_M \cdot 2U_E U_V \sin(\omega_T t + \Phi_T)\cos[(\omega_T + \Delta\omega)t + \Phi_V] \\
&= K_M U_E U_V [\sin(\Phi_T - \Phi_V - \Delta\omega t) + \sin(2\omega_T t + \Delta\omega t + \Phi_T + \Phi_V)]
\end{aligned}
\tag{4.3}
$$

K_M ist dabei eine von M abhängige Konstante. Der Tiefpaß filtert die hochfrequente Komponente, also den zweiten Teil der oberen Gleichung aus, so daß am Eingang des VCO das Signal

$$u_c = K_M U_E U_V \sin(\Phi_T - \Phi_V - \Delta\omega t), \tag{4.4}$$

ansteht.

Im frequenzsynchronen Fall $\Delta\omega = 0$ ist

$$u_c = K_M U_E U_V \sin(\Phi_T - \Phi_V) \tag{4.5}$$

Bei geringen Phasenabweichungen, d.h. wenn $\Phi_T - \Phi_V << \pi/4$, wird daraus

$$u_c \approx K_M U_E U_V (\Phi_T - \Phi_V) \tag{4.6}$$

und definieren wir:

$$K = K_M U_E U_V = \text{Konversionsfaktor der Schleife in V/rad,} \tag{4.7}$$

$$\Phi_F = \Phi_T - \Phi_V = \text{Phasenfehler, so gilt} \tag{4.8}$$

$$u_c = K\Phi_F \tag{4.9}$$

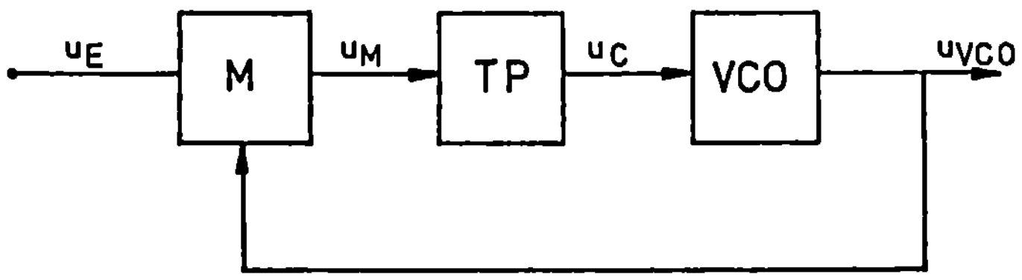

Abb. 4.1 Phase Locked Loop; Grundschaltung

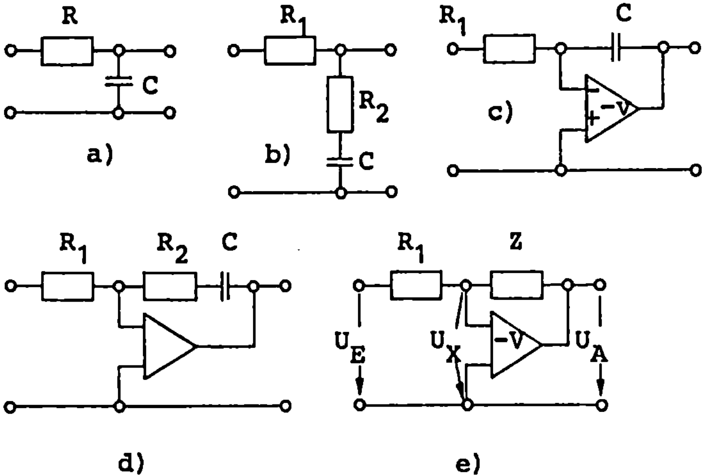

Abb. 4.2 Tiefpäße 1. Ordnung

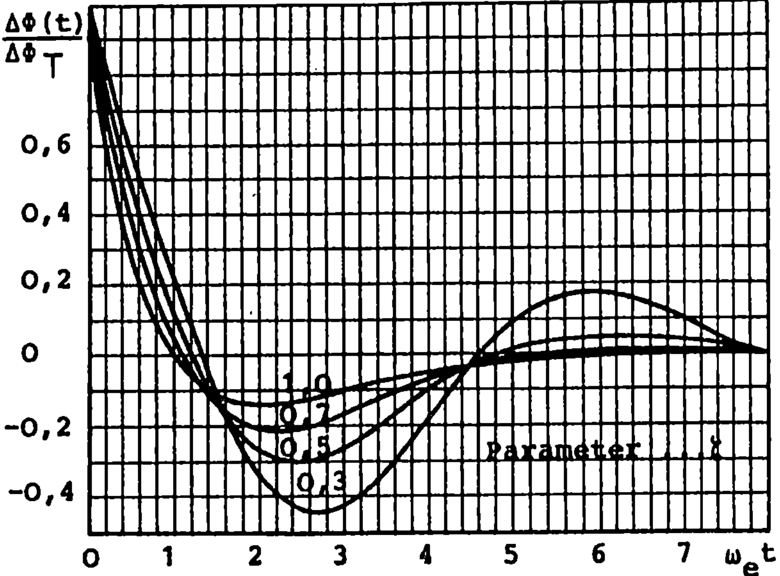

Abb. 4.3 Einschwingverhalten des PLL 2. Ordnung beim Phasensprung

Die Eingangsspannung des VCO ist dann proportional zur Differenz der Phasen von Eingangs- und VCO-Signal. Diese Näherungsformel gilt, wenn man $\sin\Phi$ gleich dem Argument Φ setzt; dies trifft in sehr guter Näherung bis zu etwa $\Phi = 30°$ zu.

Diskussion der Gleichung:

1. Ist bereits *ursprünglich* $\Phi_F = 0$, bleibt auch die Regelspannung u_c, die auf den VCO einwirkt, gleich Null. Der VCO schwingt in derselben Weise weiter wie bisher, d.h. mit derselben Frequenz und Phase. Die Frequenz ist diejenige von u_E, die Phase ist bezüglich u_E um $90°$ verschoben, da wir für u_E eine Sinusfunktion und für u_V eine Cosinusfunktion angenommen hatten.

2. War *ursprünglich* $\Phi_F > 0$, ist u_c positiv und umso größer, je größer die Phasendifferenz Φ_F ist. Nun ruft aber eine positive Eingangsspannung am VCO, gemäß Gl.3.81, eine Frequenzerhöhung hervor, nämlich

$$\Delta f = f - f_T = u_c f^+ = K\Phi_F f^+; \quad f^+ = \omega^+/2\pi; \quad [f^+] \equiv [\text{Hz}] \tag{4.10}$$

Somit wird nach der Zeit t das VCO-Ausgangssignal

$$u_V = \sqrt{2}U_V \cos[(\omega_T + K\Phi_F \omega^+)t + \Phi_V] \tag{4.11}$$

Bei der Ausgangsspannung des Phasendetektors reduziert sich daher die Phasendifferenz auf $[\Phi_T - (\Phi_V + K\Phi_F \omega^+ t)]$, so daß auch u_c entsprechend kleiner wird

$$u_c = K\Phi_F (1 - K\omega^+ t) \tag{4.12}$$

Auch durch dieses kleinere u_c wird die VCO-Frequenz noch erhöht, was eine weitere Verkleinerung der Phasendifferenz bewirkt usw. bis Φ_F gleich Null wird. Dann liegt der zuerst behandelte Fall einer phasensynchronen Schwingung vor.

3. War nun *ursprünglich* $\Phi_F < 0$, ist u_c negativ und betragsmäßig umso größer, je größer die Phasendifferenz ist. Es ergibt sich analog zum vorher geschilderten Fall.

$$\Delta\omega = K\Phi_F \omega^+ \quad \text{bzw.} \quad \Delta\omega = -K\omega^+ |\Phi_F| \tag{4.13}$$

$$u_V = \sqrt{2}U_V \{\cos[\omega_T t + (\Phi_V - K\Phi_F \omega^+ t)]\} \tag{4.14}$$

$$U_c = -K|\Phi_F|(1 - K\omega^+ t) \tag{4.15}$$

d.h. es erniedrigt sich die VCO-Frequenz solange bis wiederum der Phasenunterschied $\Phi_F = 0$ wird.

Im Bereich kleiner Phasendifferenzen $\Phi_F \leq 30°$, wo $\sin\Phi \approx \Phi$ ist, regelt also stets der PLL auf den phasenkohärenten Sollwert zu. Für eine Phasendifferenz $30° < |\Phi| < 90°$ ändert sich an dem beschriebenen Verhalten nur insofern etwas, als die Regelspannung nicht mehr proportional zur Phasendifferenz ist, sondern langsamer steigt. Die Fehlerkorrektur auf den Nennwert wird somit langsamer vonstatten gehen.

Ist die Phasendifferenz aber noch größer, läuft die Korrektur falsch, denn $\sin\Phi_F$ wird mit wachsendem Φ_F kleiner, d.h. die schon zu niedrige VCO-Frequenz wird noch kleiner, somit die Phasendifferenz noch einmal größer usw. bis sich bei $\Phi_F = 180°$ das Vorzeichen sogar umkehrt und so die Phasenabweichung noch wesentlich beschleunigt. Erst wenn Φ_F fast $360°$ erreicht hat, kann die Phasenregelung wieder stabil werden. Auf diese Weise wird mindestens eine Schwingungsperiode unterdrückt (cycle slipping). Analoge Überlegungen gelten auch für entsprechende negative Φ-Werte, nur wird dann hier eine Schwingungsperiode zusätzlich eingefügt.

Aus diesen kurzen Betrachtungen werden teilweise schon die Eigenschaften des PLL offensichtlich, die dafür maßgebend sind, daß er eine so große Rolle in der Raumfahrt-Fernwirktechnik spielt und zunehmend in fast allen Bereichen der Nachrichtentechnik Eingang findet:

- Der PLL liefert am Ausgang des VCO ein Signal konstanter Amplitude, das frequenzsynchron und - bis auf eine Phasenverschiebung von 90° - mit dem Eingangssignal auch phasensynchron ist.
- Der PLL ist ein Bandpaß, dessen Mittenfrequenz durch die Nennfrequenz des VCO bestimmt ist. Die Mittenfrequenz wird bei Variation der Signalfrequenz des Eingangs automatisch mitgezogen (Tracking Filter). Maßgebend für den Durchlaßbereich dieses abstimmbaren Bandpasses ist vor allem der Tiefpaß und dessen Auslegung.
- Ein wesentlicher Vorteil des PLL besteht darin, daß bei Schwankungen des Eingangssignals in Frequenz und auch in der Amplitude die Funktionsweise noch gewährleistet ist. Selbst bei kurzzeitigen erheblichen Signaleinbrüchen fällt der PLL nicht sofort außer Tritt. Er zeigt einen "Schwungradeffekt", da der Tiefpaß nur langsame Veränderungen zuläßt.

Die günstigen Eigenschaften hinsichtlich des Rauschverhaltens werden später noch beschrieben. Dabei wird gezeigt, daß

- die effektive Rauschbandbreite (siehe Abschnitt 4.3) sehr günstig ist, weil der Tiefpaß im wesentlichen nur auf die Bandbreite des tatsächlichen Informationsbandes ausgelegt werden muß, denn die Trägerfrequenzdrift des Dopplereffektes wird durch die automatische Phasenabstimmung kompensiert. Diese Tatsache macht sich besonders vorteilhaft bemerkbar bei geringen Bitraten und hoher Dopplerfrequenzverschiebung, wie dies z.B. für Raumsonden gegeben ist,

- seine schwellwertverbessernden Eigenschaften die Möglichkeit bietet, ihn für den Empfang extrem stark verrauschter Signale zu verwenden.

Ferner wird nachfolgend auch gezeigt, daß

- durch Einfügen von Teilern die Möglichkeit besteht, den VCO auf einer Harmonischen, Subharmonischen oder auf Kombinationsfrequenzen davon schwingen zu lassen (Frequenzsynthese),

- der PLL als FM-Demodulator dienen kann. Bei geeigneter Dimensionierung des Tiefpasses ist das Steuersignal $u_c(t)$ des VCO direkt das demodulierte Signal des FM-Eingangssignals $u_E(t)$,

- der PLL in analoger, hybrider und rein digitaler Form ausgelegt werden kann. Unterschiedliche Phasendetektoren bieten bezüglich des Rauschverhaltens und des Fangbereichs Auswahlmöglichkeiten für die unterschiedlichen Anwendungszwecke.

4.2 Kenndaten des PLL

Die Betrachtungen werden im wesentlichen auf PLL's zweiter Ordnung beschränkt, denn sie werden in der Praxis am häufigsten angewandt. Die Ordnungszahl des PLL ist um 1 größer als die Ordnungszahl des verwendeten Tiefpasses (vgl. Abschnitt 4.3). Es werden also Tiefpässe erster Ordnung vorausgesetzt; vgl. Abb. 4.2. Insbesondere wird als aktiver Tiefpaß die Schaltung 4.2d und als passiver Tiefpaß die Schaltung 4.2b zugrundegelegt.

Zur Beschreibung des Funktionsverhaltens des PLL werden zwei Größen definiert, die Eigenfrequenz ω_e und der Dämpfungsfaktor ζ. Diese sind im Falle eines *passiven Tiefpasses:*

$$\omega_e = \sqrt{K\omega^+/(\tau_1+\tau_2)} \quad ; \quad \zeta = 0,5\omega_e\,(\tau_2+1/K\omega^+) \qquad (4.16)$$

und im Falle eines *aktiven Tiefpasses*

$$\omega_e = \sqrt{K\omega^+/\tau_1} \quad ; \quad \zeta = 0,5\omega_e\tau_2 \qquad (4.17)$$

Hierbei sind die Zeitkonstanten τ_1, τ_2 in Abb.4.2, K in Gl.4.7 und f* in Gl.4.10 definiert. Für das Einschwingverhalten des PLL ist der Wert ζ =0,7 besonders günstig.

Arbeitet der PLL ursprünglich bereits phasensynchron und wird plötzlich das Eingangs-signal verändert, entsteht zunächst ein Phasenfehler, der je nach der Art der Signalver-änderung und des PLL mehr oder weniger groß wird. Seiner Aufgabe nach soll der PLL aber innerhalb möglichst kurzer Zeit diesen Phasenfehler auf Null korrigieren; es soll also kein Restfehler verbleiben. Tatsächlich reagiert der PLL in folgender Weise:

1. Wird das Eingangssignal zur Zeit t=0 plötzlich in der Phase um den Wert $\Delta\Phi_T$ ge-ändert, wird entsprechend Abb.4.3 nach kurzer Zeit des Einschwingens der Phasen-fehler

$$\Delta\Phi = \Phi_V - \Phi_T \qquad (4.18)$$

wieder Null. Der VCO korrigiert also seinen Phasenwert. Der Dämpfungsfaktor be-stimmt den Einschwingverlauf. ζ =0,7 ist besonders günstig.

2. Ändert das Eingangssignal zur Zeit t=0 sprunghaft seine Kreisfrequenz um den Wert $\Delta\omega_E$, versucht der PLL zwar diesen Sprung nachzuvollziehen und die damit verbun-denen Phasenfehler zu korrigieren (vgl. Abb.4.4), jedoch bleibt beim *passiven* Filter ein Restfehler

$$\Delta\Phi = \Delta\omega_E/K\omega^+ \qquad (4.19)$$

Diese Korrektur gelingt auch nur solange der Frequenzsprung höchstens

$$\Delta f_{Emax} = Kf^+ \qquad (4.20)$$

ist. Dadurch wird der Haltebereich des PLL definiert, also der Frequenzhub, bei dem gerade noch Synchronisation möglich ist. Bei einem aktiven Filter geht hingegen nach Abb.4.4 der Restfehler gegen Null. Das bedeutet, daß der Haltebereich des PLL in diesem Fall unbeschränkt ist. Die praktischen Einschränkungen werden durch den Ziehbereich des VCO und die frequenzabhängigen Eigenschaften des Phasendetek-tors bestimmt.

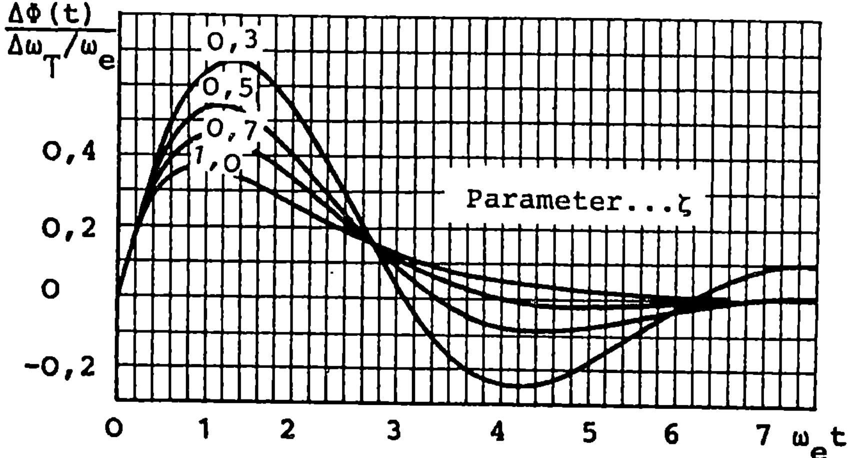

Abb. 4.4 Einschwingverhalten des PLL beim Frequenzsprung

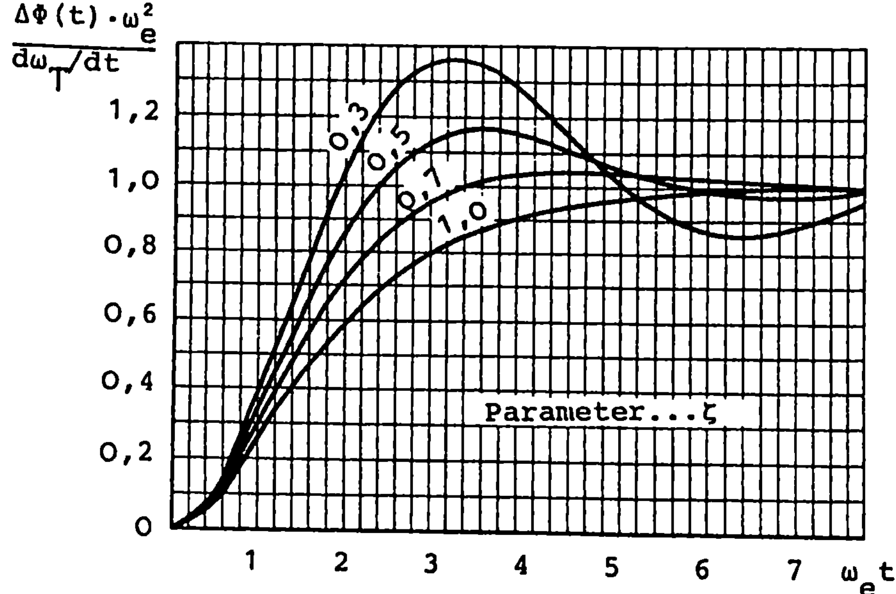

Abb. 4.5 Einschwingverhalten des PLL beim Anlegen einer Frequenzrampe

3. Ändert das Empfangssignal zur Zeit $t=0$ plötzlich seine Frequenz (Frequenzrampe) linear mit der Zeit, bleibt auch beim aktiven Filtertyp ein konstanter Restfehler; vgl. Abb. 4.5. Erst ein PLL dritter Ordnung könnten diesen Fehler korrigieren. Ist der PLL ursprünglich noch nicht eingerastet, muß er das Empfangssignal erst auffassen. Dies kann er schnell, solange diese Frequenz von der Sollfrequenz höchstens um den Betrag Δf_L entfernt ist. Δf_L gibt also den sog. Fangbereich (Lock-in-Frequenz) an. Die zugehörige Kreisfrequenz $\Delta \omega_L$ ist beim passiven TP

$$\Delta\omega_L \approx K\omega^+ \tau_2 / (\tau_2 + \tau_2) \qquad (4.21)$$

beim aktiven TP

$$\Delta\omega_L \approx \tau_2 K\omega^+ / \tau_1 \qquad (4.22)$$

Die Fangzeit ist näherungsweise für beide Filtertypen

$$T_L \approx 1/\omega_e \qquad (4.23)$$

Liegt die Empfangsfrequenz außerhalb dieses Fangbereichs, aber noch in dem sog. Ziehbereich Δf_p (pull-in), dauert der Synchronisationsvorgang hingegen wesentlich länger, nämlich

$$T_p \approx \Delta\omega_E^2 / 2\zeta\omega_e^3 \qquad (4.24)$$

Dafür ist aber $\Delta\omega_p$ wesentlich größer

$$\Delta\omega_p \approx (8/\pi)\sqrt{\zeta\omega_e K\omega^+} \qquad (4.25)$$

Das Verhalten des PLL gegenüber dem Rauschen ist dadurch gekennzeichnet, daß das Ausgangssignal einen Phasenjitter hat, dessen Varianz gegeben ist durch

$$\overline{\Phi_{0v}^2} = (N/P)(B_L/W) \qquad (4.26)$$

Er ist also umso kleiner, je größer das Signal- zu Rauschverhältnis P/N am Eingang ist und je kleiner die effektive Rauschbandbreite B_L ist. Diese ist definiert durch

$$B_L = 0,5\omega_e (\zeta + \frac{1}{4\zeta}) \qquad (4.27)$$

$$= 0,53\omega_e \quad \text{für } \zeta = 0,7$$

W ist die Bandbreite des Eingangsfilters: dieses wird vor den PLL geschaltet, wenn der PLL z.B. für HF-Trägersynchronisation Verwendung findet. Dadurch wird der Störsignalpegel auf das Minimum beschränkt. W hat mindestens die Größe gemäß der Carson-Formel plus der Frequenzablagen, die durch den Dopplereffekt verursacht werden. B_L sollte natürlich möglichst klein sein, um den Rauscheinfluß zu minimieren. Bei $\zeta = 0,5$ ergäbe dieses ein Minimum. Da es aber sehr flach verläuft, wählt man zweckmäßigerweise $\zeta = 0,7$, da das für die Einschwingvorgänge sehr günstig ist.

Der PLL hat einen beachtlich niedrigen Schwellwert. Er arbeitet in der Regel bis zu einem Störabstand von 6dB, in Sonderfällen sogar bis zu 0 dB.

Ein Bandpaßlimiter, der die Signalamplitude scharf begrenzt und anschließend filtert, wird teilweise am Eingang des PLL vorgeschaltet. Dadurch bleibt der Verstärkungsfaktor des PLL (Gl.4.7) auch bei starken Amplitudenfluktuationen konstant. Der Störabstand $(P/N)_L$ verschlechtert sich aber um den Faktor α gegenüber dem Eingangswert P/N:

$$\alpha = (P/N)[4/\pi + P/N]^{-1}$$

$$(P/N)_L = \alpha P/N \tag{4.28}$$

4.3 Tiefpaßfilter

Da bei der Auslegung von PLL-Schaltungen die Dimensionierung des TP-Filters eine wichtige Rolle spielt, seien einige grundlegende Begriffe und Eigenschaften im folgenden kurz zusammengefaßt.

Die einfachste Form eines TP-Filters zeigt Abb.4.2a. Die zugehörige Übertragungsfunktion ist

$$F_a = u_A/u_E = 1/(1+j\omega\tau) \tag{4.29}$$

mit $\tau = RC$

$$|F_a(j\omega)| = \sqrt{F_a(j\omega)F_a(-j\omega)} = \sqrt{1/(1+\omega^2\tau^2)} \tag{4.30}$$

für $\omega \ll 1/\tau$ ist $F_a \approx 1$, für $\omega\tau = 1$ ist $|F| = 1/\sqrt{2}$ und für

$\omega \gg 1/\tau$ wird $|F_a| = 1/\omega\tau$, d.h.

$$|F_a(j\omega)|^2_{dB} = -20\log_{10}\omega\tau \tag{4.31}$$

Bei Verdoppelung der Frequenz fällt die Ausgangsleistung um 6dB, bei Verzehnfachung um 20dB.

Einen geringen Mehraufwand erfordert das TP-Filter von Abb.4.2b. Hier ist die Übertragungsfunktion

$$F_b(j\omega) = [1 + j\omega\tau_2]/[1 + j\omega(\tau_1+\tau_2)] \qquad (4.32)$$

$$\text{mit } \tau_1 = R_1 C_1, \ \tau_2 = R_2 C_2 \qquad (4.33)$$

$$\text{für } \omega \ll 1/(\tau_1+\tau_2) \text{ ist } F_b \approx 1,$$

$$\text{für } \omega \gg 1/\tau_2 \text{ ist } F_b(j\omega) \approx \tau_2/[\tau_1 + \tau_2], \text{ also}$$

$$|F_b(j\omega)|^2_{dB} = -20\log_{10}[\tau_2/(\tau_1+\tau_2)] \qquad (4.34)$$

F_a beschreibt ein passives Filter mit einem Pol
F_b beschreibt ein passives Filter mit einem Pol und einer Nullstelle.

In beiden Fällen ist der Pol von erster Ordnung, daher die Bezeichnung Filter erster Ordnung (=Grad des Nennerpolynoms). Die entsprechenden aktiven Filter sind in Abb.4.2c und 4.2d bzw. gemeinsam durch Abb. 4.2e dargestellt. Es sei die Eingangsimpedanz des Operationsverstärkers beliebig groß, die Spannungsverstärkung gleich (-V) unabhängig von der Frequenz und seiner Ausgangsimpedanz Null. Dann gilt

$$u_E - iR_1 = u_X; \ u_X V = -u_A; \ u_E - i(R_1+Z) = -u_A$$

$$i = (u_E+u_A)/(R_1+Z) \ ; \ u_E = -(u_A/V) + R_1(u_E+u_A)/(R_1+Z)$$

$$u_A/u_E = [Z/(R_1+Z)]/[R_1/(R_1+Z) - 1/V]$$

$$V \to \infty;$$

$$u_A/u_E = Z/R_1 \qquad (4.35)$$

Im Fall c ist Z = 1/jωC, also

$$F_c(j\omega) = 1/j\omega\tau_1 \qquad (4.36)$$

Im Fall d ist Z=1/[jωC+R_2], also

$$F_d = (1+j\omega\tau_2)/j\omega\tau_1 \qquad (4.37)$$

Die vier Tiefpässe a bis d lassen sich also darstellen durch eine Übertragungsfunktion

$$F(j\omega) = (a + b(j\omega))/[c + d(j\omega)] \qquad (4.38)$$

Sie werden bevorzugt bei PLL-Schaltungen angewandt und ergeben zusammen mit dem VCO die PLL's zweiter Ordnung. Gelegentlich werden aber auch PLL's dritter Ordnung eingeführt. Für sie sind Tiefpässe zweiter Ordnung, also mit Übertragungsfunktionen der allgemeinen Form

$$F(j\omega) = [a + b(j\omega) - c\omega^2]/[c + d(j\omega) - d\omega^2] \qquad (4.39)$$

notwendig; a bis d $\cdots$ Konstanten.

Mit Hilfe eines Tief- oder Bandpasses läßt sich auch der Begriff der effektiven Rauschbandbreite erklären. Ein idealisiertes Filter der Bandbreite B läßt Frequenzen innerhalb dieses Durchlaßbereichs ungedämpft durch und sperrt andere Frequenzen vollkommen. Ist das Eingangssignal vom Charakter eines weißen Rauschens mit der spektralen Rauschleistungsdichte N_{01}, wird das Ausgangsrauschen die Leistung

$$N_1 = N_{01} B \qquad (4.40)$$

liefern.

Hat das Filter aber eine Übertragungsfunktion $F(j\omega)$ gemäß Gl.4.40, ist das Ausgangsrauschspektrum nicht mehr rechteckförmig, sondern bei Bandpaßfilterung z.B. glockenförmig und die entsprechende Rauschleistung

$$N_2 = \int_0^\infty N_0 |F|^2 df \qquad (4.41)$$

Die Rauschleistungsdichte am Ausgang wird bei $f=f_0$ den Wert

$$N_0 = N_{01} |F(f_0)|^2 \qquad (4.42)$$

haben. Soll nur für das ideale Filter bei dieser Frequenz am Ausgang dieselbe Spektraldichte herrschen, muß $N_{01} = N_0/|F(f_0)|^2$ sein. Für gleiche Rauschleistung am Ausgang, also $N_1 = N_2$

$$B_{eff} = (1/|F(f_0)|^2) \int_0^\infty |F(f)|^2 df \qquad (4.43)$$

Damit ist die effektive Rauschbandbreite definiert. Sie gibt an, wie groß die Bandbreite des idealisierten Filters sein muß, um dieselbe Rauschleistung am Ausgang zu liefern wie ein reales Filter, wenn beide am Eingang weißes Rauschen eingespeist erhalten. Diese Bandbreite kann wesentlich größer sein als die übliche 3-dB-Bandbreite. f_0 wird normalerweise die Mittenfrequenz des Bandpasses bzw. die Nullfrequenz des Tiefpasses sein.

4.4 Anwendungsformen

Das Grundschema des PLL kann nun für die verschiedensten Bedarfsfälle angewandt werden. Die folgende Übersicht soll zeigen, daß der PLL vor allem in Gemeinschaft mit Frequenzteilern (Untersetzern) ein sehr universelles Gerät zum phasenkohärenten Empfang und zur Frequenzsynthese darstellt.

4.4.1 PLL mit Untersetzer

Es gibt zwei Möglichkeiten, den PLL auf Vielfachen der Eingangs-Frequenz phasenkohärent schwingen zu lassen. Die eine davon stimmt den PLL auf die gewünschte Harmonische des Eingangssignals ab; dieses selbst kann vorab, ehe es dem PLL angeboten wird, entsprechend verzerrt werden, damit es möglichst starke Oberwellen-Komponenten erhält. Aber auch der Phasendetektor selbst ist ein nichtlineares Glied, das u.a. auch Oberwellen liefert. Für praktische Anwendungen wird man diese Methode z.B. bis etwa zur zehnten Harmonischen anwenden können. Wesentlich allgemeiner nutzbar ist die andere Methode; Abb.4.6. Hier ist zwischen VCO und Phasendetektor M ein Untersetzer geschaltet, der die Ausgangsfrequenz des VCO im Verhältnis 1:N teilt. In M wird somit das Eingangssignal mit einem Signal verglichen, das in der Frequenz um den Faktor N kleiner ist als das Ausgangssignal des VCO. Der Vergleich liefert nach der TP-Filterung das Eingangssignal des VCO. Dadurch wird dieser so in Phase und Frequenz gesteuert, daß deren Werte, durch den Faktor N geteilt, direkt bzw. bis auf 90° mit denen des Eingangssignals gleich sind. Mit anderen Worten: Das Ausgangssignal des VCO ist in der Frequenz um den Faktor N höher und hat eine eindeutige Phasenlage. Ihr Wert muß bei Teilung durch N den Phasenwinkel 90° ergeben; letzterer muß beim PLL als Phasenverschiebung zwischen Eingangs- und VCO-Signal normalerweise vorhanden sein. Verwendet man einen programmierbaren Teiler, läßt sich der Faktor N bedarfsweise sehr einfach ändern. Mit einem zweiten Teiler N_1, der außerhalb des Regelkreises angeschaltet ist, kann nun das Frequenzverhältnis N/N_1 gegenüber dem Eingangssignal gewonnen werden.

4.4.2 Lange Regelschleife

Man kann aber auch in mehreren Regelschleifen die Methode des PLL gleichzeitig einsetzen, wie dies etwa typisch ist für den kohärenten S-Band-Transponder bei interplanetaren Missionen; darüber wird noch im Abschnitt 5.2.2 zu reden sein. Das Prinzip ist in Abb. 4.7 dargestellt. Es wird zunächst phasenkohärent auf eine 1. ZF (u.B. 100 MHz) umgesetzt, dann auf eine 2. ZF (z.B. 20 MHz), ehe schließlich der VCO (z.B. 100 KHz)

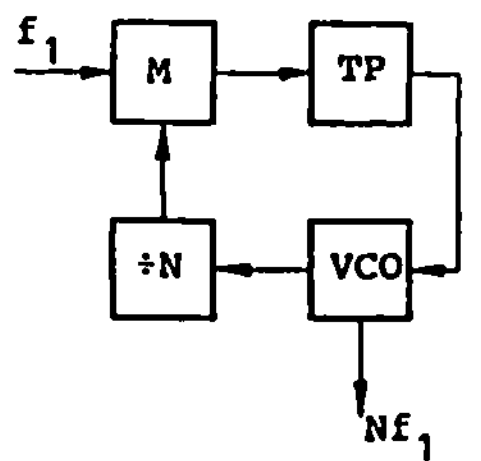

Abb. 4.6 PLL mit Teiler

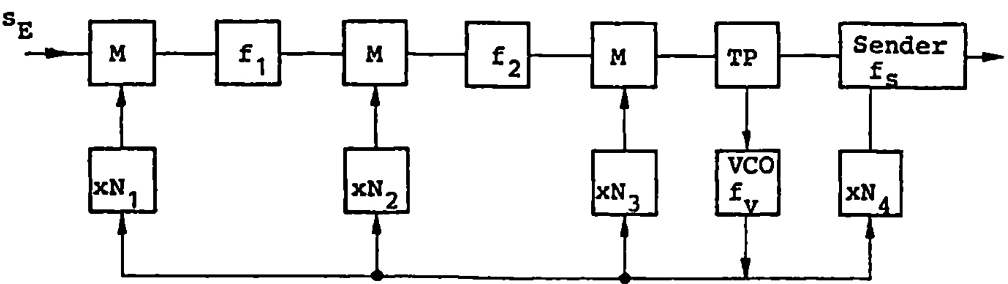

Abb. 4.7 Vollkohärenter Transponder; "lange Regelschleife"

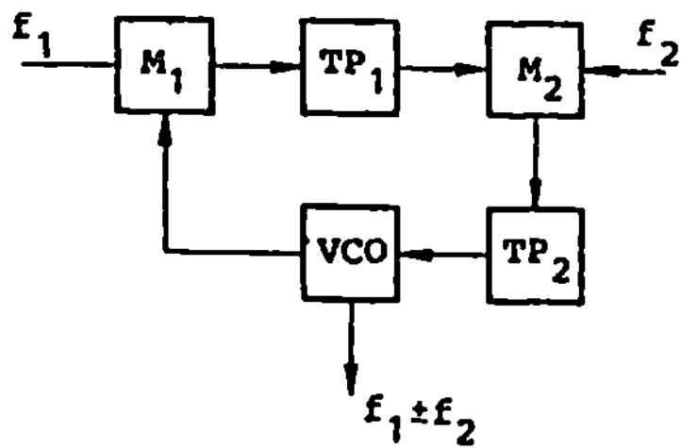

Abb. 4.8 Frequenztranslation

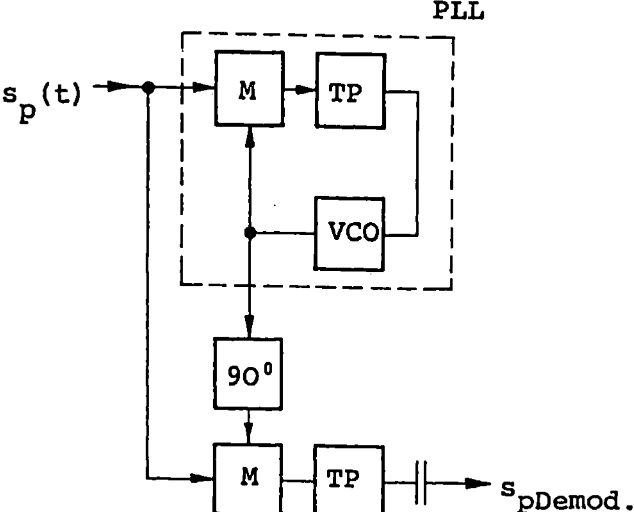

Abb. 4.9 Phasenkohärente Demodulation

selbst geregelt wird. Die Ausgangsfrequenz des VCO wird dann vervielfacht (z.B. um den Faktor 240), so daß für die Sendeseite des Transponders die Empfangsfrequenz phasenkohärent, aber (z.B. um den Faktor 230/240) herabgesetzt zur Verfügung steht.

4.4.3 Frequenztranslation

Eine weitere Anwendung des PLL ist in Abb.4.8 dargestellt. Hier wird mit einem quarzstabilen Oszillator die höhere Frequenz f_1 erzeugt, während die zweite Oszillatorfrequenz f_2 von einem VCO_2 stammt. Das Steuersignal des VCO_1 ist proportional zur Phasendifferenz zwischen der Frequenz des VCO_1 und derjenigen der Differenz- oder Summenfrequenz von Quarz- und VCO_2-Signal. Es wird die Mittenfrequenz des VCO_2 etwas höher gewählt als f_1 und die Differenzfrequenz unterdrückt und der VCO_1 schwingt auf $f_1 + f_2$. Wenn f_2 sehr klein gegenüber f_1 ist, wird die Summenfrequenz im wesentlichen die hohe Stabilität der Quarzfrequenz aufweisen. Die Drift des VCO_2 macht sich nur mit dem Faktor f_2/f_1 bemerkbar. Ist der VCO_2 frequenzmoduliert, kann auf diese Weise ein sehr stabiles FM-HF-Signal erzeugt werden.

Dieses Verfahren kann generell dazu dienen, eine Linearkombination von zwei Frequenzen zu erzeugen. Zu diesem Zweck sind dann die Frequenzen f_1 und f_2 um die gewünschten Faktoren herunterzuteilen bzw. zu vervielfachen, nämlich auf $f_1 \cdot n_1/m_1$ bzw. $f_2 \cdot n_2/m_2$, ehe sie in die Eingänge der Abb.4.8 eingespeist werden.

4.4.4 PLL als Demodulator

Den PLL kann man für verschiedene Demodulationsverfahren verwenden. Der *phasenkohärenten AM-Demodulator*, dessen Funktionsweise in Abschnitt 3.1.1.1 besprochen wurde, ist in Abb. 4.9 dargestellt. Es ist zu beachten, daß ein 90°-Phasenverschieber erforderlich ist, weil beim PLL die Ausgangsspannung des VCO gegenüber der Eingangsspannung um 90° in der Phase verläuft.

Die *FM-Demodulation* geschieht beim PLL automatisch: Man erhält das demodulierte Signal direkt am VCO-Eingang. Die Steuerspannung des VCO muß dafür sorgen, daß der VCO bei einem FM-Eingangssignal den Frequenzänderungen folgt. Sie ist daher proportional zur modierenden Signalspannung. Genauer: Sie vollzieht noch einmal empfängerseitig denselben Vorgang, der beim Sender durch den Modulator geschieht. Der PLL-Demodulator ist in seiner Linearität nur davon abhängig, wie linear der VCO arbeitet. Vorausgesetzt wird allerdings beim FM-Demodulator, daß der Tiefpaß so ausgelegt ist, daß die Modulationsfrequenzen des FM-Signals diesen ungedämpft passieren können. Will man hingegen den PLL auf die Trägerfrequenz selbst nachregeln, ihn also nicht als FM-Demodulator betreiben, muß die Grenzfrequenz so niedrig sein, daß die

Modulationsfrequenzen weggedämpft werden.

Für die *Phasendemodulation* gibt es zwei Möglichkeiten: Entweder man schaltet dem PLL-FM-Demodulator noch einen Integrator nach, dann erhält man eine nichtkohärente Phasendemodulation, oder man kann stattdessen das VCO-Signal eines auf die Trägerfrequenz abgestimmten PLL in einem Phasendetektor mit dem PM-Signal multiplizieren und anschließend filtern. Diese Schaltung entspricht derjenigen von Abb.4.9, aber ohne Phasenschieber. Dadurch wird eine phasenkohärente PM- Demodulation möglich.

4.4.5 Zusatzeinrichtungen für den Fangvorgang

Es gibt zwei sich widersprechende Anforderungen beim PLL. Einerseits soll die Bandbreite möglichst klein gemacht werden, um Störsignale weitgehend auszuschalten. Andererseits soll sie aber auch groß sein, um das Empfangssignal in einem weiten Frequenzbereich aufzufassen. Mit Hilfe von Zusatzeinrichtungen kann man beiden Anforderungen aber gerecht werden.

Eine solche Möglichkeit bietet die Wobbeltechnik. Hier kann der VCO in seiner Frequenz auch noch über einen zweiten Eingang gesteuert werden; Abb. 4.10. Es wird eine Sägezahnspannung angelegt, die durch einen RC-Integrator erzeugt wird. Die hierdurch verursachte Änderung der VCO-Frequenz muß allerdings genügend langsam vonstatten gehen: $d\omega_v/dt < \omega_e^2$. Dann besteht die Möglichkeit, daß der PLL auf die Eingangsfrequenz einrasten kann, sobald ω_v in die Nähe von ω_E kommt. Wenn dies zutrifft, muß der momentane Wert der Sägezahnspannung gehalten werden. Dies kann dadurch geschehen, daß dann die Eingangsspannung des Integrators abgeschaltet wird. Die Messung, ob der PLL eingerastet, und die entsprechende Steuerung des Integrators erfolgt mit Hilfe des In-Lock-Detektors; Abb. 4.11. Dieser erhält für seinen Phasendetektor M_1 das VCO-Signal u_v einerseits und das um 90° verschobene Eingangssignal u_E andererseits. Am Ausgang des Tiefpasses TP1 entsteht eine zusätzliche positive Gleichspannung, sobald die Differenzfrequenz Null wird und Phasensynchronismus herrscht. Ein Schmitt-Trigger ST wird zur Steuerung des Integrators verwendet.

Eine zweite Möglichkeit zur Steuerung des Einfangvorganges bietet die Umschaltung der Eigenfrequenz ω_e. Der Wert R_1 des Tiefpaßfilters wird hierbei in der Acquisitionsphase klein und in der Betriebsphase des PLL groß gewählt. Kleines R_1 bedeutet nach Gln.4.16 und 4.17 großes ω_e und somit großen Fangbereich, allerdings auch starkes Rauschen. Der PLL wird daher einrasten, aber sehr instabil sein. Daher muß sofort auf den großen R_1-Wert umgeschaltet werden, sobald Synchronisation erreicht ist. Dies kann wiederum mit Hilfe des In-Lock-Detektors von Abb. 4.11 geschehen.

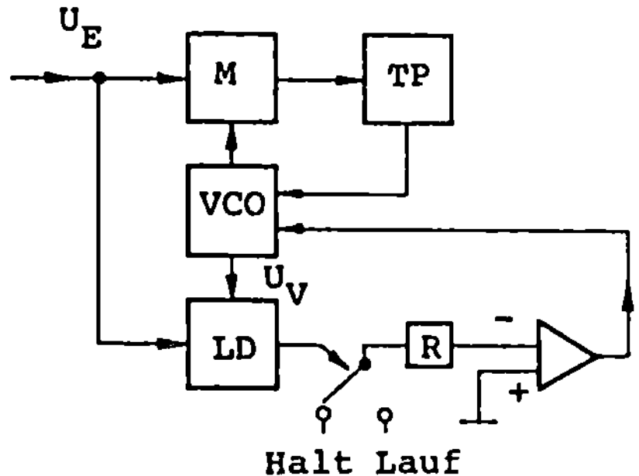

Abb. 4.10 Fangvorrichtung für PLL

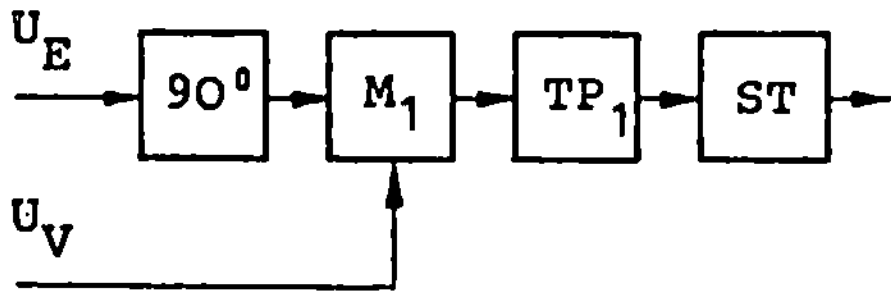

Abb. 4.11 In-Lock-Detektor

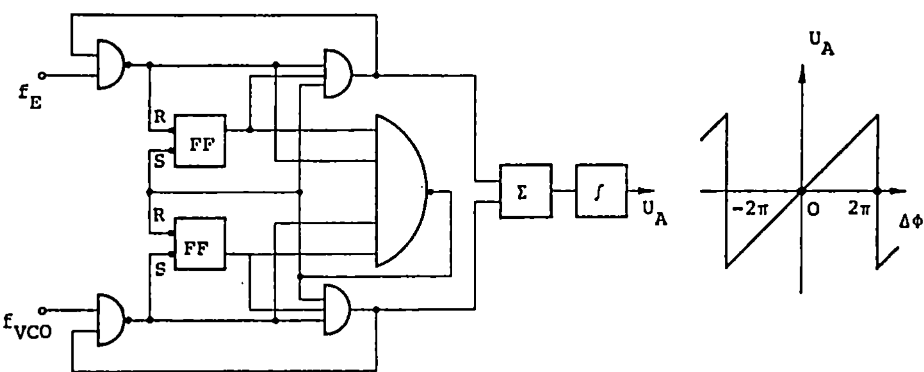

Abb. 4.12 Digitaler Phasendetektor

4.5 Der Hybride PLL

In den bisherigen Betrachtungen wurde der Phasendemodulator als Multiplikator vorausgesetzt. Diese Schaltungsart hat den Vorteil, daß sie auch bei stark verrauschten Ein-
gangssignalen ausgezeichnet funktioniert. Sie hat aber den Nachteil, daß das lineare
Steuersignal für den VCO nur für Phasendifferenzen bis etwa 30° gewonnen werden
kann und daß nur bis 90° Phasendifferenz die Funktionsweise von Prinzip her gewährleistet ist.

Es gibt auch noch andere Phasenmodulatorschaltungen, von denen ein Typ besprochen
werden soll. Es handelt sich um einen digitalen Phasendetektor. Hier wird vorausgesetzt, daß sowohl die Eingangsspannung u_E als auch die VCO-Spannung u_v Rechtecksignale liefern. Die üblichen VCO liefern meist ohnehin solche Rechtecksignale; dies
hat auf die Wirkungsweise der Originalschaltung keinen wesentlichen Einfluß und wurde daher bisher gar nicht erwähnt. Sinusförmige Eingangssignale müßten für den jetzt
vorliegenden Fall noch begrenzt werden.

Die Prinzipschaltung und die Funktionsweise des digitalen Phasendetektors gehen aus
Abb.4.12 hervor. Es ist bezeichnend, daß über den gesamten Phasenbereich von -360°
bis +360° ein linearer Zusammenhang zwischen der Ausgangsspannung und der Ein-
gangsphasendifferenz gewährleistet ist. Daher fallen die Beschränkungen fort: Der
Ziehbereich und der Haltebereich werden hier beliebig groß. Vorausgesetzt wird allerdings, daß ein aktives Tiefpaßfilter Verwendung findet. Ein Einfacher digitaller Phasendetektor ist im Abb.4.13 angegeben.

4.6 Der digitale PLL

Das Blockschaltbild des PLL ist in Abb.4.14 dargestellt. Er besteht aus einem Phasendetektor M, der in diesem Fall wie alle anderen Funktionseinheiten rein digital arbeitet,
ferner aus einem Number Controlled Oscillator (NCO), der die Funktion des VCO
übernimmt sowie einer Reihe von Einheiten, die den digitalen Tiefpaß realisieren.
Außerdem ist ein Steuertakt erforderlich, der aus der NCO-Frequenz durch den Teiler
Q gewonnen wird.

4.6.1 Number Controlled Oscillator

Der NCO hat die Aufgabe, eine Frequenz zu erzeugen, die durch eine digitale Regel-
information gesteuert werden kann. Ein digitaler Regelwert Δ soll eine Phasenänderung

a) Flipflop

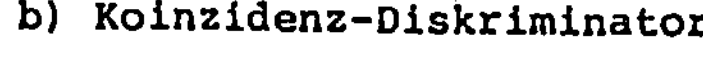

Steuern des Flipflop mit
positiven Flanken

b) Koinzidenz-Diskriminator

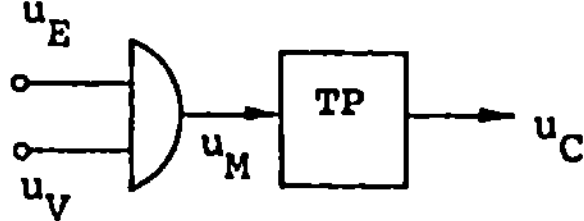
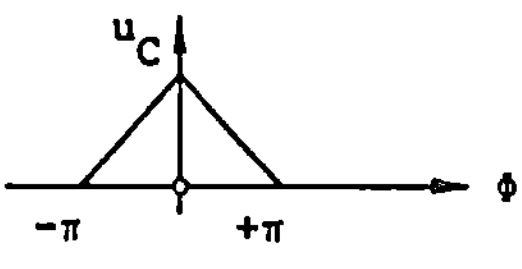

c) Abtast-Diskriminator

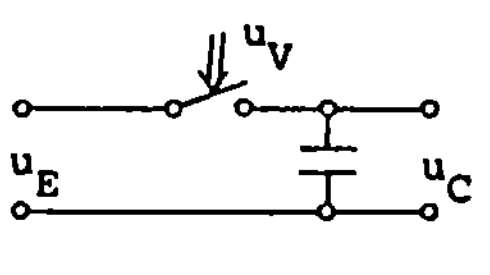
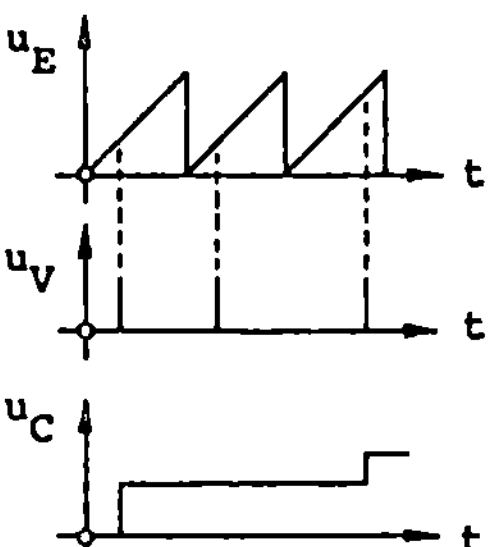

Als Eingangs-
spannung ist hier
eine Sägezahn-
spannung zweck-
mäßig

Abb. 4.13 Einfache digitale Phasendetektor

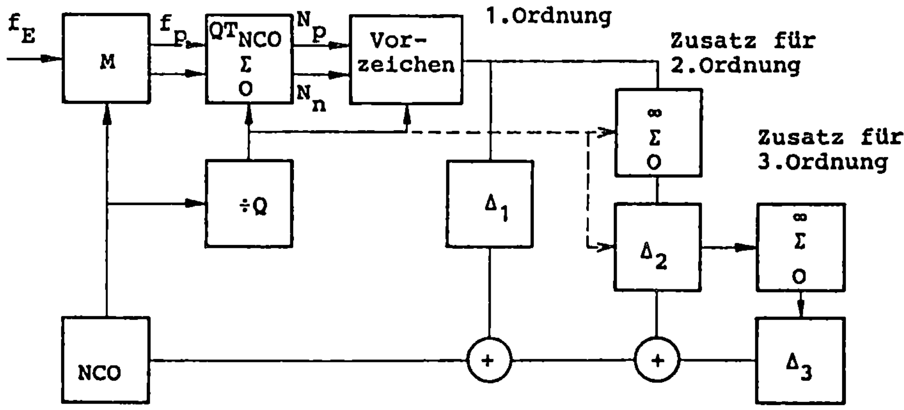

Abb. 4.14 Digitaler PLL

$2\pi\Delta$ bewirken. Zu seiner Realisierung benötigt man neben dem Taktgeber mit der Frequenz f_c auch einen programmierbaren Teiler. Er wird mit einer Binärzahl S geladen und zählt von dieser ausgehend bis zu einer eingestellten Zahl Z mit der Frequenz des Taktgebers hoch. Die Frequenz f_c wird daher um den Faktor (Z-S) heruntergeteilt. Somit wird die Ausgangsfrequenz des NCO

$$f_v = f_c/(Z-S) \tag{4.44}$$

Funktionsweise des DPLL

Die Eingangsfrequenz wird mit der Frequenz des NCO gemäß Abb.4.14 einmal pro Periode verglichen. Am Ausgang des Phasendetektors wid eine Fehlerinformation "voreilend" (V) oder "nacheilend" (N) gewonnen, wie in Abb. 4.12 bereits gezeigt. Diese Informationen werden getrennt über Q Perioden aufsummiert und gespeichert. Nach Q Perioden werden die Speicherinhalte abgefragt. Aus der Differenz wird ein Steuersignal für den NCO gewonnen. Beim DPLL erster Ordnung benutzt man nur die Summe N_1 der Differenzen Δ_1, beim DPLL zweiter Ordnung verwendet man zusätzlich noch die Summe N_2 aller Differenzen und beim DPLL dritter Ordnung werden auch die summierten Fehler noch einmal summiert, N_3. Diese Summationen entsprechen einer Integration bzw. doppelten Integration im analogen PLL-Tiefpaß. Die drei Regelzahlen N_1, N_2 und N_3 werden mit den Faktoren Δ_1, Δ_2 und Δ_3 gewichtet, und ergeben dann eine Korrekturzahl Δ, um die der Setzwert S verändert werden soll.

$$\Delta = \pm\Delta_1 N_1 + \Delta_2 N_2 + \Delta_3 N_3 \tag{4.45}$$

Beträgt das kleinste Inkrement z.B. 1/512, kann die NCO-Phase um $2\pi/512 = 0{,}703°$ korrigiert werden. Damit ist ein Quantisierungsrauschen (Quantisierungsjitter) verbunden. Kleinere Inkremente würden zu kleinerem Jitter führen, verschlechtern aber das dynamische Verhalten. In manchen Fällen wird man die Inkremente sogar erheblich größer machen.

4.6.2 Vergleich des DPLL mit dem PLL

Beim PLL treten im Vergleich zum DPLL eine Reihe von Nachteilen in Erscheinung: Der Multiplizierer ist empfindlich gegen Gleichspannungsdrift und Eingangsoffset. Der analoge VCO ist nur beschränkt linear und kann relativ leicht bei verrauschten Signalen gesättigt werden. Durch Streukapazitäten können Instabilitäten auftreten, weshalb man auch nur selten PLL's höherer Ordnung realisiert. Demgegenüber ist der DPLL unempfindlich gegen Pegelschwankungen, hat keine Drift, benötigt keinen Abgleich, ermöglicht flexiblen Entwurf und bietet hohe Linearität für FM-Demodulation. Der rein digitale Aufbau ist außerdem besonders in Hinblick auf die IC-Technik und die Zuverlässigkeit von großem Vorteil. Allerdings sind auch einige Nachteile in Kauf zu nehmen. Neben dem Quantisierungsfehler ist es vor allem der beschränktere Frequenzbereich.

4.6.3 Rein digitale Regelschaltung

Die Gleichungen der Regelschaltungen lassen sich natürlich in ihrer mathematischen Form auch im Rechner direkt programmieren. Man muß zu diesem Zweck nur die Eingangssignale sofort in Digitalsignale umwandeln und als Abtastwerte behandeln- Selbst der NCO ist dann nicht mehr nötig, da entsprechende Zahlenwerte des cos- und sin der Trägerfrequenz genutzt werden können. Die komplexen Multiplikationen und Korrelationen sowie Filterprozesse sind dann "übliche" Prozesse. Der Vorteil liegt auf der Hand, der Nachteil einer solchen rein digitalen Schaltung liegt darin, daß in der Geschwindigkeit (noch) Grenzen gesetzt sind, die wesentlich niedriger liegen wie bei der Hardware.

4.7 PSK-Trägersynchronisation

Wir haben bisher die Regenerierung des unmodulierten Trägerfrequenzsignals mittels PLL behandelt. In vielen praktisch interessierenden Fällen ist aber das Trägerfrequenzsignal und/oder auch dessen Unterträgerfrequenzsignal PSK- moduliert, um möglichst die gesamte Energie auch in die Modulation zu transformieren. Dann aber fehlt ein spektraler Anteil in der Trägerfrequenz bzw. Unterträgerfrequenz. Um diese Komponenten wieder verfügbar zu erhalten (z.B. für die Dopplerfrequenzmessung oder für die Signaldetektion), müssen abgewandelte Schaltungen des PLL verwendet werden. Im wesentlichen gibt es drei Alternativen, die funktionell gleiches leisten, aber schaltungstechnisch unterschiedlich sind, nämlich die Quadrierschleife, die Costas- Schleife und die Entscheidungs-Rückkopplungsschleife.

Um deren Funktionsweisen zu verstehen sei noch einmal auf die Gl. 3.5 hingewiesen. Demnach gilt für die binäre PM

$$s_p(t) = A\cos[\omega_T t + x(t)\Delta\Phi]$$

wobei $x(t)$ ist Codesignal (null oder Eins). Für PSK ist $\Delta\Phi = 180°$, sodaß man auch schreiben kann

$$s_p(t) = \pm A\cos\omega_T t$$

Es wird also nur der Faktor A im Vorzeichen gewechselt. Wird dieser Vorgang rückgängig gemacht, dann haben wir wiederum die Trägerfrequenz selbst in irgendeiner Form verfügbar.

4.7.1 Quadrierschleife (Squaring Loop)

Dieses Verfahren ist relativ einfach, erfordert aber ein Bandfilter; Abb. 4.15. Das Empfangssignal wird quadriert und anschließend gefiltert. Auf diese Weise wird der Modulationsinhalt entfernt und die doppelte Trägerfrequenz gewonnen. Denn es gilt, falls das PSK- Unterträgersignal die Werte $\pm\sin\omega_{UT}t$ annehmen kann

$$(\pm\sin\omega_{UT}t)^2 = \sin^2\omega_{UT}t = 0,5(1-\cos2\omega_{UT}t) \tag{4.46}$$

Auf diese doppelte Frequenz des (Unter-)Trägersignals ist der PLL ausgelegt und rastet somit darauf ein. Die Ausgangsfrequenz des VCO wird verdoppelt, der VCO selbst schwingt daher auf der Nominalfrequenz.

4.7.2 Costas-Schleife

Diese benötigt zusätzlich einen Multiplizierer, bietet aber auch noch das demodulierte Signal. Gemäß Abb.4.16 wird das Eingangssignal zwei Phasendetektoren zugeführt. Der eine nutzt das VCO-Ausgangssignal direkt als Referenzphase, der andere ein dagegen um 90° in der Phase verschobenes. Nach TP-Filterung werden die Ausgangssignale der beiden Phasendetektoren miteinander multipliziert. Nach einer TP-Filterung liefert dieses Produkt das Steuersignal des VCO. Quadrier-Schleife und Costas-Schleife zeigen gleiches Rauschverhalten und haben dieselben Synchronisiereigenschaften.

Eine modifizierte Form der Costas- Schleife wird unter der Bezeichnung "hardlimited loop" oder "polarity loop" in der Literatur beschrieben. Hier wird im I- Kanal von Abb. 4.16 noch ein Begrenzer zwischen TP- Filter und Multiplizierer geschaltet.

4.7.3 Entscheidungs-Rückkopplungsschleife (Decision-Feedback Loop)

Diese dritte Lösung ist in Abb.4.17 dargestellt. Auch hier erfolgt wie bei Abb.4.16 zunächst eine Phasendemodulation des Eingangssignals mit Hilfe des VCO-Signals. Dann aber wird im oberen Signalweg eine Verzögerung um einen Bittakt eingeführt, ehe zusammen mit dem Signal des unteren Detektors eine Multiplikation und Tiefpaßfilterung erfolgt. Der Theorie nach ist diese Schaltung den beiden erstgenannten im Rausch- und Synchronisationsverhalten überlegen.

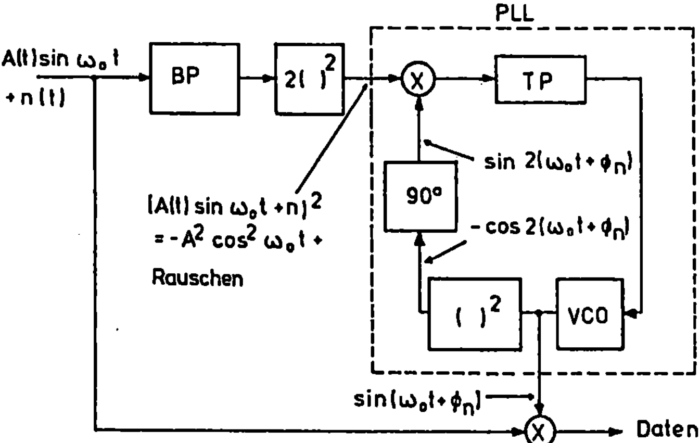

Abb. 4.15 Quadrierschleife

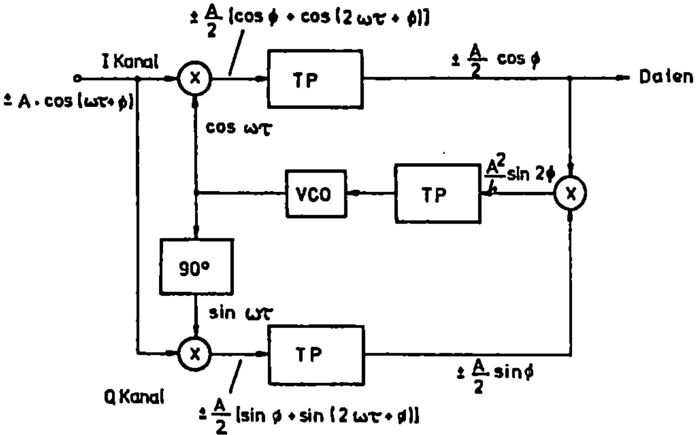

Abb. 4.16 Costas-Schleife

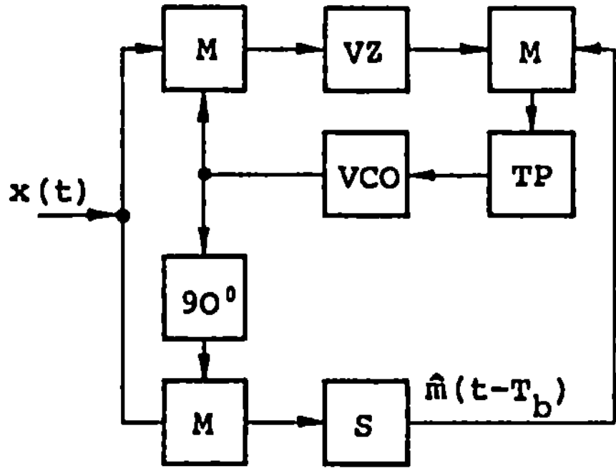

VZ   Verzögerung um T_b

S   Schätzwertbildung für Modulationssignal m durch
        Rückstellintegrator und darauffolgenden Limiter

Abb. 4.17 Entscheidungs-Rückkopplungsschleife

4.7.4 Trägerfrequenzrückgewinnung bei Mehrphasen-PSK

Auch im Falle von Mehrphasen-PSK kann das unterdrückte Trägerfrequenzsignal wiedergewonnen werden. Dazu sind die im vorhergehenden Abschnitt beschriebenen Verfahren nur konsequent zu verallgemeinern.

Wurde bei $n=2$ möglichen Phasenzuständen in der Quadrierschleife die zweite Potenz des Eingangssignals erzeugt und nach Tiefpaßfilterung durch $n=2$ dividiert, so gilt nun entsprechend Abb.4.18 für ein beliebiges n allgemeiner: Man erzeuge vom Eingangssignal die n-te Potenz und dividiere das tiefpaßgefilterte Ergebnis durch n. Durch ein nachgeschaltetes Phasenschieber-Netzwerk erhält man dann die n möglichen Referenzphasen. Der Spezialfall für QPSK ist in Abb. 4.19 angegeben.

Beim n-Phasen-Costas-Loop sind nun n verschiedene Multiplikationen des Eingangssignals parallel erforderlich. Die $i=1 \ldots n$ Referenzsignale ergeben sich durch die Phasenverschiebung um $180° \, i/n$ aus dem VCO-Signal; Abb. 4.20.

4.8 Bitsynchronisation

Anhand von Abb.4.21 sei noch einmal kurz die Synchronisationsanforderung skizziert. Nach der Regenerierung des Trägerfrequenzsignals folgt die Regenerierung des Unterträgerfrequenzsignals, , falls eine UT- Modulation angewandt wird. In beiden Fällen wird ein PLL angewandt, der auf die Trägerfrequenz bzw. die Unterträgerfrequenz synchronisiert ist. Wenn es sich um PSK handelt, müssen die oben erwähnten Verfahren des Squaring Loops etc. Anwendung finden; die Schätzfunktion ist mit $180°$ mehrdeutig. Daher können die verrauschten PCM-Datensignale, die bei der anschließenden kohärenten Daten-Demodulation gewonnen werden, auch nur zweideutig sein. Man kann lediglich feststellen, welche Zeichen in die eine Art und welche in die andere gehören, aber noch nicht, welche davon der binären 0 bzw. 1 entspricht. Dies läßt sich aber anschließend durch den Dateninhalt feststellen und notfalls durch Zeichenumkehr (0/1 Tausch) korrigieren.

Nun muß aus dem verrauschten Datenstrom der Bittakt und der Dateninhalt (Detektion) gewonnen werden. Über die Detektion wurde bereits im Abschnitt 3.5.4 gesprochen. Hier interessiert die Bittaktgewinnung.

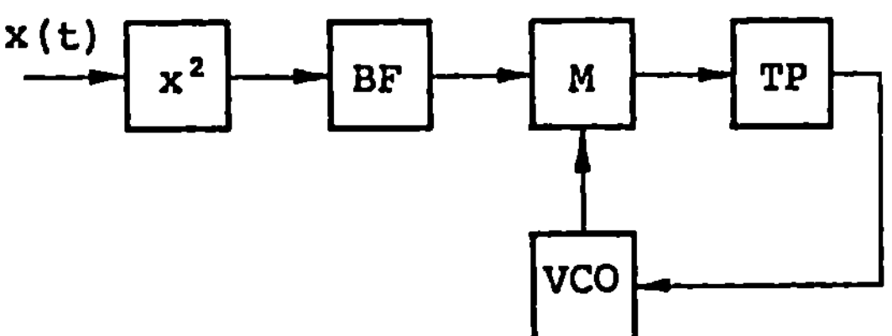

Abb. 4.18 Mehrphasen-PSK-Trägerfrequenzrückgewinnung

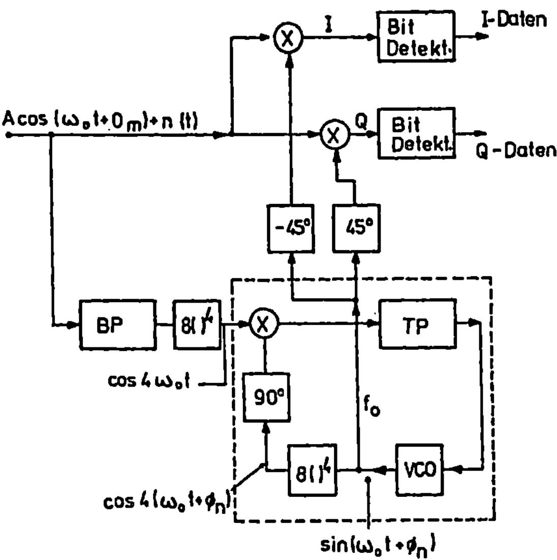

Abb. 4.19 QPSK-Costas-Schleife

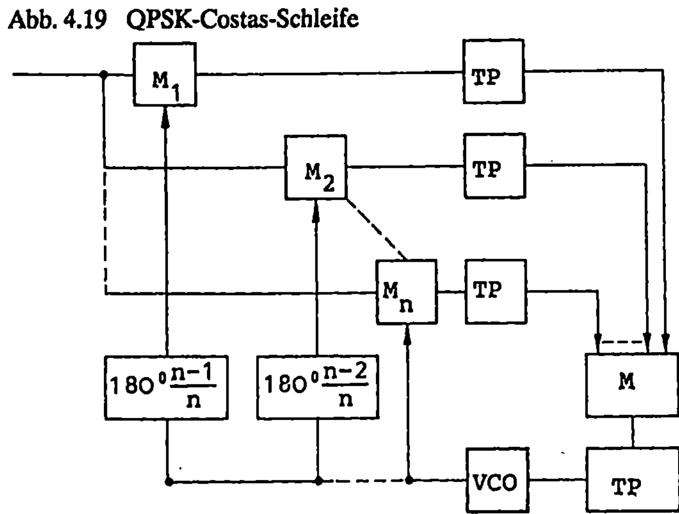

Abb. 4.20 n-Phasen-Costas-Schleife

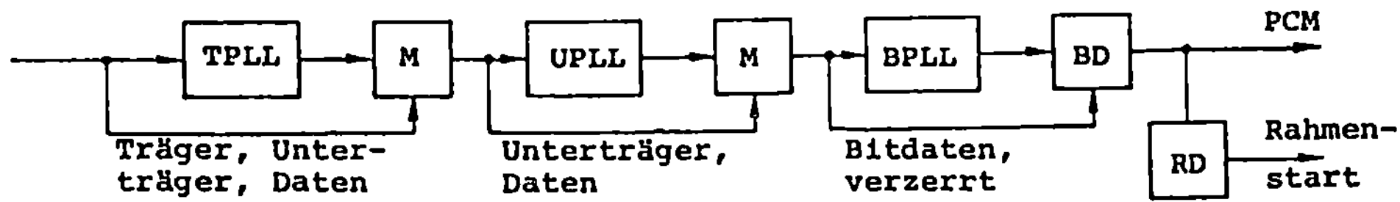

PLL: TPLL   Trägerfrequenz   UPLL   Unterträgerfrequenz
       BPLL   Bitraten
BD: Bitdetektor   RD: Rahmendetektion

Abb. 4.21 Synchronisationsaufgaben

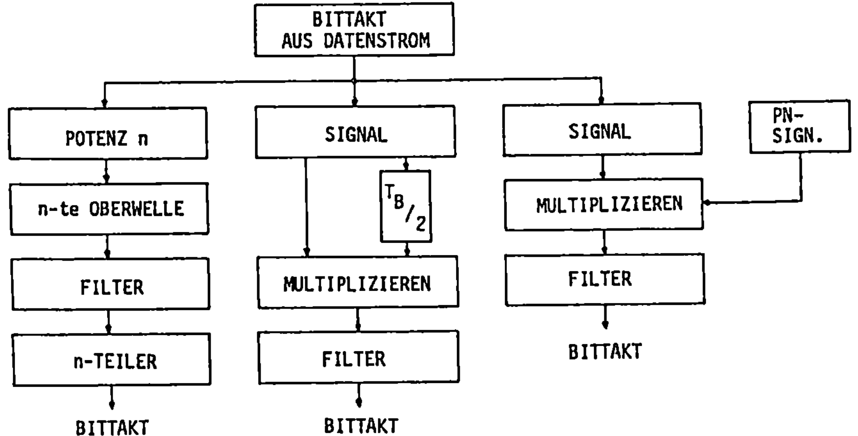

Abb. 4.22 Bittaktgewinnung bei gering verrauschten Signalen

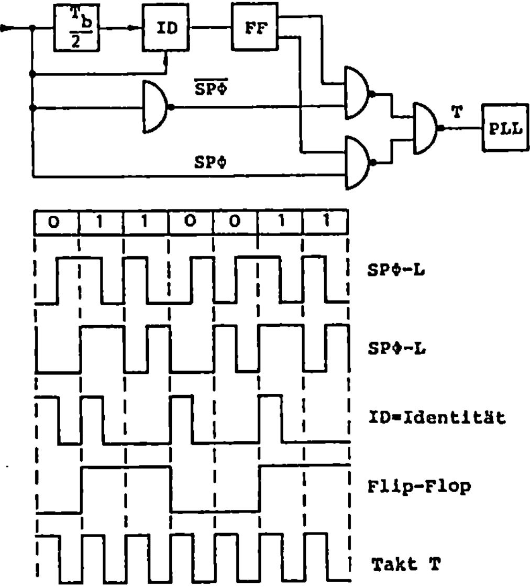

Abb. 4.23 Spezielles Splitphase-L-Format

4.8.1 Ein- und Zweikanalverfahren

Aus dem verrauschten Empfangssignal kann mit 3 verschiedenen Methoden der Bittakt gewonnen werden. Leicht zu verstehen ist das Zweikanalverfahren, bei dem eine Harmonische des Unterträgertaktes getrennt übertragen und empfängerseitig empfangen wird. Man kann diese Oberwelle der Bitrate aus dem Datensignal herausfiltern, auf die ein PLL abgestimmt wird. Dafür benutzt man z.B. den vierfachen Bittakt. Es ist offensichtlich, daß dafür eine wenn auch relativ gerine Zusatzleistung aufzubringen ist und zusätzliche Bandbreite erforderlich wird. Das Verfahren kann im Zusammenhang mit der Rangingaufgabe interessant sein. Wir beschränken uns daher im folgenden auf den Einkanalbetrieb. Hier sollen die Synchronisationsdaten direkt aus den PCM-Signalen abgeleitet werden.

4.8.2 Gewinnung des Bittaktes im Einkanalverfahren

Es ist zweckmäßiger, statt des eben erwähnten "Zweikanalverfahrens" das "Einkanalverfahren" zu nutzen. Dafür gibt es drei verschiedenen Verfahren, die in Abb. 4.22 dargestellt sind. Beim ersten nutzt man eine Oberwelle der Bitrate, die man sich durch Signalverzerrung erzeugt. Günstiger ist es, ein anderes Verfahren zu wählen, das auf einem Vergleich von direktem Datensignal mit dem um eine halbe Bitzeit verzögerten beruht. In der angelsächsischen Literatur spricht man dann vom "Delay and Multiply"-Verfahren. Dabei können zunächst die Signalübergänge festgestellt werden, um daraus ein Taktsignal zu gewinnen. Abb.4.23 zeigt eine spezielle Schaltung für den Fall, daß das Signal im Splitphase-L-Format vorliegt. Die Signaldifferenz steuert z.B. einen Flip-Flop, der dann - je nach seiner Stellung - das PCM-Signal direkt oder das Komplement davon durchschaltet. Dadurch wird der Takt direkt gewonnen, der im allgemeinen allerdings noch verrauscht sein dürfte. Man verwendet ihn daher nur zum Steuern eines PLL, der dann die regenerierte Bitrate liefert. Um nun noch festzustellen, wann die Bitperiode beginnt, nutzt man die Tatsache, daß beim Splitphase-L die Pegelsprünge in der Mitte der Bitperiode stets, diejenigen am Anfang abhängig von der Datenfolge und daher im Mittel seltener auftreten.

Das Delay and Multiply- Verfahren hat den Nachteil, daß es bei stark verrauschten Verfahren nur bedingt einsetzbar ist. Denn hier wird das verrauschte Signal mit sich selbst multipliziert. Das führt natürlich zu einer weiteren Verschlechterung des Rauschabstandes.

Besser geeignet sind dann Verfahren, bei denen ein mittlerer Signalvergleich durchgeführt wird. In diesem Fall erfolgt eine Integration über ein längeres Zeitintervall des

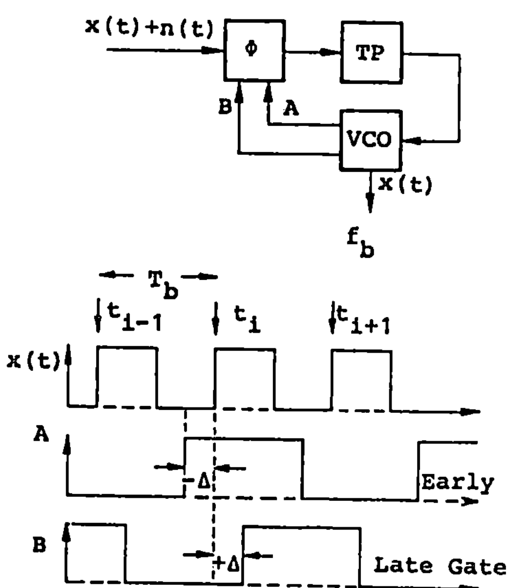

Abb. 4.24 Early-Late-Gate

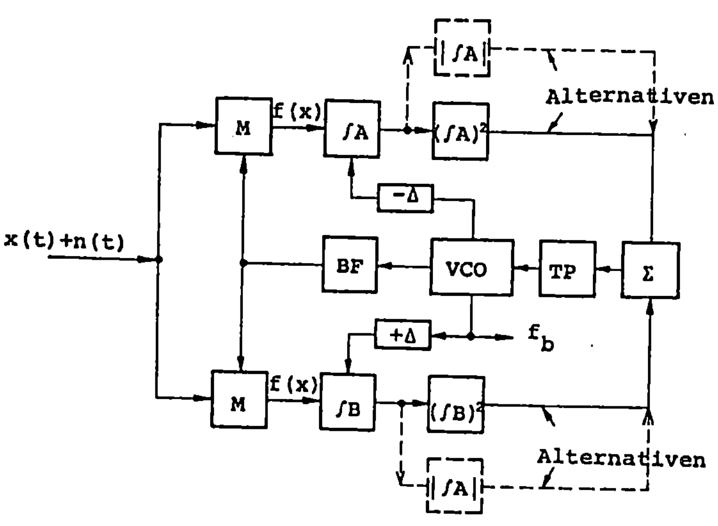

Abb. 4.25 Quadratdifferenz- oder Betragdifferenz-Schaltung zur Bittaktgewinnung

Bitstroms, oder genauer gesagt: Man führt eine Autokorrelation durch, indem man mit unterschiedlichen Verzögerungen arbeitet und die beiden Korrelationswerte gegeneinander vergleicht. Dies wird aus der Abb. 4.24 offensichtlichtlich, wo das "Early- Late" Verfahren dargestellt ist.

4.9 Rahmensynchronisation

Beim PCM-Verfahren besteht die Aufgabe, ein Synchronisationswort in den Datenstrom einzufügen, das den Anfang der Abtastperiode gut kennzeichnet. Diese Aufgabe wird dadurch erschwert, daß das Synchronisationswort wie jedes andere Wort des Datenstroms nur aus Binärzeichen besteht, so daß grundsätzlich jedes beliebig gewählte Synchronisationswort auch als Datenwort vorkommen kann. Da auf den ersten Blick alle Bitmuster gleich gut sind, verwendete man in den Anfangszeiten der PCM-Technik für die Synchronisationsworte entweder eine Serie von Nullen oder Einsen oder der Empfangsstrom wurde für die Synchronisation in ein Schieberegister eingespeist, dessen Stufenzahl gleich der Wortlänge war. In einer Und-Gatterschaltung konnte dann das Synchronisationswort, d.h. die Eins- oder Nullfolge erkannt werden. Bei der Koinzidenz wurde ein Schaltimpuls ausgelöst.

Ein Problem ergibt sich jedoch bei dieser Methodik sofort, wenn das vorhergehende oder nachfolgende Wort mit gleichen Bits, also den Nullen bzw. Einsen des Synchronisationswortes anschließt. Es werden dann mehrere Synchronisationsimpulse nacheinander abgegeben. Außerdem wird das Verfahren auch unsicher, wenn das Synchronisationswort auf dem Übertragungsweg gestört wird und z.B. ein falsches Bit enthält. Denn entweder man läßt keinen Fehler im Syncwort zu und erhält somit auch bei einem Bitfehler keinen Synchronisationsimpuls, oder man läßt einen Bitfehler zu und erhält dann Mehrdeutigkeit; Abb.4.25.

Es sind daher seit längerer Zeit PN-Bitmuster üblich, wobei PN die Abkürzung von Pseudo-Noise ist und bedeutet, daß diese Folgen rauschähnlichen Charakter haben. Darauf wird im Abschnitt 4.10 näher eingegangen. Bei dieser Synchronisationsmethode wird festgestellt, wieviele Bits eines Wortes mit dem PN-Bitmuster übereinstimmen. Verwendet man z.B. als PN-Bitmuster die binäre Folge 110100, ergeben sich natürlich unterschiedlich viele Übereinstimmungen, die davon abhängig sind, wieviele Bits dieses Wortes bereits in das Schieberegister eingelaufen sind. Für den Fall, daß der vorhergehende und nachfolgende Datenstrom nicht zu berücksichtigen ist, ergeben sich die Verhältnisse von Abb. 4.26. Bei der angegebenen PN-Folge kann man also bis zu vier

Ü   Anzahl der Übereinstimmungen im Schieberegister

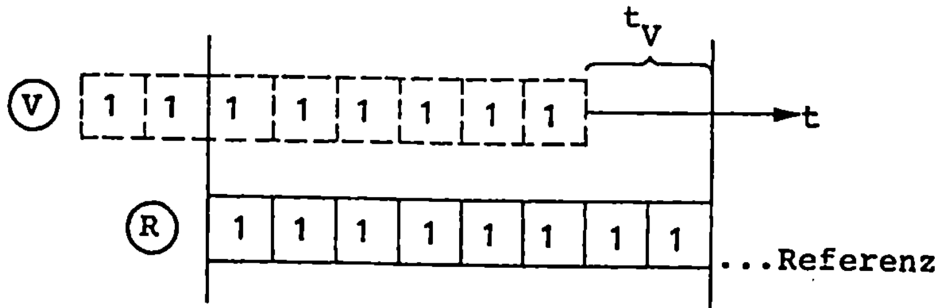

R   Referenzwort
V   Vergleichssignal, hier noch t_v = 2 Bittakte vor Synchronisationsfall

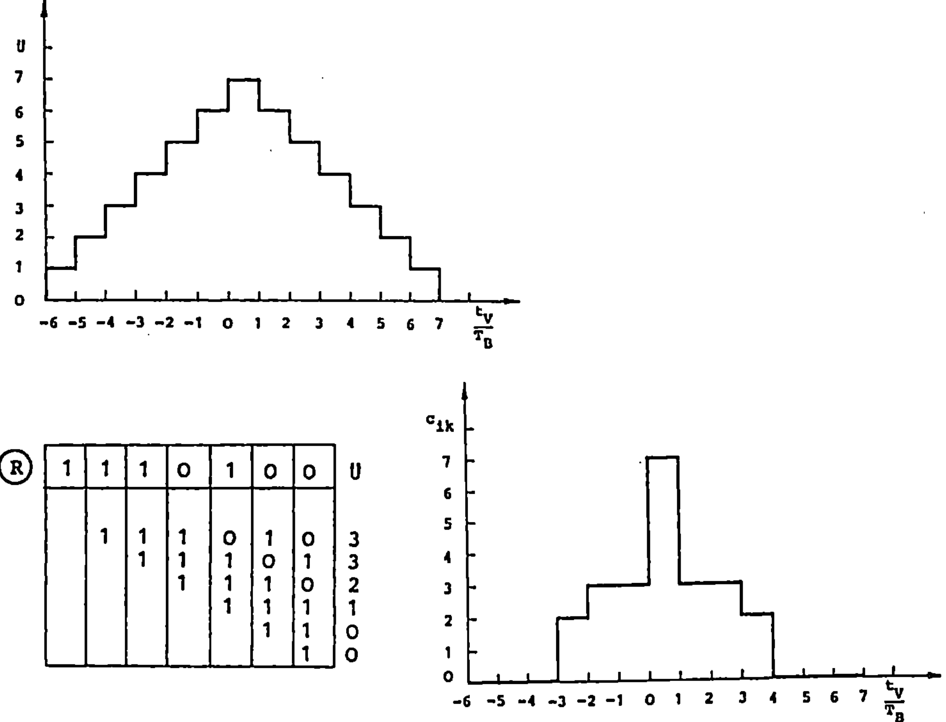

Auslaufende PN-Folge

Abb. 4.26 Synchronisation mit Null- oder Eins-Folgen bzw. PN-Folgen

falsche Bits zulassen; die Eindeutigkeit des Synchronisationsimpulses wird dadurch nicht gestört. Es wird in diesem Fall ein Impuls veranlaßt, sobald mindestens vier Bits übereinstimmen. Nun ist das eben gezeichnete Bild allerdings noch korrekturbedürftig, denn der Datenstrom ist tatsächlich beiderseits des Synchronisationswortes nicht zu Ende. Daher werden auch zusätzliche Übereinstimmungen zwischen dem PN-Vergleichswort und dem Datenstrom nicht auszuschließen sein, so daß sich die tatsächlichen Verhältnisse verschlechtern.

Eine exakte Behandlung ist mit Hilfe der Korrelationstechnik möglich. Mit ihrer Hilfe kann auch gezeigt werden, daß der "Barker Code" besonders gut for die Synchronisation geeignet ist. Tab. 4.1 listet die Bitmuster für Barker-Codes der Länge 7 bis 30 Bit auf.

Trotz der guten Korrelationseigenschaften von PN-Codes ist zu beachten, daß nicht nur die Syncworte, sondern auch die Datenworte die entsprechende Bitfolge haben können. Es kann also passieren, daß zu unpassender Zeit ein Syncpuls "entdeckt" wird. Um zu vermeiden, daß durch diesen Fehlalarm die Synchronisation gestört wird, muß bei jedem Syncwort stets geprüft werden, ob nach einer Multiplex-Periode dieses Wort wieder erscheint oder nicht. Bei Datenworten kann man annehmen, daß es darin nicht mehr erscheint, während es als echtes Sync-Wort nach wie vor auftreten wird. Außerdem ist zu berücksichtigen, daß die Synchronisation umso sicherer geschehen kann, je länger die Synchronierfolge ist. Man verwendet daher z.B. zwei oder drei aufeinanderfolgende Meßstellen des Multiplexers, an denen zwei bis drei Datenwort lange Barker-Codes angelegt werden. In der Regel werden mit den Sync-Zeichen für den Hauptrahmen meist die ersten Kanäle des Multiplexers belegt. Um die Sync-Sicherheit noch weiter zu erhöhen, kann man von den Sync-Zeichen das originale und das komplementäre Bitmuster abwechselnd von Rahmen zu Rahmen senden. Ein derartig schneller und systematischer Wechsel im Takt des Rahmenzyklus ist kaum bei den Datensignalen zu erwarten.

Wenn man von dieser Komplementärtechnik nicht in der eben geschilderten Weise Gebrauch macht, läßt sich das Komplement des Hauptrahmenmusters für die Unterrahmen-Synchronisation anwenden. In den Sync-Kanälen des Hauptrahmens wird in diesem Fall das Komplement zu der Zeit gesendet, wo der Unterrahmenzyklus entweder endet oder beginnt. Eine zweite Möglichkeit der Unterrahmenzyklus ist die Einzel-Rückstell-Codierung. Hier wird meist der erste Kanal des Unterrahmens mit einem definierten Sync-Muster belegt, das aber nichts mit dem des Hauptrahmens zu tun hat. Es kann zusätzlich in einem Kanal des Hauptrahmens auch noch das komplementäre Sync-Muster des Unterrahmens mitgesendet werden. Bei der dritten üblichen Methode, der Unterrahmensynchronisation, wird im Anschluß an das Sync-Wort des Hauptrahmens ein mehrstelliger Binärzähler angeschaltet, der die Kanalnummer des Unterrahmens direkt angibt.

Tab. 4.1 Beispiele für geeignete Synchronisationsworte der Länge n = 7 bis 30 mit PN-Eigenschaften (Barkercodes)

n	Barkercode
7	101 100 0
8	101 110 00
9	101 110 000
10	110 111 000 0
11	101 101 110 00
12	110 101 100 000
13	111 010 110 000 0
14	111 001 101 000 00
15	111 011 001 010 000
16	111 010 111 001 000 0
17	111 100 110 101 000 00
18	111 100 110 101 000 000
19	111 110 011 001 010 000 0
20	111 011 011 100 001 000 00
21	111 011 101 001 011 000 000
22	111 100 110 110 101 000 000 0
23	111 101 011 100 110 100 000 00
24	111 110 101 111 001 100 100 000
25	111 110 010 110 111 000 100 000 0
26	111 110 100 110 101 100 010 000 00
27	111 110 101 101 001 100 110 000 000
28	111 101 011 110 010 110 011 000 000 0
29	111 101 011 110 011 001 101 000 000 00
30	111 110 101 111 001 100 110 100 000 000

Tab. 4.2 Erzeugung maximaler Schieberegisterfolgen für n =2 bis n= 15 stufige Register; Angabe der rückzukoppelnden Stufen i sowie der Folgenlängen p.

n	p	i	n	p	i
2	3	1,2	9	511	5,9
3	7	2,3	10	1023	7,10
4	15	3,4	11	2047	9,11
5	31	3,5	12	4095	6,8,11,12
6	63	5,6	13	8191	9,10,12,13
7	127	6,7	14	16383	4,8,13,14
8	255	4,5,6,8	15	32767	14,15

4.10 PN-Folgen

Bei kleinen Bitraten und schlechten Rauschabständen werden PN-Folgen für die Bit-
und Rahmensynchronisation mit eingesetzt. Sie werden auf dem zweiten Unterträger
übertragen, von dem in Abschnitt 4.8 kurz die Rede war.

4.10.1 Zufällige Folgen und PN-Folgen

Eine zufällige binäre Folge kann man erzeugen, indem man z.B. mit der Ausgangsspannung eines Rauschgenerators einen Schmitt-Trigger steuert. Dieser Schmitt-Trigger
liefert an seinem Ausgang eine binäre Pulsfolge, wobei es vom zufälligen Spannungswert
des Rauschgenerators abhängt, zu welcher Zeit und wie lange der hohe oder der niedrige Spannungspegel vorliegt.

Im Gegensatz zu dieser wirklich zufälligen Binärfolge hat die PN-Folge nur "quasizufällige" Eigenschaften, denn sie ist periodisch und determiniert. Wie gezeigt werden wird,
hat sie aber Korrelationseigenschaften, die abschnittsweise denen einer echten Zufalls-
folge sehr ähnlich sind. Eine vielbenutzte Möglichkeit, PN-Folgen zu erzeugen, liefert
das rückgekoppelte Schieberegister (SR).

Das n-stufige SR ist die Serienschaltung von n Speicherelementen, die je ein Bit speichern können (Flip-Flop). Das SR kann einen Datenstrom im Rhythmus eines Taktes
bitweise übernehmen. Das im ersten Takt von der ersten SR-Stufe übernommene Bit
wird im zweiten Taktimpuls an die zweite SR-Stufe weitergeleitet, während gleichzeitig
von der ersten Stufe das nächste Bit übernommen wird usw.. Beim n-stufigen SR können
so n Bits gespeichert werden. Die Ausgabe der gespeicherten Information kann sowohl
seriell - nämlich in n Taktschritten vom Ausgang der letzten SR-Stufe aus -, als auch
parallel erfolgen - nämlich durch direktes Auslesen der n-Stufen.

Beim "rückgekoppelten" SR werden von den Ausgängen $x_1 ... x_n$ der n Stufen einige zu
einer logischen Funktion verknüpft $f(x_1, x_2, ... x_n)$ und als Eingangssignal in die erste Stufe
eingespeist; Abb.4.27.

Falls die logische Verknüpfung nur über Exklusiv-Oder-Glieder geschieht, spricht man
von linear rückgekoppelten Schieberegistern. Diese sollen hier betrachtet werden. Die
Exklusiv-Oder-Funktion bezeichnet man auch als modulo-2-Addition. Für sie gilt die
Regel der Abb.4.28.

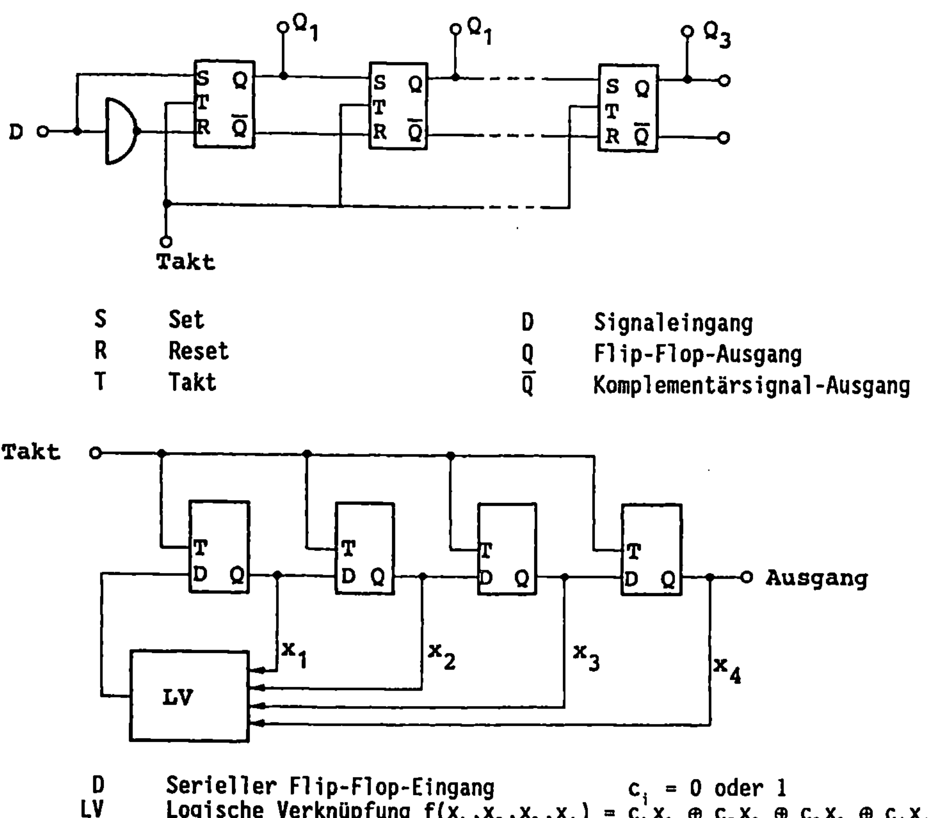

S   Set   D   Signaleingang
R   Reset   Q   Flip-Flop-Ausgang
T   Takt   Q̄   Komplementärsignal-Ausgang

D   Serieller Flip-Flop-Eingang c_i = 0 oder 1
LV   Logische Verknüpfung $f(x_1,x_2,x_3,x_4) = c_1 x_1 \oplus c_2 x_2 \oplus c_3 x_3 \oplus c_4 x_4$

Abb. 4.27 n-stufiges Schieberegister (SR) und rückgekoppeltes 4-stufiges SR

---

1. Bei binären Zeichen +1, -1 durch Produktbildung

(+1) (+1) = (+1)
(-1) (-1) = (+1)
(-1) (+1) = (-1)
(+1) (-1) = (-1)

2. Bei binären Zeichen 1, 0 durch Addition

0 ⊕ 0 = 0
1 ⊕ 1 = 0
1 ⊕ 0 = 1
0 ⊕ 1 = 1

Abb. 4.28 Regeln zur modulo 2 Addition

Die lineare Rückkopplung ist daher durch die folgende Funktion darzustellen:

$$f(x_1, x_2, x_3 \cdots, x_{n-1}, x_n) =$$

$$c_1 x_1 \oplus c_2 x_2 \oplus c_3 x_3 + \cdots \oplus c_{n-1} x_{n-1} \oplus c_n x_n \qquad (4.47)$$

Hierbei ist c_i $(i=1,2...n)$ 0 oder 1, je nachdem, ob der Inhalt der i-ten Stufe für die Rückkopplung mitverwendet wird oder nicht. Das Schieberegister kann 2^n verschiedene Zustände annehmen, d.h. die Binärzahlen der Länge n beinhalten. Der Inhalt des SR sei zum Zeitpunkt t_i gleich A_i. Dann ändert sich der Inhalt zur Zeit t_{i+1} in A_{i+1}, im Zeitpunkt t_{i+2} in A_{i+2} usw. bis zu irgendeinem Zeitpunkt t_{i+p}. Dann wiederholt sich der ganze Vorgang wiederum. Die Folge hat in diesem Fall die Periode p. Von allen möglichen SR-Inhalten ist derjenige gesondert zu betrachten, der aus lauter Nullen besteht. $A_q = 0$ bedeutet nämlich, daß auch die Funktion $f(x_1 ... x_n) = 0$ bleibt und somit der SR-Inhalt auch permanent Null bleibt. Dieser Zustand ist also auszuschließen. Es sind daher

$$p = 2^n - 1 \qquad (4.48)$$

verschiedene Zustände möglich, die somit die Maximallänge der Periode festlegen. Natürlich gibt es auch Rückkopplungen, die kürzere Periodenlängen, aber keine, die längere liefern. Die folgenden beiden Beispiele sollen dies zeigen. Dabei wird im Beispiel a) eine Rückkopplung gewählt, die zu einer maximalen Periodenlänge führt, während im Beispiel b) nur Teilfolgen entstehen. Im letzteren Fall bedingt der Anfangszustand des SR, welche von den Teilfolgen tatsächlich entsteht.

Beispiel a)

Dreistufiges SR mit einer Rückkopplung der 1. und 3. Stufe; Abb.4.29. Der Ablauf der Folge ist in der Tabelle aufgeführt und als Zyklus dargestellt. Es ist offensichtlich, daß unabhängig von der Wahl des Anfangs-SR-Inhalts stets die Periodenlänge 7 entsteht.

Beispiel b)

Dreistufiges SR mit einer Rückkopplung aller drei Stufen; Abb.4.30. Der Ablauf der Folge für die verschiedenen Anfangswerte ist in der Tabelle und in den einzelnen Zyklen angegeben.

Es ist somit offensichtlich, welch große Bedeutung der Rückkopplung selbst zukommt.

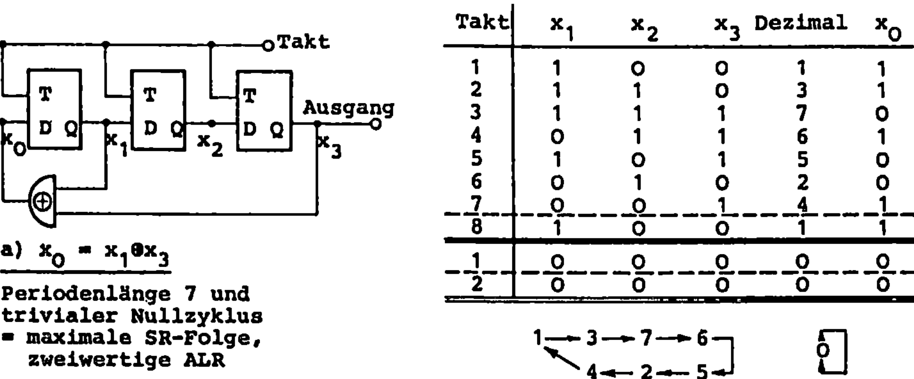

Takt	x_1	x_2	x_3	Dezimal	x_0
1	1	0	0	1	1
2	1	1	0	3	1
3	1	1	1	7	0
4	0	1	1	6	1
5	1	0	1	5	0
6	0	1	0	2	0
7	0	0	1	4	1
8	1	0	0	1	1
1	0	0	0	0	0
2	0	0	0	0	0

a) $x_0 = x_1 \oplus x_3$

Periodenlänge 7 und trivialer Nullzyklus = maximale SR-Folge, zweiwertige ALR

Abb. 4.29 Erzeugung von Binärfolgen Rückkopplung der 1. und 3. Stufe eines 3-Stufigen SR

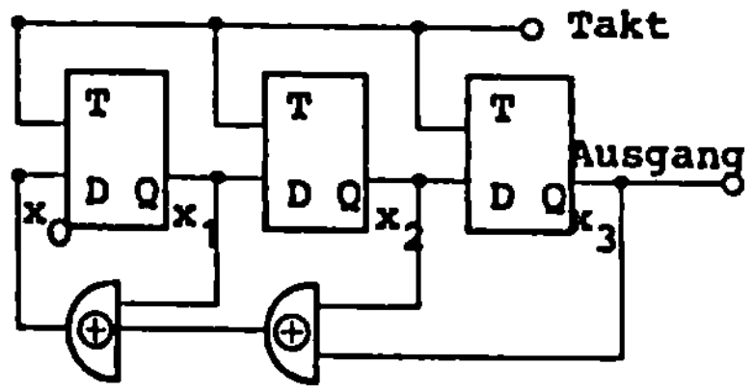

Takt	x_1	x_2	x_3	Dezimal	x_0
1	1	0	0	1	1
2	1	1	0	3	0
3	0	1	1	6	0
4	0	0	1	4	1
5	1	0	0	1	1
1	0	1	0	2	1
2	1	0	1	5	0
3	0	1	0	2	1

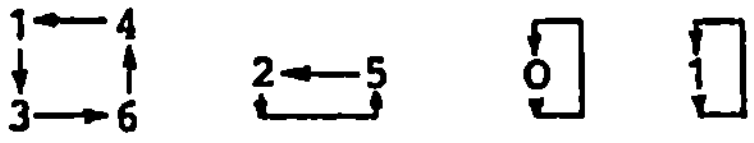

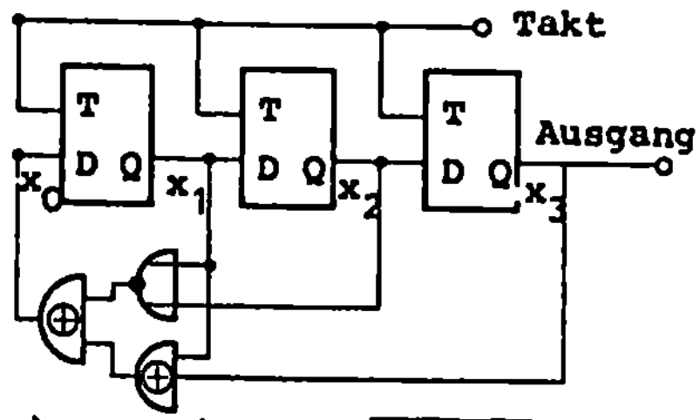

b) $x_0 = x_1 \oplus x_2 \oplus x_3$

Periodenlänge 4,3 sowie trivialer Null- und Eins-Zyklus, abhängig vom Anfangszustand

Takt	x_1	x_2	x_3	Dezimal	x_0
1	0	0	0	0	1
2	1	0	0	1	1
3	1	1	0	3	1
4	1	1	1	7	0
5	0	1	1	6	1
6	1	0	1	5	0
7	0	1	0	2	0
8	0	0	1	4	1
9	0	0	0	0	1

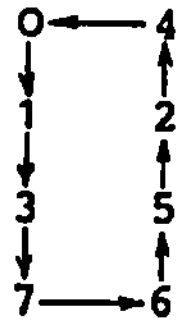

c) $x_0 = (x_1 \oplus x_3) \oplus \overline{(x_1 \vee x_2)}$

Periodenlänge 8, aber keine zweiwertige AKF

Abb. 4.30 Erzeugung von Binärfolgen durch Rückkopplung aller 3 Stufen

In verschiedenen Arbeiten, insbesondere in der von Colomb wurden daher die Zusammenhänge zwischen der Rückkopplung und der erzeugbaren Folge untersucht. Es wird dort auch gezeigt, daß es für jede SR-Länge wenigstens eine Rückkopplung gibt, die zur maximalen Periodenlänge führt. Tab.4.2 gibt für die SR-Längen von 2 bis 15 Stufen an, die jeweils modulo addiert rückgekoppelt werden müssen. Diese so erzeugbaren SR-Folgen maximaler Länge haben die folgenden Eigenschaften.

- Der Inhalt des n-stufigen Schieberegisters durchläuft alle Binärzahlen von 1 bis $2^n-1 = p$.

- Es werden also $(p+1)/2$ ungerade und $(p-1)/2$ gerade Zahlen erzeugt.

- Da jede ungerade Zahl in der binären Darstellung in der letzten Stelle immer eine 1 und jede gerade Zahl eine Null hat, muß eine Folge maximaler Länge auch $(p+1)/2$ Einsen und $(p-1)/2$ Nullen enthalten.

- Die modulo-2-Summe der einzelnen Bits einer maximalen Folge ist immer gleich 1.

- Jede Pulsfolge maximaler Länge zerfällt in $(p+1)/2$ Blöcke von aufeinanderfolgenden Nullen und $(p+1)/2$ Blöcke von aufeinanderfolgenden binären Einsern. Von der Gesamtzahl der Blöcke hat die Hälfte die Länge 1, ein Viertel die Länge 2, ein Achtel die Länge 3 usw. bis zur Blocklänge n-2. Es folgen dann noch ein 0-Block der Länge n-1 und ein Block der Länge n.

  Beispiel: Vierstelliger 1-Block 011110
            Dreistelliger 0-Block 10001

- Die Autokorrelationsfunktion (AKF) ist zweiwertig; darüber wird im folgenden noch zu sprechen sein.

4.10.2 Autokorrelationsfunktion (AKF) und Kreuzkorrelationsfunktion (KKF) für binäre Folgen

Die AKF und KKF von Funktionen f(t), g(t) sind definiert durch

$$\text{AKF} = c_{ff}(\tau) = \lim_{T \to \infty} (1/T) \int_{-T/2}^{+T/2} f(t)f(t+\tau)dt \qquad (4.49)$$

$$\text{KKF} = c_{fg}(\tau) = \lim_{T \to \infty} (1/T) \int_{-T/2}^{+T/2} f(t)g(t+\tau)dt \qquad (4.50)$$

Wenn die beiden Funktionen binären Folgen entsprechen, können f(t), g(t+τ) abschnittsweise nur die Signalwerte (+1) und (-1) annehmen, falls etwa (+1) der binären L und (-1) der binären 0 zugeordnet sind. Die Produkte selbst sind somit ebenfalls Zeitfunktionen, die abschnittsweise (+1) oder (-1) sind. Falls τ nur diskrete Werte und zwar Vielfache einer Bitzeit annimmt, wird das Integral zu einer Summe über alle Teilbereiche k·τ, wobei an den Stellen, wo die binären Folgen übereinstimmen, das Produkt (+1) wird und an den Stellen der Nichtübereinstimmung (-1).

Übrigens lassen sich die Korrelationsfunktionen in der Elektrotechnik leicht als die Leistungsgrößen erkennen: Setzen wir z.B.g(t) als den elektrischen Strom und f(t) als die elektrische Spannung an, dann haben wir - falls diese Größen als komplexe Werte geschrieben werden- die Leistungswerte vor uns, wobei der Realteil die Wirkleistung und der Imaginärteil des Integrals die Blindleistung darstellt.

Bei periodischen Binärfolgen, wie sie im folgenden interessieren, ist das Integral im übrigen nur über die Periodenlänge zu erstrecken. Es wird also

$$c_{ff} = (1/p) \int_{-p/2}^{+p/2} f(t)f(t+\tau)dt \tag{4.51}$$

bzw.

$$c_{fg} = (1/p) \int_{-p/2}^{+p/2} f(t)g(t+\tau)dt \tag{4.52}$$

Nimmt man die Anzahl der Bitzeiten mit Übereinstimmung und subtrahiert die Anzahl der Bitzeiten mit Nichtübereinstimmung und dividiert die Differenz durch die Gesamtzahl der Bitzeiten, hat man so den Wert des Integrals bzw. der Summe bestimmt. Das gilt auch dann, wenn man f(t), g(t+τ) nicht durch (+1)-, (-1)-Signale darstellt, sondern durch 1- und 0-Signale, also direkt in binären Zahlen. Es ist also

$$c(\tau) = \frac{\Sigma \ddot{U}bereinstimmungen - \Sigma Nicht\ddot{u}bereinstimmungen}{\Sigma \ddot{U}bereinstummungen + \Sigma Nicht\ddot{u}bereinstimmungen}$$

4.10.3 AKF-Eigenschaft und Leistungsspektrum der PN-Folgen

Bei den SR-Inhalten

$$\begin{aligned}
A_1 &= \{a_1, a_2, \cdots\cdots, a_p\} \\
A_2 &= \{a_2, a_3, \cdots\cdots, a_{p+1}\} \\
&\cdot \\
&\cdot \\
A_p &= \{a_p, a_{p+1}, \cdots, a_{2p-1}\}
\end{aligned} \tag{4.53}$$

mit

$$A_1 = A_{p+1} \qquad (4.54)$$

muß für jedes beliebige i und j die modulo 2 Summe $A_i \oplus A_j$ einen Inhalt A_k ergeben, der bereits in den obigen SR-Inhalten enthalten ist. Denn A_1 bis A_p sollen bereits alle möglichen Zustände erfassen (Maximallänge der SR-Periode!). Daher kann es gar keinen neuen Inhalt geben. Also gilt

$$A_i \oplus A_j = \{a_{i+1} \oplus a_{j+1}, \ a_{i+2} \oplus a_{j+2}, \cdots, \ a_{i+p} \oplus a_{j+p}\} \qquad (4.55)$$

$$= \{a_{k+1}, \ a_{k+2}, \cdots, \ a_{k+p}\} = A_{k+1}$$

$$a_{k+1} = a_{i+1} \oplus a_{j+1} \qquad (4.56)$$

Man kann also die Zahl der Übereinstimmungen und Nichtübereinstimmungen zwischen A_i und A_j dadurch ermitteln, daß man von A_k die Anzahl der Nullen bzw. Einsen zählt.

Nun haben wir aber in Abschnitt 4.10.1 festgestellt, daß für SR-Folgen maximaler Länge stets die Anzahl der Einsen um 1 größer ist als die Anzahl der Nullen. Daher gilt

$$c(\tau) = 1/p \cdot \sum_{n=1}^{p} a_n \oplus a_{n+\tau} = \begin{cases} 1 & \text{für } \tau = 0, \ p, \ 2p \ldots \\ -1/p & \text{für alle anderen Fälle} \end{cases} \qquad (4.57)$$

Die AKF ist also für die Folgen maximaler Länge zweiwertig und periodisch in p. Der Übergang vom einen Korrelationswert zum anderen geschieht natürlich nicht abrupt, sondern linear. Denn wenn die Verschiebung nicht wie bisher angenommen in Schritten von einer Taktzeit t_1 geschieht, sondern τ nur einen bruchteil von t_1 ausmacht, ist auch die Übereinstimmung nur über den entsprechenden Bruchteil gegeben; Abb. 4.31. Alle Folgen mit den eben beschriebenen Eigenschaften einer AKF, nämlich zweiwertig und periodisch zu sein, werden als PN-Folgen (Pseudo-Noise) bezeichnet. Sie haben mit der AKF-Funktion von thermischem Rauschen die Zweiwertigkeit gemeinsam. Letzteres ist aber nicht periodisch. Bei dieser tritt der Maximalwert nur für $\tau = 0$ auf, während für alle anderen Zeiten die AKF Null ist. Die AKF-Funktion von maximalen SR-Folgen lautet

$$c_{ff}(\tau) = \begin{cases} 1 - [1+1/p] \cdot |\tau|/t_1 & \text{für} & |\tau| \leq t_1 \\ -1/p & \text{für } t_1 \leq |\tau| \leq pt_1 \end{cases} \qquad (4.58)$$

$$c_{ff}(\tau \pm pt_1) = c_{ff}(\tau) \qquad (4.59)$$

Das Leistungsspektrum ergibt sich daraus durch Fourier-Transformation

$$s_{ff}(\omega) = \int_{-\infty}^{+\infty} c_{ff}(\tau)e^{-j\omega\tau}d\tau \qquad (4.60)$$

$$= 2\,\frac{p+1}{p^2}\,\frac{[\sin^2(\omega t_1/2)]^2}{(\omega t_1/2)^2}\,\sum_{n=1}^{+\infty}\delta(\omega-\frac{2\pi n}{pt_1}) + \frac{\delta(\omega)}{p^2}$$

mit

$$\delta(x) = \begin{cases} 0 & \text{für } x \neq 0 \\ 1 & \text{für } x = 0 \end{cases} \qquad (4.61)$$

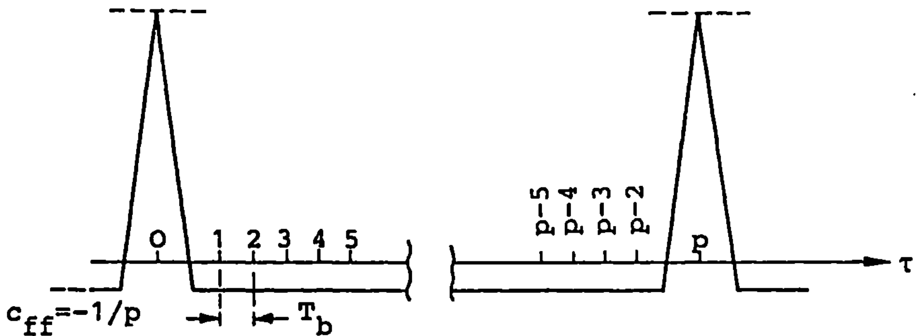

Abb. 4.31 AKF einer PN-Folge

Es handelt sich also wegen der Periodizität des AKF um ein Linienspektrum. Die Linien liegen bei den ganzzahligen Vielfachen der reziproken PN-Periode $1/pt_1$ und haben als Einhüllende die Spaltfunktion. Der Gleichstromwert ist $-1/p^2$; Abb. 4.32.

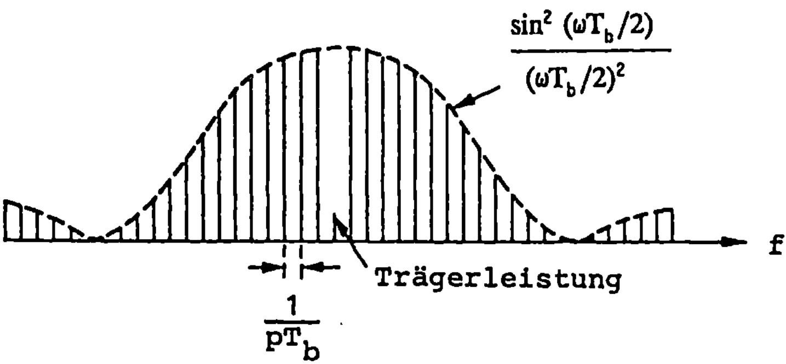

Abb. 4.32 Leistungsspektrum einer PN-Folge

4.10.4 Steuerung von Synchronisationsvorgängen mit PN-Folgen

PN-Folgen sind aufgrund ihrer Korrelationseigenschaften geeignet, Synchronisations-
vorgänge zu steuern. Dafür gibt es eine Reihe von Schaltungsmöglichkeiten. Ein mögli-
ches Empfangsprinzip ist in Abb. 4.33 angegeben.

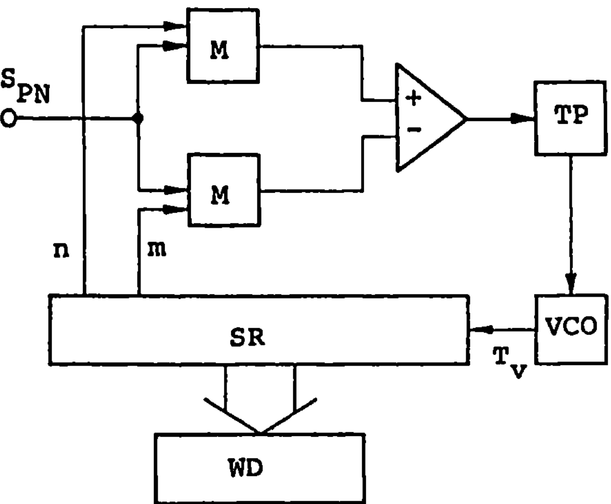

n = Ausgang n-te Stufe
m = Ausgang m-te Stufe
WD = "Wortdetektoren" zur Gewinnung von Teilfolgen
T_v = Bittakt regeneriert

Abb. 4.33 Synchronisationssteuerung mit Hilfe rückgekoppelter SR

Im *rückgekoppelten Schieberegister* SR wird dieselbe PN-Folge erzeugt wie sendeseitig.
Sie ist jedoch zunächst nicht synchronisiert. Zu diesem Zweck wird die Folge aus der
n-ten Stufe und der (n-2)-ten Stufe entnommen, die gegenseitig um 2 Taktzeiten verzö-
gert sind. Mit beiden Folgen wird das Eingangssignal multipliziert. Die Differenz davon
wird über einen Tiefpaß gefiltert und liefert das Steuersignal für den VCO. Dieser wird
solange nachgesteuert, bis die Differenz Null ist. Das tritt ein, wenn das eine Signal um
den gleichen Wert gegenüber der Empfangs-PN-Folge voreilt wie das andere nacheilt.
Die synchrone PN-Folge ist somit diejenige der (n-1)-ten Stufe. Am VCO ist dann der
Bittakt abzunehmen. Wenn man außerdem die Wortdetektion mit dem Inhalt des
Schieberegisters vergleicht, kann man auch Teilfolgen signalisieren, z.B. Rahmen,
Unterrahmen, Worte etc.

4.10.5 Verwendung der PN-Codes zur Verbesserung des Spektralverhaltens von PCM-Formaten

Wie bei den PCM- Formaten bereits kurz diskutiert wurde, kommen bei der Verwendung von NRZ- Formaten Probleme durch die erforderliche Gleichstromkopplung auf. Dem kann begegnet werden, wenn man entsprechend der Abb. 4.34 die Datenworte mit einer PN-Folge multipliziert und dies auch auf der Empfängerseite wieder durchführt. Diese Technik ist allgemein als "Spread Spectrum-Technik" bekannt. Im vorliegenden Falle wird sie dazu benutzt, um auf dem Übertragungsweg möglichst den Fall zu vermeiden, daß durch die "Gleichstromübertragung" (also alle PCM-Worte NULL oder EINS) die Taktfolge nicht mehr gewonnen werden kann (vgl. 3.5.3). Die aufmodulierte PN- Folge kann, wie wir oben gesehen haben, keine Nullfolge sein.

4.10.6 Spread Spectrum-Technik

Es sei noch kurz auf die Spread- Spectrum- Technik eingegangen. Die in Abb. 4.34 angegebene Prozedur, ein Signal nochmals mit PN-Folgen zu modulieren und entsprechend vor der Datendemodulation wieder zu PN- demodulieren, wird in vielen praktischen Fällen genutzt. Einmal geschieht dies für die Verschlüsselung: Lange PN-Folgen werden hierbei verwendet. Nur wer den Codeschlüssel kennt, kann es demodulieren. Außerdem hat diese Technik den Vorteil, daß einzelne harmonische Störer die Übertragung nicht stören können. Denn die so empfangenen Störsignale werden beim PN-Demodulationsvorgang quasi durch die ursprünglich erzeugte PN-Folge moduliert, also in ein Breitbandsignal verwandelt, während das Empfangssignal selbst vom Breitbandsignal wieder in ein Schmalbandsignal verwandelt wird.

Aus Gründen des Umfangs kann nicht näher darauf eingegangen werden. Daher wird auf die Literatur hingewiesen.

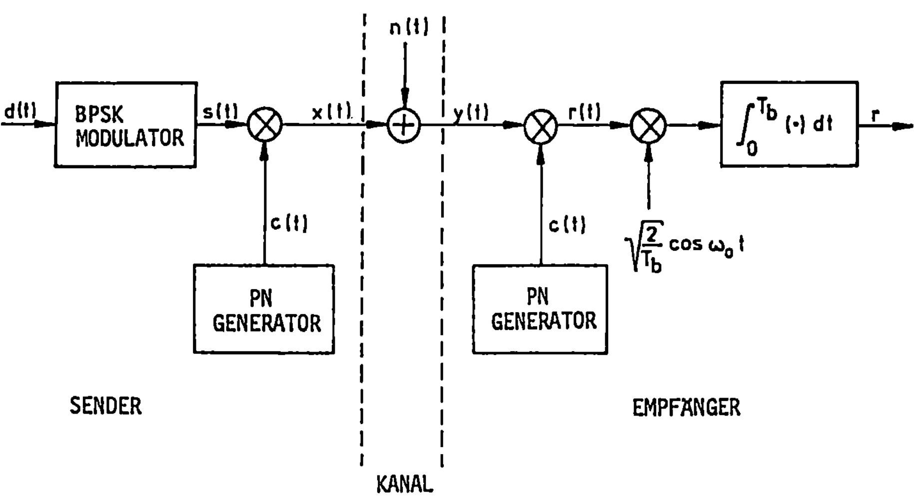

Abb. 4.34 Prinzip des Spread-Spectrum-Technik

5 Funktechnische Bahnvermessung

Die Bestimmung der Bahn eines Raumflugkörpers umfaßt im wesentlichen zwei Aufgaben, nämlich

- die Vermessung eines Bahnabschnittes und
- die Berechnung der Bahnparameter aus diesen Meßdaten mit Hilfe von Methoden der Ausgleichsrechnung.

Im folgenden wird nur die Vermessung selbst besprochen. Es stehen dafür die Methoden der Entfernungsbestimmung, der Geschwindigkeitsmessung und der Winkelmessung zur Verfügung.

5.1 Ranging

Die bekannteste Methode der Funkortung liefert die Radar-Technik. In der klassischen Form wird bekanntlich ein kurzer Impuls hoher Leistung von einem Sender (Bodenstation) ausgesandt und breitet sich mit Lichtgeschwindigkeit aus. Trifft die elektromagnetische Welle auf ein Ziel, dann wird sie reflektiert oder gestreut, so daß ein geringer Teil der ursprünglich ausgestrahlten Leistung nach einer Signallaufzeit $T = 2R/c$ wieder am Ausstrahlungsort eintrifft und empfangen werden kann. Wird nun die Zeit T gemessen, die verstreicht, bis vom ausgesandten Signal das Echo kommt, kann die Entfernung R bestimmt werden über

$$R = Tc/2 \tag{5.1}$$

Sobald der Echoimpuls empfangen wurde, kann ein neues Signal ausgesandt werden. Dieses soll sicherstellen, daß man auch Änderungen von R erfaßt. Ferner werden durch die wiederholte Messung Einflüsse des Rauschens reduziert. Dieses bisher geschilderte Primärradarverfahren hat allerdings zwei wesentliche Nachteile, die der Grund dafür sind, daß es in der zivilen Raumfahrt lediglich bei kleinen Entfernungen, also beim Raketenstart, angewandt wird:

- Die Leistung des Echos ist umgekehrt proportional zu R^4 und wird daher bei großen
  Distanzen extrem klein.
- Die Rückstreucharakteristik der Raumfahrzeuge ist äußerst komplex, d.h. daß das
  Echosignal sehr starken Fluktuationen unterworfen ist.

Das führt dazu, daß selbst im erdnahen Bereich bei der Verfolgung der Raketen Probleme auftreten: Bisweilen wird das Radargerät nicht die Nutzlaststufe verfolgen, sondern eine der ausgebrannten Raketenstufen. Denn nach der Stufentrennung wird in vielen Fällen das Echosignal vom Nutzlastteil wesentlich kleiner sein als das der abgestoßenen Stufe, die in der Regel wesentlich größere Abmessungen hat. Wegen der hohen Winkelgeschwindigkeiten, die von der Radarantenne bewältigt werden müssen, wenn die Rakete vom Start an verfolgt werden soll, ist es dann aber kaum mehr möglich, das gewünschte Ziel nochmals wiederzufinden, sobald man den Fehler erkannt hat.

Deshalb werden grundsätzlich "Sekundär-Radare" verwandt, bei denen also ein Transponder (Antwortsender) an Bord des Raumfahrzeugs verfügbar ist. Dieser Transponder spricht auf das Signal des Radarsenders der Bordstation an, verstärkt es, setzt es in der Frequenz um, damit Sende- und Empfangsteil entkoppelt werden können, und sendet dann das Signal zur Bodenstation zurück. Gefordert werden muß, daß die Laufzeit des Signals beim Durchgang durch den Transponder konstant und möglichst klein ist. Die letztere Forderung leitet sich daraus ab, daß bei sehr kleinen Laufzeiten, z.B. < 100ns, auch Schwankungen, die relativ groß sind, z.B. 10%, in aller Regel vernachlässigt werden können, weil sie dann nur einen sehr kleinen Absolutbetrag liefern.

Wenn nun ein Transponder Verwendung findet, besteht die Möglichkeit, nicht nur am Standort des Radargeräts, also bei der Bodenstation, Antenne mit Leistungsgewinn einsetzen, sondern kann auch bordseitig für den Empfangs- und Sendebetrieb gewisse Leistungskonzentration mit Hilfe von Richtantennen vornehmen. Außerdem gelten dann, wie bei Telemetrie und Telekommando, für die Aufwärts- und Abwärtsstrecke jeweils die Pegelgleichungen; Gln.2.8 bis 2.11. Die Dämpfung ist umgekehrt proportional zu R^2.

Begriffe Auflösung, Präzision und Genauigkeit

Diese drei Begriffe spielen in der Meßtechnik eine wichtige Rolle. Auflösung bedeutet, daß man 2 Ziele auch getrennt "sehen" kann. Im Winkelbereich ist es erforderlich, daß die Ziele merklich unterschiedliche Empfangspegel liefern, weil sie mit unterschiedlichen Antennengewinnen empfangen werden. Das ist der Fall, wenn die beiden Ziele mindestens um eine Antennen-Halbwertsbreite gegeneinander versetzt sind. In der Entfernung müssen die Echoimpulse als getrennte Signale erkennbar sein. Hierfür setzt man voraus, daß $\Delta R > \Delta T/2c$ ist, wobei ΔR die Auflösung und ΔT die Impulslänge sind. Der Faktor 1/2 berücksichtigt, daß das Signal den Hin- und Rückweg durchläuft.

Die Präzision ist die relative Genauigkeit. Sie berücksichtigt die statistischen Schwankungen des Signals aufgrund von Rauschen, nicht aber die systematischen, wie sie etwa durch die instrumentellen und Ausbreitungseffekte auftreten. Ihr Wert gilt nur für das Einzelziel. Daher kann bei "normalem" Rauschen der die Präzision über die zeitliche Integration erheblich verbessert werden, nämlich mit $1/\sqrt{T}$. Als Daumenregel kann gelten, daß man heute z.B. Rangingwerte etwa auf 1/1000 Wellenlänge auflösen kann. Bei Toneranging mit 100m Wellenlänge als Modulationston ergibt sich z.B. eine Präzision von 10 dm, bei der Phasenmessung für eine Trägerfrequenz von 1 GHz ($\lambda = 30$cm) läßt sich die Entfernung (mehrdeutig) relativ auf etwa 0,3mm genau ermitteln.

Die Genauigkeit schließlich berücksichtigt auch die Zusatzeffekte, ist daher immer schlechter als die Präzision. Allerdings kann man durch Eichvorgänge Verbesserungen erzielen.

Winkelmessung

Neben der Entfernungsmessung kann eine Radaranlage auch Winkelmessung durchführen, und zwar umso genauer, je schärfer die Antenne bündelt. Allerdings wird es dann dementsprechend schwieriger, das Meßobjekt aufzufassen. Ferner wird auch eine sehr genaue Nachführung der Antenne erforderlich. Es gibt 2 Prinzipien der automatischen Nachführung und der Winkelmessung, das Quirlen (conical scan) und das Monopulsverfahren.

Quirlen

Beim Quirlen wird die Einspeisung für die Parabolantenne kreisförmig um den eigentlichen Brennpunkt herum bewegt. Die Antennenkeule wird so leicht kegelförmig rotiert und das Ziel liegt im Normalfall nicht im Maximum der Antennenkeule (vgl. Abb.5.1a) sondern auf der Symmetrielinie. Das Echo ist dann konstant. Liegt das Ziel aber von dieser Symmetrielinie ab, dann schwankt die Empfangsleistung als Funktion der Zeit, da die rotierende Antennenkeule in der betreffenden Richtung abwechselnd einen größeren oder kleineren Gewinn hat. Diese Drehwinkelabhängigkeit des Maximums und Minimums der Feldstärke kann dazu genutzt werden, die Antenne nachzuführen. Um zu erkennen, wann man den Maximal- und den Minimalwert der Empfangsleistung hat,

benötigt man natürlich mindestens eine Umdrehung. Man gewinnt daher das Korrektur-
signal erst nach einer solchen Umdrehung. Der Vorteil des conical scan ist der relative
geringe elektronische Aufwand, der Nachteil die Mechanik und natürlich die Tatsache,
daß man erst aus einer Folge von Impulsen das Regelsignal gewinnen kann. Daher wird
bei anspruchsvolleren Systemen das Monopulsverfahren angewandt.

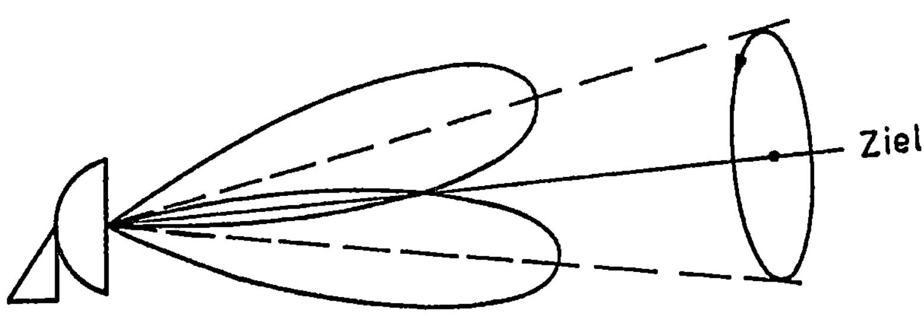

a) Conical Scan

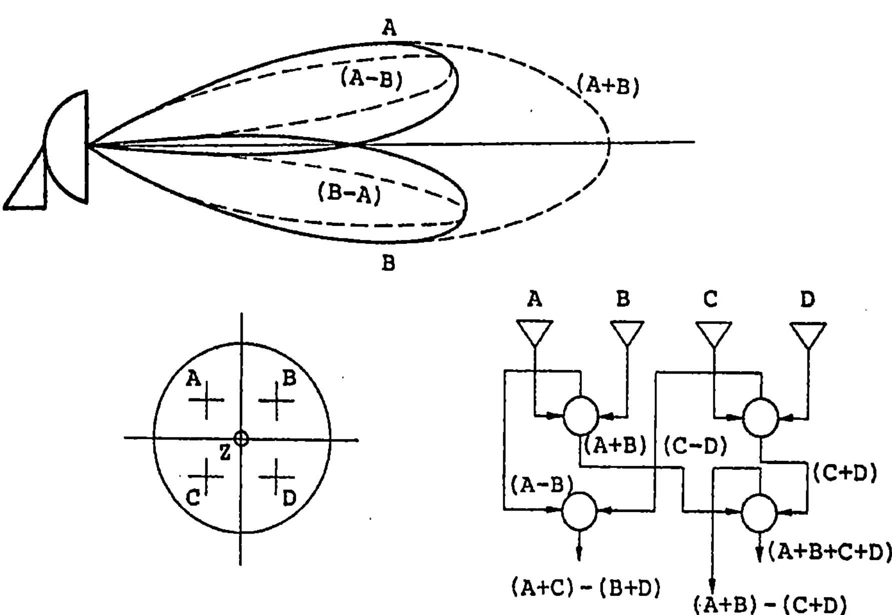

b) Monopuls-Verfahren

Abb. 5.1 Automatische Antennen-Nachführung

Monopulsverfahren zur Antennennachführung

Es sei die Aufgabe gestellt, eine Antenne in zwei orthogonalen Ebenen automatisch nachzuführen, diesmal aber schon nach einem einzelnen Puls. Zu diesem Zweck teilt man die Antennenspeisung in vier Quadranten auf. Bei einer Parabolantennen werden dann vier Erreger anstelle von einem einzigen genutzt, die sich um den Brennpunkt gruppieren. Jeder dieser vier liefert für sich allein betrachtet einen Antennenkeule, die gegenüber der Symmetrieachse etwas schielt. Abb. 5.1b zeigt dies für eine der beiden Ebenen. Über diese vier Erreger wird das ankommende Signal empfangen. Dann werden Summen- und Differenzsignale gebildet. Die Differenzsignale liefern ein Steuersignal, das proportional ist zur Winkelablage, die die Symmetrieachse der Antenne von der Raumfahrzeugrichtung hat. Das Summensignal liefert diejenige Leistung, die man auch mit einem einzigen Erreger im Brennpunkt empfangen könnte. Die Differenzsignale liefern die Steuerwerte für die Servosysteme, die für die Nachführung der Antennen.

CW-Radar

Bisher war vom Impulsradar die Rede. Bei diesem ist nachteilig, daß für kurze Zeit eine sehr hohe Leistung aufgebracht werden muß, um sicherzustellen, daß man das Echosignal aus dem Rauschen herausfiltern kann. Nun sind Bordgeräte sehr hoher Impulsleistungen unzuverlässig und uneffektiv. Vom gerätetechnischen Standpunkt aus ist es wünschenswert, möglichst geringe Spitzenleistung aufbringen zu müssen. Daher ist der Idealfall der, bei dem die Spitzenleistung gleich der Dauerleistung ist; das trifft beim CW-Radar zu. Um das Verhältnis kurz zu beleuchten: Wenn ein Radar Impulse der Länge $0{,}5\mu s$ abstrahlt und die Entfernung $3 \cdot 10^5$ km beträgt, wäre die mittlere Leistung (sehr vereinfacht!) $0{,}5 \cdot 10^{-6}$ mal der Spitzenleistung. Oder umgekehrt: Ein CW-Radar hätte eine um diesen Faktor niedrigere Spitzenleistung. Obwohl es bei modernen Impulsradarverfahren Möglichkeiten gibt, dieses Verhältnis wesentlich zu verbessern, kommt für unsere Zwecke dennoch nur das CW-Radar in Frage. Einige solcher Verfahren werden im folgenden behandelt.

5.1.1 Ranging mit Frequenzkombinationen (Tone-Ranging)

Bei diesem Verfahren wird nicht die Signallaufzeit, sondern der Phasenunterschied zwischen ausgesandtem und empfangenem Signal $\Phi = 4\pi R/\lambda$. Wenn man also eine Frequenz $f_1 = c/\lambda_1$ auf das Trägersignal aufmoduliert, kann man aus dem demodulierten Empfangssignal die Phasendifferenz ermitteln. Es gibt allerdings ein Problem. Macht man f_1

sehr klein, also λ_1 groß, ist die Genauigkeit von R ebenfalls klein. Denn

$$R = \Phi\lambda/4\pi \qquad\qquad (5.2)$$

also die Auflösung

$$\Delta R = \lambda\Delta\Phi/4\pi \qquad\qquad (5.3)$$

Macht man umgekehrt f_1 sehr groß, wird die Messung vieldeutig, weil man Φ nur modulo 2π messen kann. Beispiel: $f_1 = 1\text{KHz}$, also $\lambda_1 = 300\text{km}$. Wenn man die Phase auf $1°$ genau messen kann, was $0,0175$ rad entspricht, wird die Auflösung $\Delta R = 416\text{m}$. Die Mehrdeutigkeit beginnt ab $R_1 = 2\pi \cdot \lambda_1/4\pi = \lambda_1/2 = 150\text{km}$. Es müssen daher mehrere Töne übertragen werden. Die höchste Frequenz bestimmt die Auflösung. Die nächst $f_2 = f_1/2$ dient z.B. zur Feststellung, ob die Distanz innerhalb der ersten oder zweiten 150km liegt, $f_1/4$ legt 600km eindeutig fest usw. Das Problem ist, daß man die niedrigen Frequenzen nicht direkt auf eine Trägerfrequenz aufmodulieren kann, da dann das Trennen der beiden schwierig wird. Es gibt zwei Lösungen hierfür: Entweder man benutzt Unterträger, oder man nimmt die Frequenzdifferenz zweier Frequenzen f_1 und f_2 und bestimmt deren Phasenunterschied.

$$\Phi_{12} = \Phi_1 - \Phi_2 = 4\pi R(1/\lambda_1 - 1/\lambda_2) \qquad\qquad (5.4)$$

In praxi geht man so vor: Man schätzt a priori den Standort bereits auf L km genau. Dann arbeitet man mit einem maximalen Ton n von $\lambda_n = 0,5L$ km. Kann man mit einer Auflösung von 1/100 der Wellenlänge mindestens rechnen (was sehr konservativ ist), dann benötigt man für den Ton (n-1) die Wellenlänge $\lambda_{n-1} = (1/200)L$ km usw.

5.1.2 Frequenzwobbelung

Man kann auch anstelle einer Gruppe von Frequenzen eine einzige Frequenz verwenden, die in einem genügend großen Frequenzbereich gewobbelt wird. Das bedeutet aber natürlich grundsätzlich, daß die Meßzeit verlängert wird zugunsten des Aufwands. Das gesendete Signal habe den zeitlichen Verlauf

$$x(t) = \cos\omega(t) \cdot t \qquad\qquad (5.5)$$

mit $\omega_a \leq \omega \leq \omega_e$

wobei die Indizes die Anfangs- und Endwerte der Kreisfrequenz markieren sollen. Die Periode beginne mit $t=0$. Dann laufe die Frequenz linear hoch zwischen t_a und $t_a + t_w$. Darauf folge ein Zeitabschnitt mit konstanter Frequenz ω_e und schließlich bei

$t = t_a + t_w + t_e$ der lineare Rücklauf nach ω_a. Das empfangene Ranging-Signal hat den Verlauf

$$y(t) = \cos\omega_x(t-T) + n(t) \tag{5.6}$$

wobei ω_x = Funktion von $(t-T)$, $n(t)$ = Rauschen. Ein PLL liefert aus dem verrauschten Signal das Referenzsignal

$$x_{VCO} = \cos[\omega_x(t-T)-\nu(t)] \tag{5.7}$$

wobei $\nu(t)$ den Phasenjitter angibt, der durch $n(t)$ verursacht wird. Die Phasendifferenz zwischen Sendesignal und VCO-Ausgangssignal beträgt

$$\theta(t) = \omega_x T + (\omega(t)-\omega_x)t + \nu(t) + \pi \bmod 2\pi \tag{5.8}$$

Falls $t_a < T$, dann gilt für den Zeitraum $T < t < t_a$

$$\theta_a(t) = (\omega_a T + \nu_a + \pi) \bmod 2\pi - \pi \tag{5.9}$$

Falls $t_e > T$ gilt für $t_a + t_w + T \leq t \leq t_a + t_w + t_e$

$$\theta_e(t) = (\omega_e T + \nu_e + \pi) \bmod 2\pi - \pi \tag{5.10}$$

Im Zeitraum dazwischen durchläuft $\theta(t)$ n_w mal 2π-Zyklen. Diese werden gezählt, wobei die Zähleranzeige jedesmal um 1 erhöht wird, sobald $\theta(t) = \pi$. Es gilt

$$\theta_a - \theta_e + 2\pi n_w = (\omega_e - \omega_a)T + \nu_e - \nu_a$$

$$T \approx \frac{\theta_a - \theta_e + 2\pi n_w}{\omega_e - \omega_a} \quad ; \text{ für geringen Jitter} \tag{5.11}$$

5.1.3 PN-Ranging

Auch bei der Entfernungsmessung ist es zweckmäßig, digitale Signale zu verwenden. Man kann PN-Folgen erzeugen, die eine beliebig lange Periodendauer haben und somit allen Anforderungen gerecht werden, die bezüglich der Periode T auftreten können. Diese muß mindestens so groß sein wie die Signallaufzeit nach Gl.5.1, um eindeutig die Laufzeit zu bestimmen.

Die PN-Folge wird einen Unterträger aufmoduliert und auf dem HF-Wege übertragen.

Das Echosignal wird nach der entsprechenden Demodulation einer Phasenregelschleife für Takt und Code zugeführt: Man kann z.B. mit Hilfe eines Delay-Locked-Loop den Bittakt herleiten, der seinerseits dann einen PN-Generator betreibt, welcher eine Kopie des sendeseitigen PN-Generators ist; Abb. 4.33. Sowohl die PN-Folge des Senders als auch die des Empfängers werden je einem Wortdetektor zugeführt.

Mit demjenigen der Sendeseite wird ein Zeitzähler gestartet, mit dem der Empfänger-seite wird er gestoppt. Die Laufzeit des entsprechenden Wortes wird so direkt meßbar, wobei die Korrelationseigenschaft der PN-Folgen dafür sorgt, daß dies mit einem Minimum an Fehlern geschieht. Die Auflösung ist natürlich eine Funktion der Taktzeit. Benutzt man z.B. eine Taktrate von 1MHz und löst 1 Zehntel dieser Taktzeit von $1\mu s$ auf, erhält man eine Meßgenauigkeit von 15m.

Man braucht übrigens nicht die gesamte Periodenlänge abzuwarten, um die Laufzeit zu ermitteln. Es besteht ja die Möglichkeit, sende- und empfangsseitige Wortdetektoren auf unterschiedliche Worte einzustellen; auf Worte, deren Abstand in der Folge man kennt. Es gibt jedoch auch die andere Möglichkeit, anstelle einer einzigen PN-Folge zusammengesetzte Codes zu verwenden. Hierbei sollen die Teilcodes Periodenlängen p_1, p_2, ...p_n haben, die relativ prim zueinander sind, d.h. diese p-Werte sind teilerfremd zueinander. Durch logische Verknüpfung dieser PN-Folge kann man eine Folge erhalten, deren Periodenlänge gleich ist dem Produkt der einzelnen Periodenlängen.

5.1.4 BINOR-Codes

Anstelle harmonischer Schwingungen des Tone-Ranging-Verfahrens vom Abschnitt 5.1.1 kann ebenso mit Rechteckschwingungen gearbeitet werden. Dann entsteht durch die Überlagerung von N-Rechtecksignalen ein digitales Signal mit $N+1$ möglichen Pegeln. Die Periodendauer ist durch die niedrigste Frequenz gegeben; Abb.5.2 demonstriert das Verfahren an einem Beispiel mit $N=5$ Rechtecksignalen, die im Verhältnis 1:2 zueinander stehen. Für ungerades N kommt der Pegel Null in der Summe nicht vor. Außerdem ist der Zeitverlauf drehsymmetrisch in Hinblick auf die halbe Periodendauer. Die Einzelsignale sind wechselseitig orthogonal zueinander bezogen auf die Perioden-dauer der niedrigsten Rechteckfrequenz. Man kann daher mittels einer Bank von N Korrelatoren die Phasenwerte der einzelnen Korrelatoren optimal ermitteln; Für die AKF ergibt sich ein Maximalwert von

$$c(0) = \frac{\binom{N-1}{(N-1)/2}}{2^{N-1}} \tag{5.12}$$

Man kann aber auch, und das ist das besondere an dem Binor-Verfahren, eine Begrenzung des Summensignals vornehmen, also nur noch den Vorzeichenwechsel übertragen.
Auch dann ist noch genügend Information in dem Signal, um über die Korrelatoren eine
Rangingmessung durchführen zu können. Hierbei wird für N > > 1.

$$c(0) = \sqrt{2/\pi N} \qquad\qquad (5.13)$$

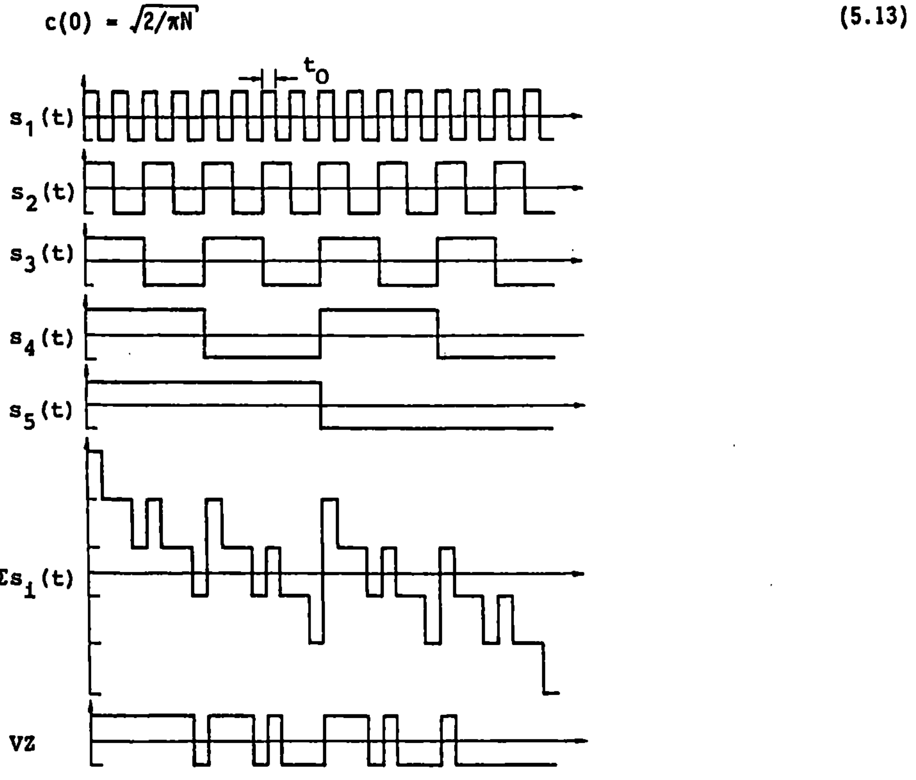

Abb. 5.2 Beispiel zur Erzeugung eines BINOR-Codes

d.h. daß für eine größere Anzahl von Rechtecksignalen der Binorcode einen maximalen
Korrelationswert, der um den Faktor $\sqrt{2}/\pi \approx$ -0,98 dB schlechter liegt als der des Optimums, hat. Bei N = 5 wird der Unterschied sogar nur -0,76 dB.

5.2 Dopplermessung

Es bewege sich das Raumfahrzeug S relativ zur Bodenstation B mit der Radialgeschwindigkeit v_R. Dann wird die Sendefrequenz f_T mit einer Frequenzverschiebung Δf
empfangen, d.h. für die Empfangsfrequenz gilt

$$f_E = f_S + \Delta f \tag{5.14}$$

Für Δf gilt in guter Näherung

$$\Delta f = - \frac{v_R}{c} f_S \quad ; \quad v_R = R' \tag{5.15}$$

d.h. daß sich bei einer Entfernungsvergrößerung die Empfangsfrequenz erniedrigt und bei einer Entfernungsverkleinerung erhöht, und zwar abhängig vom Verhältnis dieser Geschwindigkeit zur Lichtgeschwindigkeit c.

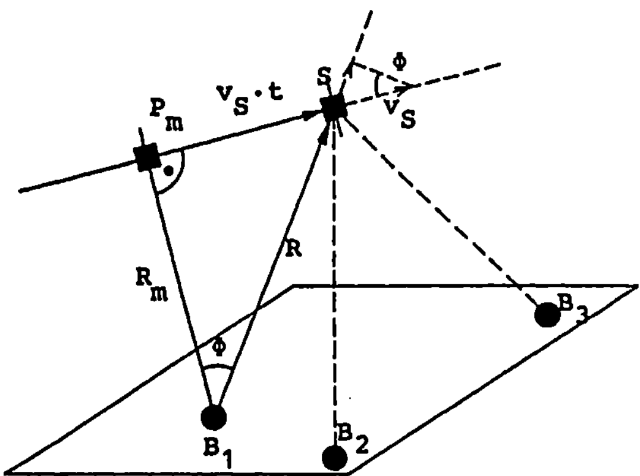

a) Von den 3 angegebenen Beobachtungspunkten B_1, B_2, B_3 wird der Satellit im Zeitpunkt t mit unterschiedlichen Radialgeschwindigkeiten "gesehen". Die Ableitungen beziehen sich auf B_1.

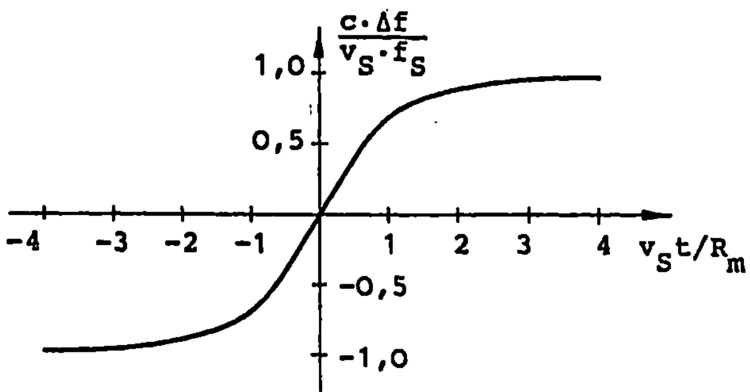

b) Die Dopplerkurve nähert sich nur im vereinfachten Fall einer geradlinigen Bewegung asymptotisch den Ordinatenwerten ±1. Bei elliptischen Bahnen fällt sie nach einem Maximum wieder.

Abb. 5.3 Dopplermessung bei Erdsatelliten

5.2.1 Erdsatelliten

Die Zeitfunktion $\Delta f(t)$ soll nun an einem sehr vereinfachten Modell einer Satellitenumlaufbahn betrachtet werden. Die Bahn wird in der Nähe des Beobachtungsortes B_1 als Gerade angenähert; die Satellitengeschwindigkeit v_s sei konstant. Dann gilt nach Abb.5.3 für die radiale Geschwindigkeitskomponente

$$R' = v_R = v_s \sin\Phi \tag{5.16}$$

$$R^2 = R_m^2 + (v_s t)^2$$

$$R' = v_s [1 + (R_m/v_s t)^2]^{-0.5} \tag{5.17}$$

Hierbei wird der Winkel Φ am Beobachtungsort B zwischen der Richtung zum momentanen Satellitenort S und dem Punkt des geringsten Satellitenabstandes R_m gemessen. Daher ist

$$\Delta f = - \frac{v_s}{c} f_s \sin\Phi = - \frac{v_s}{c} f_s [1+(R_m/v_s t)^2]^{-0.5} \tag{5.18}$$

Ist der Satellit nahe am Horizont, also $\Phi \approx 90°$, dann wird

$$\Delta f_{90} = \Delta f_{max} = \frac{-v_s}{c} f_s \tag{5.19}$$

Man mißt in diesem Fall also direkt die Satellitengeschwindigkeit

$$v_s = -\Delta f_{max} \frac{c}{f_s} \tag{5.20}$$

Am Ort des geringsten Abstandes, d.h. zur Zeit t_m, wird hingegen die Dopplergeschwindigkeit Null. Der Kurvenverlauf $\Delta f(t)$ hat dort einen Wendepunkt. Die Steilheit der Wendetangente ergibt sich durch Differentation zu

$$\frac{d(\Delta f)}{dt}\Big|_{\Phi=0} = - \frac{v_s f_s}{c} \cos\Phi \frac{d\Phi}{dt}\Big|_{\Phi=0} = \frac{v_s}{c} f_s \frac{d\Phi}{dt}\Big|_{\Phi=0} \tag{5.21}$$

oder mit

$$v_s = R_m \frac{d\Phi}{dt}\Big|_{\Phi=0} \tag{5.22}$$

$$R_m = (f_s v_s^2/c) \frac{1}{\dfrac{d(\Delta f)}{dt}\Big|_{max}} \tag{5.23}$$

Man kann also aus der maximalen Steilheit der Dopplerkurve ermitteln, welche minimale Distanz der Satellit von der Bodenstation hat. Werden die Dopplermessungen von mehreren Bodenstationen B_2, B_3 $\cdot\cdot$ ausgeführt, gewinnt man zuverlässige Daten zur Ermittlung der Bahnparameter.

Zahlenbeispiel: Der Satellit sende mit $f_S = 138$MHz. Die maximale Dopplerverschiebung sei zu $\Delta f = 3,7$KHz gemessen worden, die maximale Steilheit zu 66Hz/s. Daher ergibt sich

$$-v_S = (3700 \cdot 3 \cdot 10^8 \ )/(1,38 \cdot 10^8) = 8043 \ m/s$$

$$R_m = (1,38 \cdot 10^8 \cdot 8,043^2 \cdot 10^6)/(3 \cdot 10^8 \cdot 66) = 451,2 \ km$$

5.2.2 Zweiweg-Dopplermessung

Für die Geschwindigkeitsmessung über die Dopplermessung ist eine genauere Kenntnis von f_S erforderlich; Gl.5.20. Die Langzeitstabilität der Bordsender reicht bei anspruchsvollen Missionen nicht aus. Daher verwendet man dann einen kohärenten Transponder, d.h. der Telemetriesender wird in seiner Frequenz vom Telekommandoempfänger gesteuert und damit indirekt vom Bodenstationssender, wie bereits in Abb.1.1 angedeutet. Der Vorteil des Transponderverfahrens liegt darin, daß einerseits bodenseitig sehr hochstabile Frequenznormale verfügbar sind und daß andererseits nur Frequenzschwankungen als Fehler eingehen, die innerhalb der Signallaufzeit Boden-Bord-Boden auftreten. Ein Transponder arbeitet kohärent, wenn die Sendefrequenz f_S ein rationales Vielfaches der Empfangsfrequenz f_R ist, also

$$f_S = f_R n/m \tag{5.24}$$

mit m, n $\cdots$ ganze Zahlen.

Das Grundprinzip einer solchen Schaltung wurde im Abschnitt 4.4.2 behandelt. Bei einem kohärenten Transponder hat bereits das Transponder-Sendesignal einen Dopplereffekt. Wird nämlich bodenseitig mit f_B gesendet, erhält der Transponder die Empfangsfrequenz

$$f_R = f_B + \Delta f_B ; \quad \Delta f_B = -f_B v_R/c \tag{5.25}$$

Dann erfolgt die Frequenzumsetzung. Der Transponder strahlt die Frequenz f_S gemäß Gl.5.24 aus. Diese wird am Boden mit der Frequenz

$$f_E = f_S + \Delta f_S; \quad \Delta f_S = -f_S v_R/c \qquad (5.26)$$

empfangen. Somit wird

$$f_E = f_R(1- v_R/c)(n/m) = (1-v_R/c)^2 f_B(n/m)$$

$$f_E = f_B(n/m) - 2f_B(v_R/c)(n/m) + (v_R/c)^2 f_B(n/m) \qquad (5.27)$$

Der Dopplereffekt ist also in guter Näherung bei kleinen v_R/c-Werten gegeben durch

$$\Delta f_E \approx -2f_B(v_R/c)(n/m) \qquad (5.28)$$

oder bezogen auf die bodenseitig abgestrahlten Frequenz f_B

$$\Delta f_B \approx -2f_B(v_R/c) \qquad (5.29)$$

Man multipliziere also die Empfangsfrequenz mit dem Faktor m/n und vergleiche die so gewonnene Frequenz mit der Sendefrequenz. Diese Frequenzablage entspricht dem Dopplereffekt von Gl.5.29.

5.2.3 Zweifrequenz-Dopplermessung

In 6.3.5 wird gezeigt werden, daß das Plasma der Ionosphäre eine Frequenzabhängigkeit bei der Ausbreitungsgeschwindigkeit der Wellen bewirkt und daß dadurch zusätzlich ein Dopplereffekt auftritt. Diese fehlerhafte Einwirkung auf die Dopplermessung wird umso geringer, je höher f_S im Vergleich zur Resonanzfrequenz des Plasmas liegt. Die Summe der beiden Dopplereffekte, nämlich des geometrischen gemäß Gl.5.15 und des ionosphärischen ergibt zusammen

$$\Delta f = -f_S v_R/c + \kappa/f_S \qquad (5.30)$$

wobei κ eine Konstante ist, die von der Beschaffenheit der Ionosphäre am Ort und zur Zeit des Signaldurchtritts abhängig ist. Benutzt man nun zwei Sendefrequenzen f_{S1} und f_{S2}, kann man diesen zweiten Summanden eliminieren

$$\Delta f_1 = -f_{S1}v_R/c + \kappa/f_{S1}; \quad \Delta f_2 = -f_{S2}v_R/c + \kappa/f_{S2}$$

$$\Delta f_1 f_{S1} - \Delta f_2 f_{S2} = -f_{S1}{}^2 v_R/c + f_{S2}{}^2 v_R/c;$$

also

$$\frac{v_R}{c} = \frac{\Delta f_1 f_{S1} - \Delta f_2 f_{S2}}{f_{S2}{}^2 - f_{S1}{}^2} \qquad (5.31)$$

Man mißt also die beiden Dopplerfrequenzen und gewichtet diese Werte entsprechend der o.a. Gleichung mit den bekannten Sendefrequenzen f_{S1} und f_{S2}. Das so gewonnene Resultat ist - zumindest bis auf Fehler zweiter Ordnung - frei von den Störungen der Ionosphäre.

5.2.4 Raumsonden

Die Dopplermessung ist für Raumsonden äußerst informationsträchtig. Hier hilft die Tatsache, daß die Bodenstationen nicht im Erdmittelpunkt liegen, sondern auf der Erdoberfläche, also mit dieser rotieren; Abb. 5.4. Die tatsächliche Radialgeschwindigkeit der Sonde ist daher eine in Bezug auf die Bodenstation wesentlich kompliziertere Funktion die sich aber für den uns interessierenden Sonderfall Distanz $R > >$ Erdradius sehr vereinfacht und leicht herleiten läßt. R und r sind daher praktisch parallel, die Entfernungsdifferenz R-r ist durch die Projektion des Vektors Erdmittelpunkt-Bodenstation auf den Vektor R gegeben. In Abb. 5.4 werden die Verhältnisse geometrisch sehr durchsichtig; es gilt

$$R = r + r_s \cos x \cos \delta + z_s \sin \delta \qquad (5.32)$$

mit $x = \omega(t - t_0)$, $\omega = $ Winkelgeschwindigkeit der Erde $= 7{,}29 \cdot 10^{-5} s^{-1}$
also

$$R' = r' - r_s x' \sin x \cos \delta - r_s \delta' \cos x \sin \delta + z_s \delta' \cos \delta$$

Nun ist $\delta' \approx 0$ über Zeitperioden der Größenordnung von Tagen, da die Distanzen so groß sind. Somit wird $r' = R' + r_s x' \sin x \cos \delta$, $x' = \omega$,

$$r' = R' + r_s \omega \cos \delta \sin \omega(t - t_0) \qquad (5.33)$$

Diese fundamentale Gleichung soll nun diskutiert werden, wobei zwei Fälle betrachtet werden.

1. Fall: $R' = $ const.

Der zeitliche Verlauf von δ' variiert dann nach einer sin-Funktion, um den Mittelwert R' herum. Die Periode der sin-Funktion ist durch die Winkelgeschwindigkeit der Erdrotation bekannt, ist also 23h 56min. Immer dann, wenn der Radiusvektor MP durch den

Meridian der Bodenstation geht, ist $t = t_0$ mod. 23h 56min und $\delta'(t_0) = R'$. Man messe daher $\delta'(t)$ sehr genau und bestimme daraus t_0. Da man bei bekannten Koordinaten der Bodenstation weiß, in welche Richtung deren Meridianebene z.Z. t_0 weist, ist somit auch die Rektaszension der Sonde bekannt.

Der Frequenzhub $b = \omega r_s \cos\delta$ hängt ab von Abstand r_s, den die Bodenstation von der Rotationsachse der Erde hat. Er ist ferner von der Deklination δ der Sonde abhängig.

δ läßt sich somit ebenfalls aus dem Verlauf $\delta'(t)$ ermitteln; vgl. Gl.5.34.

$$\delta = \arccos(b/\omega r_s) \qquad\qquad (5.34)$$

Die täglichen Änderungen von b ergeben $\delta' = \Delta\delta/$Tag, d.h., sie sind durch die Veränderungen des Frequenzhubes gegeben. Der Unterschied zwischen dem tatsächlichen Durchgang der Sonde und dem Wert t_0 mod. $2\pi/\omega$ ergibt die Änderung der Rektaszension der Sonde während dieser Zeiteinheit, also $\alpha' = \Delta\alpha/$Tag.

2. *Fall:* R'$\neq$ const

Hier läßt sich aus der Änderung des Mittelwertes der Dopplerfrequenz pro Tag direkt die Radialbeschleunigung ablesen:

$$r'' = \Delta r'/\text{Tag}$$

In beiden Fällen - dem vereinfachten und dem allgemeinen - kann also die gewünschte Information sogar mit einfachsten Hilfsmitteln gewonnen werden.

5.3 Interferometer

Für genaue Winkelmessungen benutzt man die Interferometrie. Wir beschränken uns hier auf die Beschreibung des sehr einfachen Grundprinzips. Bezüglich der zahlreichen technischen Ausführungsformen sei auf die Literatur hingewiesen. Das Grundprinzip ist in Abb.5.5 dargestellt. Ein Antennenpaar A_1 und A_2 sei in einem gegenseitigen Abstand B, der Basis, aufgestellt. Das Raumfahrzeug S sei so weit entfernt, daß die Radiusvektoren parallel zueinander angenommen werden können. Dann gilt für den Wegunterschied

$$\Delta = \overline{A_1 S} - \overline{A_2 S} = B \cdot \cos(\gamma) \qquad\qquad (5.35)$$

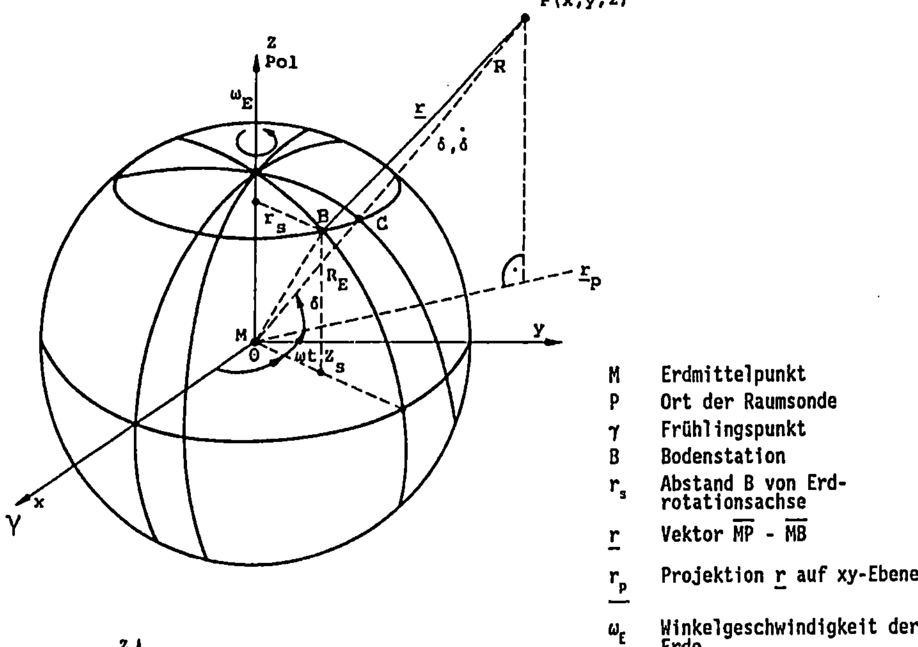

M	Erdmittelpunkt
P	Ort der Raumsonde
γ	Frühlingspunkt
B	Bodenstation
r_s	Abstand B von Erdrotationsachse
$\underline{r}$	Vektor $\overline{MP} - \overline{MB}$
$\underline{r}_p$	Projektion $\underline{r}$ auf xy-Ebene
ω_E	Winkelgeschwindigkeit der Erde

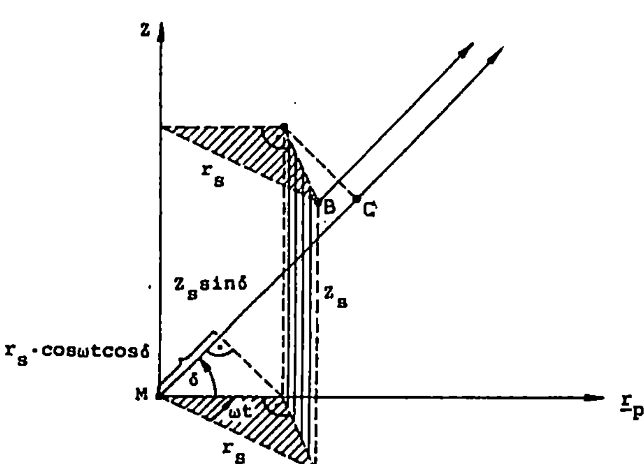

Fall r>>R:

$\overline{BP}$ parallel zu $\overline{MP}$,
Wegunterschied:

$$\Delta = \overline{MC} - r_s \cdot \cos\omega t \cdot \cos\delta + Z_s \cdot \sin\delta$$

$$\overline{MC} = R_E$$

Bei bekannten Ortskoordinaten der Bodenstation B läßt sich mit der Dopplermessung der Satellitenort P genau bestimmen, und umgekehrt ist B(x,y,z) bei bekannter Bahn von P zu ermitteln.

Abb. 5.4 Zweiweg- Dopplermessung von Raumsonden

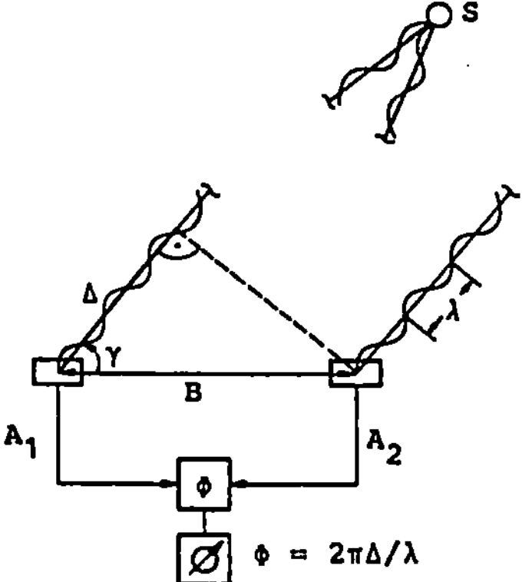

Abb. 5.5 Interferometer-Meßprinzip

und somit der Phasenunterschied

$$\Phi = 2\pi\Delta/\lambda = \frac{2\pi B}{\lambda}\cos(\gamma) \tag{5.36}$$

Daher ergibt sich also der Winkel γ über die Messung des Phasenunterschiedes Φ, den die beiden Empfangssignale von A_1 und A_2 haben.

$$\gamma = \arccos(\lambda\Phi/2\pi B) \tag{5.37}$$

Um die Meßgenauigkeit, oder genauer gesagt, die Empfindlichkeit (Winkelauflösung) abschätzen zu können, differenzieren wir Gl.5.36

$$d\Phi = -(2\pi B/\lambda)\sin(\gamma)d\gamma \qquad , \text{ also}$$

$$d\gamma = -\frac{\lambda}{2\pi B}\frac{d\Phi}{\sin\gamma} \tag{5.38}$$

Bei einer vorgegebenen Auflösung $d\Phi$ des Phasenwinkels wird die geometrische Winkelauflösung $d\gamma$ umso feiner, je größer die Basis B im Verhältnis zur genutzten Wellenlänge λ steht. Das Interferometer soll im Winkelbereich um $\gamma = 90°$ herum genutzt werden, da dort die Auflösung am besten ist. Dann gilt bezüglich der Standardabweichungen des Winkelfehlers

$$\delta_{\gamma opt} = \lambda\delta_{\Phi}/2\pi B$$

$$\sigma_{\gamma}^2 = \overline{d\gamma^2}; \quad \sigma_{\Phi}^2 = \overline{d\Phi^2} \tag{5.39}$$

Während nun der Wunsch nach möglichst hoher Winkelauflösung zu der Empfehlung führt, die Basis groß zu machen, fordert eine eindeutige Winkelmessung genau das

Gegenteil. Denn der Phasenwinkel Φ kann elektrisch nur mod.2π gemessen werden, also $\Phi = \Phi_0 + 2\pi n$, n ganze Zahl, so daß tatsächlich Gl.5.37 in der folgenden Form geschrieben werden muß

$$\Phi = \text{arccos}[(\lambda\Phi_0/2\pi B) + n\lambda/B] \qquad (5.40)$$

Wenn $B/\lambda < 1$, dann kann nach Gl.5.36 Φ höchstens 2π werden, d.h. $n=0$. Wenn aber $B/\lambda = 2$, dann durchläuft der Betrag von Φ Werte bis 4π, d.h. $n=1$. Generell ist n bestimmt durch

$$n = |(B/\lambda) - 1| \qquad (5.41)$$

falls B/λ = ganze Zahl, anderenfalls durch den entsprechenden auf eine ganze Zahl abgerundeten Wert.

Einen Ausweg aus diesem Dilemma bietet die Anwendung von zusätzlichen Antennen $Z_1, Z_2 \cdots$. Diese werden zwischen A_1 und A_2 aufgestellt. Dann werden damit die Phasendifferenzen bezüglich A_1 gemessen, so daß man nun mit den zunehmend kleiner werdenden Basen $B_1 = A_1 - Z_1$, $B_2 = A_1 - Z_2$ usw. die Möglichkeit hat, den Eindeutigkeitsbereich immer größer zu machen. Man wird natürlich bei der Messung normalerweise umgekehrt vorgehen, d.h. zunächst die ungenaueste Messung für eine erste große Sektorbestimmung, dann die nächste für eine etwas kleinere Sektorbestimmung usw. vornehmen und schließlich bei der Feinstmessung angelangen. Eine Alternative bietet sich noch an: Man benutze scharf bündelnde Antennen (Richtanntenverfahren), so daß ohnehin nur aus einem sehr schmalen Winkelbereich ein Empfang möglich ist. Je kleiner dieser Bereich ist, desto geringer wird die Anzahl der Mehrdeutigkeiten und damit die Forderung nach kleinen Zusatzbasen.

Ein Meßproblem bleibt aber bei Interferometersystemen generell: Der Vergleich der Phasen. Man muß das Empfangssignal der einen Antenne - nach entsprechender Vorverstärkung - zum zweiten Antennenort führen. Die elektrische Weglänge hierfür muß exakt bekannt sein, da ein Phasenfehler zu einem Winkelfehler wird. Kabel, die hierfür verwendet werden, müssen daher genau vermessen werden. Dennoch können z.B. Temperaturschwankungen zu Schwankungen in der elektrischen Weglänge führen. Um solche Fehler zu vermeiden, kann man ein Referenzsignal (Pilotton) auf dem Kabel hin- und zurücksenden und den Phasenunterschied hierfür ermitteln. Da es sich hierbei um den doppelten Signalweg handelt, ist die Hälfte dieses Wertes als Korrekturphase von dem entsprechenden Empfangssignal zu subtrahieren.

Eine andere, sehr moderne Form, die bei Großinterferometern zur Anwendung kommt, dann nämlich, wenn B viele tausend Kilometer lang ist, verwendet Atomuhren an den Empfangsstellen. Man mißt somit die Phasen gegen ein Referenzsignal, das mit der hohen Stabilität von 10^{-12} bis 10^{-16} auch extremen Anforderungen genügt.

5.4 Navigationssatelliten

Als bekanntestes Navigationssatellitensystem sei kurz das "Global Positioning System GPS" der USA beschrieben. Es benutzt 18 Satelliten und zusätzlich 6 bis 10 Reservesatelliten als "Raumsegment". Jeder dieser "NAVSTAR"- Satelliten ist mit einer Atomuhr ausgerüstet und sendet auf zwei Trägerfrequenzen (bei 1,5 GHz und 1,2GHz) PN-Ranging- Codes aus, die sowohl für die Entfernungs- als auch die Zeitmessung verwendet werden; Abb. 5.6 und Tab. 5.1. Die Satelliten befinden sich auf 12-Stunden-Kreisbahnen, also in 20.300 km Höhe.

Da über die Atomuhren gewährleistet ist, daß die Satelliten (nahezu) synchron ihre Signale aussenden, und da ferner auch Kenndaten über die aktuelle Bahn von den Satelliten abgesendet werden, lassen sich zu jedem Zeitpunkt die Positionen der Satelliten ermitteln und die PN- Daten als Ranging- Information verwenden. An jedem Ort der Erde lassen sich stets die Signale von mindestens 4 dieser Satelliten empfangen. Am Boden sind aus den 3 Differenzzeiten 3 Hyperboloide zu ermitteln und damit auch die Koordinaten der bodenseitigen Meßstation. Diese kann irgendeine mobile oder feste Station sein.

Tab. 5.1 GPS-Daten

Bahnhöhe	20160 km
Geschwindigkeit	3873 m/sec
Umlaufzeit	12 h
Inklination	55 Grad
Sendefrequenz	1227/1575 MHz
Reichweite	Global
max. Anzahl der Satelliten	18
Verfügbarkeit	kontinuierlich
Anzahl sichtbarer Satelliten	4 - 6
Betriebsart	Doppler + Pseudo-Entfernungsmessung
max. Dopplerverschiebung	4.8 kHz
PN-Code (Ranging)	1 und 10 MHz
Positionsbestimmung	sofort
Genauigkeit	10 m 3D

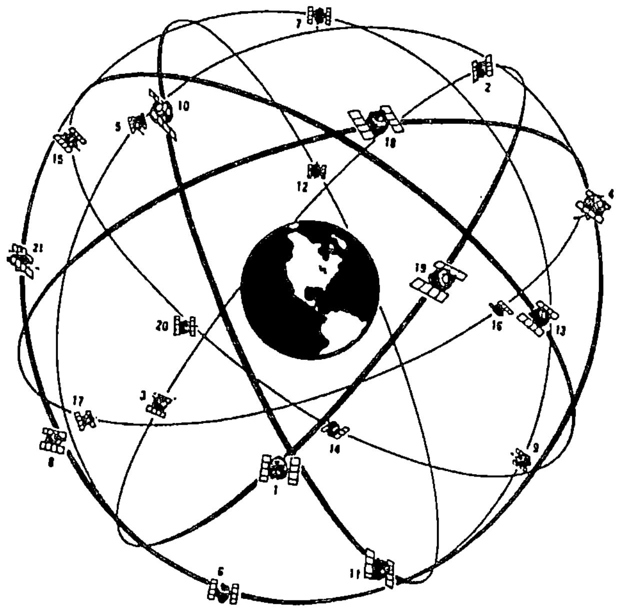

a) Konfiguration des GPS-Satellitensystem

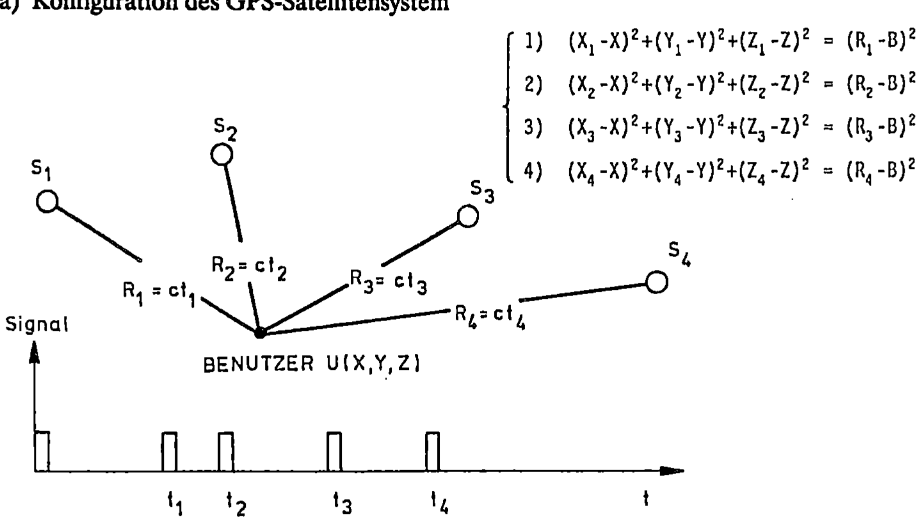

$$
\begin{cases}
1) & (X_1-X)^2+(Y_1-Y)^2+(Z_1-Z)^2 = (R_1-B)^2 \\
2) & (X_2-X)^2+(Y_2-Y)^2+(Z_2-Z)^2 = (R_2-B)^2 \\
3) & (X_3-X)^2+(Y_3-Y)^2+(Z_3-Z)^2 = (R_3-B)^2 \\
4) & (X_4-X)^2+(Y_4-Y)^2+(Z_4-Z)^2 = (R_4-B)^2
\end{cases}
$$

b) Die Koordinaten X_i, Y_i, Z_i der 4 Satellitenpositionen S_1, S_2, S_3 und S_4 sind bekannt; die Entfernungen R_i zum gesuchten Ort werden gemessen. B ist die unbekannte Zeitbias des GPS-Empfängers. Durch die 4 Gleichungen können die Koordinaten X, Y, Z und B berechnet werden.

Abb. 5.6 GPS- NAVSTAR System

6 Wellenausbreitung

Die Wellen durchlaufen bei der Signalübertragung zwischen Raumfahrzeug und Bodenstation drei verschiedene Medien, nämlich die Neutralgas-Atmosphäre, die Ionosphäre und den Weltraum. Abgesehen von Dämpfungseffekten treten durch Ionosphäre und Neutralgasatmosphäre weitere Ausbreitungseffekte auf, die als Nebeneffekte bei genaueren Messungen berücksichtigt werden müssen (Abb. 6.1 bis Abb. 6.4). Die wichtigsten davon sollen im folgenden kurz behandelt werden.

6.1 Brechungsindex

Von erheblicher Bedeutung für die Beschreibung der Effekte ist der aus der Optik bekannte Brechungsindex n. Er ist definiert durch das Verhältnis Vakuum-Lichtgeschwindigkeit c zur Geschwindigkeit v im entsprechenden Medium

$$n = c/v \tag{6.1}$$

Gemäß Abb.6.3 ist n in der Neutralgas-Atmosphäre größer 1, in der Ionosphäre kleiner und im Weltall gleich 1. Die Veränderung von n als Funktion der Höhe führt zu einer Strahlkrümmung, die in der Zeichnung in übertriebener Form dargestellt ist. In guter Näherung läßt sich der Strahlengang mit Hilfe des Snellius'schen Brechungsgesetzes ermitteln, wenn man n als Funktion der Höhe H kennt:

$$n_1 : n_2 = \sin E_2 : \sin E_1 \tag{6.2}$$

Denn: Trifft eine Welle schräg auf die Grenzfläche zweier Medien I, II (Abb. 6.4) von unterschiedlichen Brechungsindices $n_1 = c/v_1$, $n_2 = c/v_2$, dann tritt beim Übergang vom ersten auf das zweite Medium mit einer Geschwindigkeitsänderung auch eine Brechung auf; Abb. 6.4. Die Wegunterschiede AC, BD, müssen optisch bzw. mikrowellenmäßig gleich sein, d.h. $BD/v_1 = AC/v_2$.

Nun ist
$$BD/AD = \sin E_1, \quad AC/AD = \sin E_2,$$

$$\text{also} \quad BD/AC = \sin E_1 / \sin E_2 = n_1 / n_2 = v_2 / v_1$$

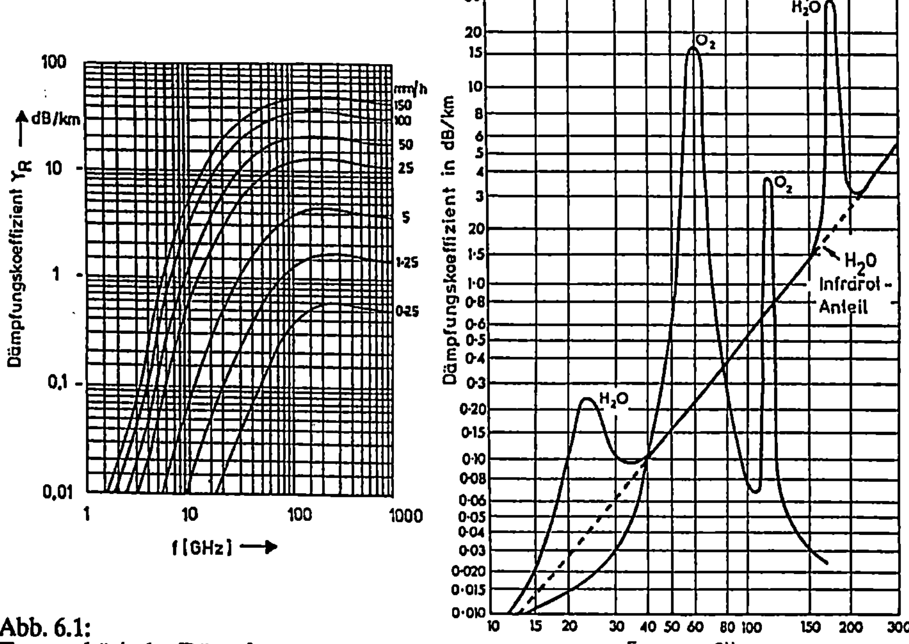

Abb. 6.1:
Troposphärische Dämpfung
als Funktion von Frequenz und
Niederschlag (CCIR 1978)

Abb. 6.2:
Atmosphärische Dämpfung;
Frequenzfenster für einen
Wasserdampfgehalt von 10 g/m³

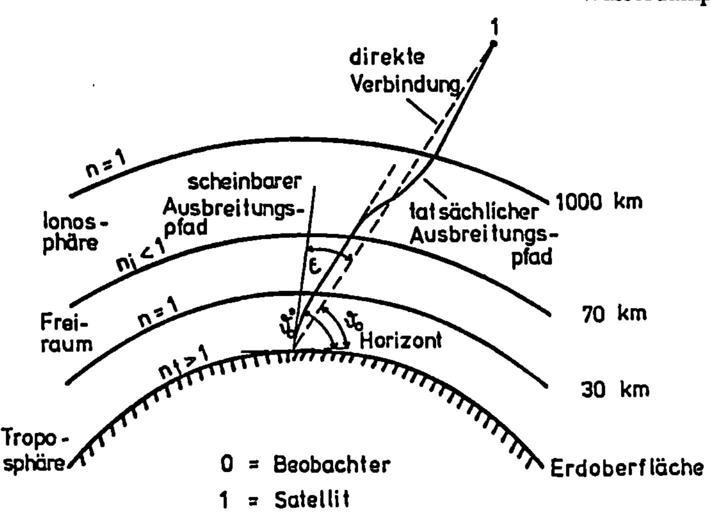

Abb. 6.3 Strahlengang durch die Atmosphäre

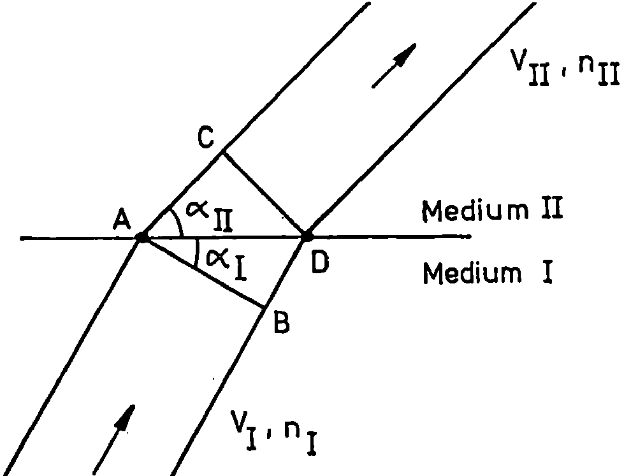

Abb. 6.4 Die Brechung der Welle bei Übergang zwischen Medien mit verschiedenem Brechungsindex n

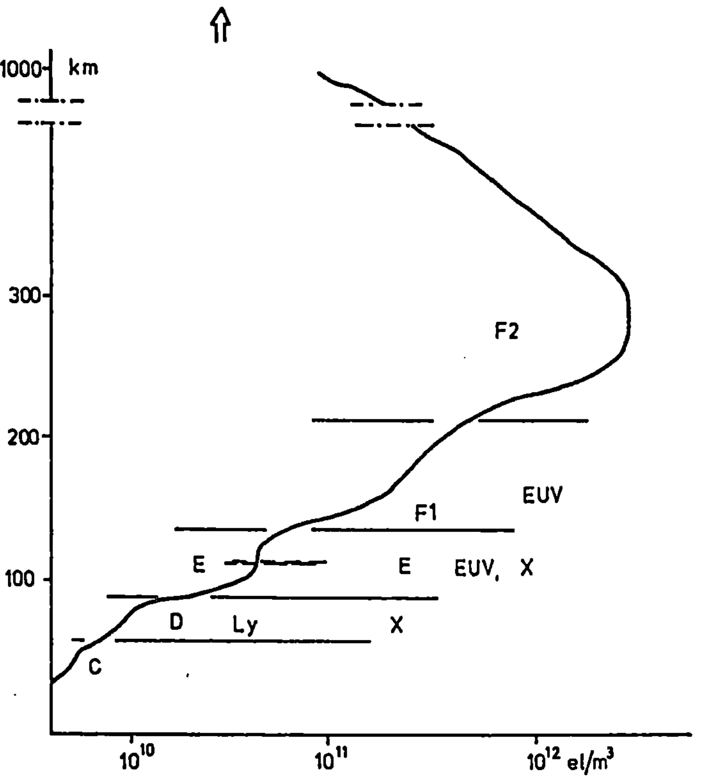

Abb. 6.5 Elektronendichte-Verlauf in der Ionosphäre. Die Werte gelten für die Mittagszeit; nachts können sie um den Faktor 100 kleiner werden.

6.2 Neutralgasatmosphäre: Signalverzögerung

Für die Neutralgas-Atmosphäre läßt sich der Brechungsindex n_N als Funktion des atmosphärischen Drckes p(H) in mb, des Wasserdampfdruckes e(H) in mb und der Temperatur T(H) in °K beschreiben durch

$$n_N(H) = 1 + \frac{77,6 \cdot 10^{-6}}{T(H)} \; [p(H) + \frac{4810 \; e(H)}{T(H)}] \qquad (6.3)$$

$$N(H) = [n_N(H) - 1] \cdot 10^6$$

bezeichnet man als Brechwert. Der Wert von N liegt für die Meeresoberfläche etwa bei $N(H=0) = N_0 = 3 \cdot 10^2$ und nimmt exponentiell mit der Höhe H ab

$$N(H) = N_0 \exp(-H/H_N) \qquad (6.5)$$

$$H_N = \text{"Skalenhöhe"} \approx 7 \text{ bis } 12 \text{ km} \qquad (6.6)$$

Der Brechwert setzt sich additiv zusammen aus einem Anteil für die "trockene Atmosphäre" und einen für die feuchte Komponente. Der durch N(H) verursachte Refraktionsfehler ΔE ist kleiner als ein Grad, solange der Elevationswinkel mindestens 2° beträgt. Für 20° Elevationswinkel reduziert er sich bereits auf 0,06°.

Es ist mit $n > 1$ auch eine Laufzeitverzögerung verbunden, weil sich einerseits der Strahl nicht geradlinig und andererseits auch mit geringerer Geschwindigkeit ausbreitet. Wie sich zeigen läßt, beträgt diese Verzögerung bei horizontalen Signalen maximal 110m, bei 2° Elevation 50m und bei 5° Elevation nur noch 25m.

Für den vertikalen Fall ergeben sich folgende Daten, die mit 1/sinE zu multiplizieren sind, wenn man den schrägen Einfall berücksichtigen will und der Elevationswinkel E mindestens 15° beträgt, sodaß nur die Verzögerung und nicht die Krümmung von Bedeutung ist:

Der trockene Anteil kann bis zu 2,3m betragen, der feuchte Anteil liegt zwischen wenigen cm und 40 cm. Der letztere Fall tritt auf in tropischen Gebieten, der Fall von wenigen cm im Winter in gemäßigten Zonen oder auch in den polaren Regionen. Während der trockene Anteil sehr genau durch die Modellierung zu erfassen ist, ist der feuchte Anteil lokal und zeitlich schnell variabel. Trotz seines relativ geringeren Effektes wirkt sich bei extrem genauen Ranging- Messungen der feuchte Anteil daher als maßgebender Unsicherheitsfaktor aus.

6.3 Ionosphäre

Die Ionosphäre ist eine aus Ionen und Elektronen bestehende insgesamt neutrale Gas-
schicht geringer Dichte, ein "Plasma". Sie erstreckt sich in einer Höhe von rund 50 bis
1000km über der Erdoberfläche. Für die Fernwirktechnik sind nur die Effekte der freien
Elektronen von Bedeutung, die wesentlich kleinere Masse haben als die Ionen und
daher mit den hochfrequenten elektromagnetischen Wellen in Wechselwirkung treten.
Ionen sind hingegen nur unterhalb von einigen 100 Hz von Einfluß. Der Brechungsindex
n_I ist aufgrund der Wechselwirkung zwischen Welle und Elektronen frequenzabhängig;
man sagt, das Medium ist "dispersiv"

$$n_I = \sqrt{1 - (f_p/f)^2} \tag{6.7}$$

$$\text{mit } f_p = (1/2\pi)\sqrt{(N_e e^2)/(m\epsilon_0)} = \sqrt{80,5\ N_e} = \text{Plasmafrequenz}$$

$$N_e = \text{Elektronen pro m}^3,\ m = \text{Elektronenmasse} = 9,10 \cdot 10^{-31}\text{kg,}$$
$$e = \text{Elementarladung} = 1,6 \cdot 10^{-19}\text{ As, } \epsilon_0 = 8,85 \cdot 10^{-12}\text{ As/Vm}$$

Bei $f = f_p$ wird also der Brechungsindex Null, bei $f < f_p$ imaginär, so daß dann starke
Signaldämpfung auftritt. $f > f_p$ nähert sich mit steigender Frequenz n_I mehr und mehr
dem Wert 1. Für $f >> f_p$ spielt daher die Ionosphäre eine sehr untergeordnete Rolle. Es
gilt:

$$n_I \approx 1 - 0,5(f_p/f)^2 \tag{6.8}$$

f_p ist von der Elektronendichte abhängig. Diese ändert sich tageszeitlich und ist außerdem abhängig von der geographischen Breite und der Sonnenaktivität. Die Größenordnung der Dichte läßt sich aber aus der Abb.6.5 entnehmen. Die Plasmafrequenz liegt bei
etwa 3 MHz nachts und 11 MHz tagsüber. Mit $f > 100$MHz liegen also die uns interessierenden Übertragsungsfrequenzen wesentlich darüber. Dennoch spielen für genauere
Messungen bis zum Bereich $f < 3$GHz und für extrem genaue Navigation (im dm, cm und
mm-Genauigkeitsbereich) bis $f = 30$ GHz manche der im folgenden zu besprechenden
Effekte eine Rolle. Vor allem aber müssen sie im UKW-Bereich berücksichtigt werden.

6.3.1 Phasen- und Gruppengeschwindigkeit

Für die Ausbreitungsgeschwindigkeit einer einzelnen harmonischen Welle gilt gemäß
Gln.6.1 und 6.7

$$v = c/n_I = c/\sqrt{1 - (f_p/f)^2} \tag{6.9}$$

d.h. daß für $n < 1$ die Phasengeschwindigkeit größer wird als die Lichtgeschwindigkeit. Diese Art der Geschwindigkeit tritt in Hinblick auf den Dopplereffekt auf, da dort die Phasenänderung einer harmonischen Trägerfrequenz gemessen wird. Für die eigentliche Energieausbreitung, also for die Übertragung des Modulationsinhalts, ist jedoch die Gruppengeschwindigkeit v_G maßgebend. Wie sich zeigen läßt, gilt hierfür

$$v_G = \frac{c}{\dfrac{d(nf)}{df}}$$

Nun ist für $n = n_I$ mit Gl.6.9

$$d(nf)/df = \frac{d}{df}\sqrt{f^2 - f_p{}^2} = \frac{f}{\sqrt{f^2 - f_p{}^2}} = 1/n_I ,$$

also

$$v_G = cn_I ; \quad v_G v = c^2 \tag{6.10}$$

Die Gruppengeschwindigkeit ist demnach kleiner als die Vakuumlichtgeschwindigkeit, da $n_I < 1$ für $f > f_p$. Der Wert v_G ist maßgebend bei den Impuls- und PN- modulierten Rangingverfahren, die Phasengeschwindigkeit bei den Tone- Rangingverfahren .

6.3.2 Phasenwegverkürzung

Mit dem Brechungsindex ändert sich auch die Phasenweglänge L durch die Ionosphäre um den Betrag ΔL_p gegenüber dem Idealwert bei $n = 1$

$$\Delta L_p = \int_0^1 (n_I - 1)ds = -\int_0^1 0,5(f_p/f)^2 ds = -\frac{40,25}{f^2}\int_0^1 N_e(s)ds \tag{6.11}$$

Das Integral wird als TEC- Total Electron Content entlang des Strahlenweges bezeichnet.

Die Phasenwegverkürzung ist umso größer, je höher der Elektroneninhalt auf der Gesamtwegstrecke l ist, bezogen auf eine Durchtrittsfläche von $1m^2$. Denn das Integral gibt den Elektroneninhalt in einer Säule der Länge l und vom Querschnitt $1m^2$. Der Integralwert TEC beträgt etwa $5 \cdot 10^{17}$ Elektronen/m^2 bei Tag und $5 \cdot 10^{16}$ Elektronen/m^2 bei Nacht, kann aber um den Faktor 10 in Richtung größerer und kleinerer Werte schwanken.

Die Wegverkürzung ist umgekehrt proportional zu f^2. Für $f=100\text{MHz}$ beträgt sie bei Elevationswinkeln von $E>60°$ tagsüber bis etwa 5km, nachts bis etwa 0,5km. $\Delta L_p = -40{,}25\text{TEC}/f^2$ ist in Abb. 6.6 angegeben.

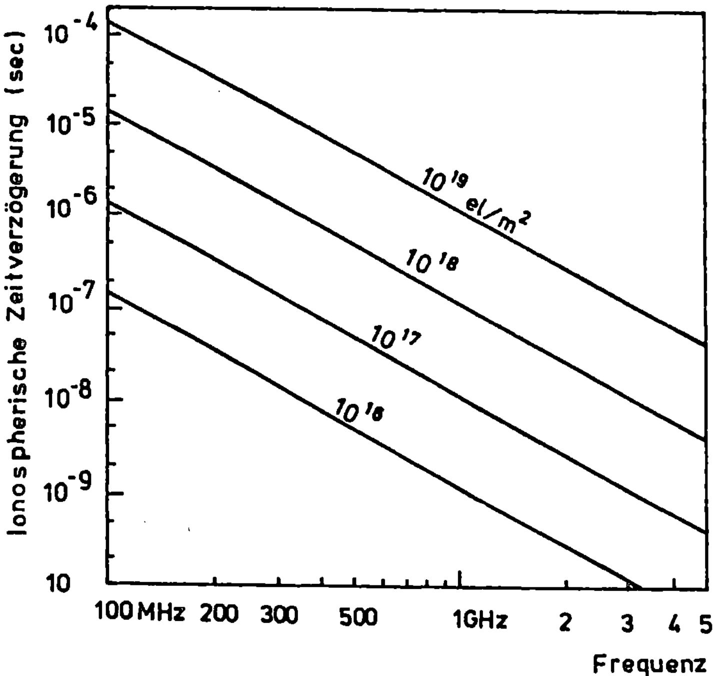

Abb. 6.6 Laufzeitverzögerung als Funktion der Frequenz

6.3.3 Gruppenwegverlängerung

Analog wird die Gruppen-Wegverlängerung um den entsprechenden Betrag größer. Es gilt also

$$\Delta L_G = \int_0^1 (n_G-1)ds = +\int_0^1 0{,}5(f_p/f)^2 ds = -\Delta L_p \tag{6.12}$$

Die Laufzeitverlängerung bei Ranging beträgt dann

$$\Delta T = \Delta L_G/c \tag{6.13}$$

6.3.4 Brechung

Der variable Brechungsindex der Ionosphäre bewirkt eine Ablenkung des Signalstrahls entsprechend dem Brechungsgesetz der Optik. Der daraus resultierende Richtungsfehler beträgt bei 100MHz tagsüber bei $E=20°$ etwa $0,2°$ und bei $E = 30°$ etwa die Hälfte davon. Der Effekt geht wiederum mit $1/f^2$ zurück, da er direkt proportional ist zu n_I.

6.3.5 Dopplereffekt

In Abschnitt 5.2.3 wurde bereits erwähnt, daß die Ionosphäre einen zusätzlichen Dopplereffekt bewirkt. Dieser beruht darauf, daß sich die Phasenweglänge gemäß Gl.6.11 verkürzt und diese Verkürzung sich zeitlich ändert, da der Satellit vom Boden aus unter verschiedenen Elevationswinkeln gesehen wird. Bei horizontaler Sicht verläuft eine relativ lange Strecke des Signalweges durch die Ionosphäre, bei zenitnaher Sicht eine entsprechend kurze. Wir berücksichtigen noch, daß eine Weglängenverkürzung ΔL einer Verminderung des Phasenwertes um $\Delta\Phi=2\pi\cdot\Delta L/\lambda$ entspricht und daß $d(\Delta\Phi)/dt=\Delta\omega$ ist. Also wird die Frequenzänderung

$$\Delta f = \Delta\omega/2\pi = -\frac{1}{\lambda}\cdot\frac{d(\Delta L)}{dt}$$

und mit Hilfe von Gl.6.11

$$\Delta f = \frac{40,25}{cf}\cdot\frac{d}{dt}\int_0^1 N_e(s)ds \tag{6.14}$$

Die durch die Ionosphäre eingeführte zusätzliche Dopplerverschiebung ist also umgekehrt proportional zur Frequenz und umso größer, je stärker sich der Elektroneninhalt ändert, der in der Säule enthalten ist, die den Querschnitt $1m^2$ hat und deren Längsachse die momentane Verbindungslinie Bodenstation-Satellit darstellt. Bei 100MHz kann diese Frequenzänderung in der Größenordnung von 5Hz liegen.

6.3.6 Szintillationen

Turbulenzen und damit Irregularitäten im Plasma bewirken, daß die Signalwelle vielfach gestreut wird und es zu Interferenzen kommt, ähnlich, jedoch unregelmäßiger als in der Optik bei der Beugung von Wellen an einem Gitter. Dadurch kommen gelegentliche Fluktuationen bei der Amplitude und Phase des Empfangssignals zustande und auch geringe Schwankungen der Einfallsrichtung. Die Phasenschwankungen betragen bei 100MHz bis zu einigen 100rad, die Amplitudenschwankungen bis zu mehreren dB. Die Effekte nehmen mit $1/f^2$ ab und treten oft nur kurzzeitig auf. Die Effekte sind noch nicht völlig erklärt, da offensichtlich selbst bei Frequenzen um 4GHz und höher in Äquatornähe noch sporadisch 4dB Signaleinbrüche und mehr möglich sind.

6.3.7 Magnetfeldeinfluß

Für einige weitere Effekte, die die Ionosphäre auf die Wellenausbreitung hat, ist die Wechselwirkung der Elektronen mit dem Magnetfeld der Erde von Bedeutung. Die Elektronen werden senkrecht zu ihrer Bewegungsrichtung und zum Magnetfeld abgelenkt. Die Frequenz der so bewirkten kreisförmigen Ablenkung wird bestimmt durch die Gyrofrequenz f_B.

$$f_B = eB/2\pi m \tag{6.15}$$

$B = \mu_0 H$ = magnetische Induktion des Erdmagnetfeldes H

μ_0 = absolute Permeabilität = $1{,}25664 \cdot 10^{-6} H/m$

Für das Erdmagnetfeld liegt die Frequenz f_B bei etwa 0,85MHz am magnetischen Äquator und bei etwa 1,69MHz am magnetischen Pol. Durch diese zusätzliche Rotation der Elektronen wird das Ausbreitungsverhalten der Signalwelle beeinflußt. Je nach Richtungssinn wird eine zirkular polarisierte Welle die Gyrationsbewegung verstärken oder schwächen.

Nun kann man sich jede beliebig polarisierte Welle bekanntlich zusammengesetzt denken aus zwei zirkular polarisierten Wellen entgegengesetzten Umlaufsinnes. Da auf die zwei Teilkomponenten aber die Ionosphäre unterschiedlich wirkt, wirkt sie "doppelbrechend".

Für die eine Komponente, für die die Gyrationsbewegung verstärkend wirkt, ist der Einfluß des Erdmagnetfeldes besonders groß. Das ist die "außerordentliche Welle" AW. Die andere Komponente ist die "ordentliche Welle" OW. Vom Satelliten aus gesehen ist auf der magnetischen Nordhalbkugel die zur Erde abgestrahlte Welle die OW, linksdrehend, die AW rechtsdrehend. Auf der Südhalbkugel ist es umgekehrt. Je nachdem, ob das Erdmagnetfeld längs oder quer zur Ausbreitungsrichtung der Signalwellen steht, unterscheidet man zwischen dem longitudinalen (LF) und dem transversalen Fall. Im Fall TF wird der Brechungsindex

$$n_{OW}^2 = 1 - \frac{f_p^2}{f(f+f_B)} \quad ; \qquad n_{AW}^2 = 1 - \frac{f_p^2}{f(f-f_B)} \tag{6.16}$$

Hier erhöht sich n bei der OW um denselben Wert, um den es sich bei AW gegenüber dem magnetfeldfreien Fall erniedrigt. Es läßt sich zeigen, daß sich für die Frequenzen über 100MHz fast aus ausschließlich der longitudinale Wellentypus ausbreitet. Nur dann, wenn die Wellen bis auf mindestens 1° genau senkrecht zum Magnetfeld die Ionosphäre passieren, liegt der transversale Wellentypus vor. Uns interessiert daher im folgenden nur der LF-Typ.

6.3.8 Der Faraday-Effekt

Da mit unterschiedlichem Brechungsindex die OW und AW auch unterschiedliche Phasenweglängen haben, ergibt sich eine Phasendifferenz

$$\Delta\Phi = 2\pi(\Delta L_{OW} - \Delta L_{AW})/\lambda \tag{6.17}$$

Setzt man also die beiden Wellentypen am Empfangsort wieder zu einer linear polarisierten Welle zusammen, wird diese gegenüber derjenigen am Sendeort um einen Winkel Ω gedreht sein. Gegenüber dem magnetfeldfreien Referenzwert eilen die Komponenten um die Phasenwerte $2\pi\Delta L_{OW}/\lambda$ und $2\pi\Delta L_{AW}/\lambda$ vor bzw. nach. Also:

$$\frac{2\pi\Delta L_{OW}}{\lambda} + \Omega = \frac{2\pi\Delta L_{AW}}{\lambda} - \Omega$$

$$\Omega = \frac{2\pi}{2\lambda}(\Delta L_{OW} - \Delta L_{AW}) = 0,5\Delta\Phi \tag{6.18}$$

oder mit Gln.6.11 und 6.16

$$\Omega = \frac{\pi}{\lambda} \int_0^1 (n_{OW} - n_{AW})ds = \frac{\pi f}{c} \int_0^1 [1 - \frac{f_p^2}{2f(f+f_B)} - 1 + \frac{f_p^2}{2f(f-f_B)}]ds$$

$$\Omega = \frac{\pi f}{c} \int_0^1 \frac{f_p^2}{2f^2} [-1 + \frac{f_B}{f} + 1 + \frac{f_B}{f}] \, ds$$

$$\Omega = - \frac{\pi}{cf^2} \int_0^1 f_p^2 f_B ds \tag{6.19}$$

Für 100MHz und E > 60° treten tagsüber etwa 15 Rotationen auf und nachts etwa 1,5.

Auch die Faraday-Drehung ist demnach proportional zu $1/f^2$. Sie ist ferner proportional zu f_B und f_p^2 und damit zum Elektroneninhalt des Signalweges. Der Faraday-Effekt bewirkt, daß bei UKW-Frequenzen die Empfangsantenne in ihrer Polarisation nachgeführt werden muß, falls man sende- und empfangsseitig mit linearer Polarisation arbeiten will. Das führt zu einem Aufwand, der bodenseitig teilweise getrieben wird. Man kann ihn vermeiden, wenn man sende- oder empfangsseitig zirkular polarisierten Betrieb durchführt. Allerdings nimmt man damit einen 3dB Verlust in Kauf, weil die Hälfte der Leistung nicht empfangen wird.

Man kann natürlich auch sowohl bord- als auch bodenseitig zirkular polarisiert arbeiten. Dann hat man zusätzlich 2 Vorteile: Der 3 dB- Verlust läßt sich vermeiden. Außerdem kann man Störungen, die sich durch Bodenreflexionen ergeben, vermeiden ("Mehrwegeeffekte"). Denn bei der Reflexion an einer leitenden Fläche wird die Zirkulation umgedreht.

7 Anhang

7.1 Pegelplan

Gegeben sei ein Erdsatellit auf einer Kreisbahn mit 3100km Höhe. Der Telemetrie-sender strahle mit $P_S = 0{,}5W$ ein Signal ab, das in PCM/PSK/PM moduliert sei und zwar mit einem Modulationshub $\Delta\Phi = 1{,}13\text{rad} \pm 15\%$. Die Sendefrequenz sei $f = 136\text{MHz}$. Die Bordantenne strahle annähernd mit einem Gewinn von -4dB aus, habe aber in manchen Richtungen 0dB und in anderen -6dB Gewinn. Die Empfangsstation habe einen Gewinn von $G_E = 22\text{dB}$, einen Vorverstärker mit einer Rauschzahl von $F = 3\text{dB}$ und eine Antennenrauschtemperatur $T_A = 1665°\text{K}$.

Es wird der Pegelplan aufgestellt (Tab. 7.1) und erläutert.

Zu 1: 0,5W entspricht gem. Abb. 2.6 und Gl.2.29 einem Pegel von 27dBm bzw. -3dBW. Es soll im folgenden mit dBm-Werten gerechnet werden. Die günstige Toleranz von +0.5dB entspricht einer um 26% höheren Sendeleistung. Sie wird zu Beginn der Lebensdauer auftreten. 0,5W soll aber als Mindestwert über die Lebensdauer garantiert werden; daher 0dB negative Toleranz.

Zu 2: Die Nenn- und Toleranzwerte sind bereits in der Aufgabenstellung angegeben. Man beachte: Ein Rundstrahldiagramm ist umso schwieriger zu realisieren, je größer die Satellitenabmessungen im Vergleich zur Wellenlänge sind. Die vom Erreger abgestrahlten Signale werden dann an den Strukturteilen reflektiert und interferieren mit unterschiedlichen Phasenverschiebungen in den verschiedenen Richtungen.

Zu 3: Antennenweiche, Kabel und Fehlanpassungen bewirken Verluste. Der angegebene Betrag mag aus Messungen bzw. aufgrund von Erfahrungswerten festgelegt sein. Bei höheren Frequenzen kann er z.B. um 1dB höher liegen.

Zu 4: Die "Raumdämpfung" gemäß Abschnitt 2.1 wird errechnet, da eine Gewinnbeschränkung sende- und empfangsseitig vorgegeben ist, also Gl.2.10 gilt.

Zu 6: Die Bord- und Bodenantenne sollten zweckmäßigerweise in ihrer Polarisation einander angepaßt sein. Das gelingt jedoch nur mit Einschränkungen. Besonders bei UKW-Frequenzen spielt der Faraday-Effekt in der Ionosphäre eine Rolle. Wenn man eine zirkular polarisierte Bodenantenne verwendet, aber die Welle mit linearer Polarisation einfällt, hat man 3dB Verlust, d.h. nur die Hälfte der Leistung wird verwendet.

Zu 7: Der Steuerverlust berücksichtigt, daß die Nachführung der Bodenantenne nicht exakt gelingt, die Antenne also den Satellitenbewegungen etwas vor- oder nacheilen kann. Dann liegt der Satellit außerhalb der Richtung maximalen Gewinns.

Zu 8: Die Dämpfung ist analog derjenigen von Nr. 3. Ein Unterschied ergibt sich zahlenwertmäßig dadurch, daß bodenseitig mehr Aufwand getrieben werden kann. Daher auch der geringere Dämpfungswert.

Zu 9: Die Summe aus den Verlusten von Nr. 2 bis Nr. 8 ergibt die Übertragungsverluste.

Zu 10: Subtraktion der Übertragungsverluste von der Sendeleistung ergibt die totale Empfangsleistung

Zu 11: Bei F=3dB ergibt sich nach Gl.2.63 bzw. Abb. 2.6 ein $T_v = 290K$. Zusammen mit der Antennenrauschtemperatur $T_A = 1665K$ wird $T_{sys} = 1955K$, falls keine anderen Rauschquellen mehr zu berücksichtigen sind.

Aus der Differenz von Nr. 10 und 11 ergäbe sich der Rauschabstand, falls die Bandbreite bekannt wäre. Tatsächlich interessiert aber nicht dieser bei PCM, sondern einerseits die Fehlerwahrscheinlichkeit und andererseits der Rauschabstand des Trägerfrequenzsignals.

Zu A1: Die Gesamtleistung des PM-modulierten Signals teilt sich auf in Leistung, die in der Trägerfrequenz verbleibt und solche, die in den Seitenbändern steckt; Gln.3.30 und 3.32. Der Reduktionsfaktor wird als Modulationsverlust bezeichnet. Er ist demnach bezüglich des Trägersignals gleich $\cos^2 \Delta\Phi$, bezüglich des Datensignals $\sin^2 \Delta\Phi$.

Zu A3: Die "Trägerrauschbandbreite" ist die effektive Rauschbandbreite B_L des PLL (Gl.4.27), der auf die Trägerfrequenz synchronisiert ist. B_L soll möglichst klein gewählt werden, damit auch das Rauschen $S_f B_L$ bei vorgegebener Rauschleistungsdichte S_f klein bleibt. In der Acquisitionsphase aber, in der man das Signal erst suchen muß, benötigt man höhere Bandbreiten, um das "Trackingfilter" schneller durchstimmen zu können.

Zu A4: Bei vorgegebenem T_S errechnet sich die Rauschleistung durch $B_L k T_S$.

Zu A5: Der PLL rastet auf ein Signal nur dann ein, wenn der Störabstand größer ist als der Schwellwert. Richtwerte hierfür werden in Abschnitt 4.2 angegeben. Der in A5 genutzte Wert von 7dB hat etwa 1dB Degradation zugestanden gegenüber den 6dB, die idealerweise angenommen werden könnten. Bei 200Hz Trägerrauschbandbreite müßte eigentlich der Schwellwert um 10dB höher liegen als bei $B_L = 20$Hz, d.h. bei 17dB. Wenn er bei 15dB liegt, dann deshalb, weil während der Acquisitionsphase das PLL-Signal noch nicht so jitterfrei sein muß wie in der tatsächlichen Betriebsphase.

Zu A6: Die erforderliche Trägerleistung ergibt sich aus der vorhandenen Rauschleistung und der Schwellwertanforderung.

Zu A7: Der Unterschied zwischen tatsächlicher Trägersignalleistung und der von A6 ergibt die Reserve.

Zu B1: Bezüglich des Modulationsverlustes vgl. A1.

Zu B3: Die Informationsbandbreite hängt ab von der Bitrate und dem Bitformat. Bei dem hier angenommenen Split-Phase-Mark benötigt man etwa 1Hz Bandbreite pro 1bit/s. Beim Miller-Code käme man mit der Hälfte davon aus; vgl. Abb. 3.22.

Zu B4: Der Schwellwert ist abhängig von der geforderten Bitfehlerwahrscheinlichkeit P_b; vgl. Abb. 3.30.

Zu B5: Verschiedenste Einflüsse bewirken Degradationen, die mit 3,3dB hier berücksichtigt werden ("Reserve M").

Tab. 7.1 Beispiel eines Pegelplans

Nr.	Wert	dB-Größe	Toleranzen	
1	Bord-Senderleistung dBm	+ 27,0	+0,5	-0,0
2	Bord- Antennengewinn	- 4,0	+4,0	-2,0
3	Refl.-u.Dämpfungsverluste	- 1,5	0,0	-0,2
4	Freiraumdämpfung	- 151,8	+0,1	-0,1
5	Bodenantennengewinn	+ 22,0	+0,5	-0,5
6	Polarisationsverluste	- 0,6	+0,6	-2,4
7	Steuerungsverluste	- 0,3	+0,2	-0,1
8	Reflex.-u. Dämpfungsverl.	- 0,5	0,0	-0,2
9	Übertragungsverluste:Σ2bis8	- 136,7	+5,4	-5,5
10	Totale Empfangsleistung dBm	- 109,7	+5,9	-5,5
11	Empfängerrauschzahl F=3dB			

Antennenrauschtemperatur 1400°K (500°K,17 0°K)

Systemrauschtemperatur   1600°K (700°K,18 0°K)

Daraus:

Rauschleistungsdichte dBm/Hz	- 166,6		-3,6	+0,5

A) Trägerfrequenzwerte

Nr.	Wert	dB-Größe		Toleranzen	
1	Modulationsverluste	- 7,5		+1,8	-2,5
2	Totale Trägerleistung (10+A1)	- 117,2		+7,7	-8,0
3	Trägerrauschbandbreite Acquisition 200Hz dB/Hz Lock-in 20Hz dB/Hz	23,0	13,0		
4	Trägerbandrauschleistung dBm(11 +A3)	-143,6	-153,6	-3,6	+0,5
5	Erf.theor. Schwellwert dB	15,0	7,0		
6	Erf. Trägerleistung dBM (A4 + A5)	-128,6	-146,6	-3,6	+0,5
7	Pegelreserve dB (A2 -A6)	11,4	29,4	11,3	-8,5

Tab. 7.1 (Fortsetzung)

Nr.	Wert	dB-Größe	Toleranzen	
	B) Datenwerte			
1	Modulationsverluste dB	- 0,8	+0,3	-0,5
2	Totale Datenleistung dBm (10 +B1)	- 110,5	+6,2	-6,0
3	Informationsbandbreite 4,8 kB/sec dB/Hz 1,92 kB/sec	36,8 32,8		
4	Empf.Schwellwert theor. für $P_b = 10^{-5}$	9 15dB für $P_b = 10^{-6}$		
5	Mehrwert für Dem.Verl.	3,2		
6	Erford. Datenleistung dBm (11 + B3 + B4 + B5)	- 117,6	-3,6	+0,5
7	Pegelreserve dB (B2 - B6)	7,1	+9,8	-6,5

7.2 Dynamisches Verhalten des PLL

Die Laplace-Transformierte (LP)einer Zeitfunktion f(t) ist definiert durch

$$F(s) = L\{f(t)\} = \int_0^\infty f(t)e^{-st}dt \tag{7.1}$$

und ihre Umkehrfunktion durch

$$L^{-1}\{F(s)\} = \int_{-\infty}^{+\infty} F(s)e^{st}ds \tag{7.2}$$

mit

$$s = \delta + j\omega = \text{komplexe Kreisfrequenz} \tag{7.3}$$

Die Übertragungsfunktion eines Vierpols ist definiert durch das Verhältnis der LPtrans-
formierten Ausgangsfunktion zur LP-transformierten Eingangsfunktion. Da nun im vorliegenden Fall die Phase $\Phi_T(t)$ vom Eingangssignal des PLL und die Phase Φ_V des VCO
als Eingangs- und Ausgangsgrößen von Interesse sind, ergibt sich die Übertragungsfunktion des PLL zu

$$H(s) = \Phi_V(s)/\Phi_T(s) \tag{7.4}$$

$$\Phi_V(s) = L\{\Phi_V(t)\} \;;\; \Phi_T(s) = L\{\Phi_T(t)\} \tag{7.5}$$

Die Übertragungsfunktion $H_V(s)$ bezieht sich eingangsseitig auf die Steuerspannung
$u_c(t)$ und ausgangsseitig auf die Frequenzablage

$$\Delta f = f^+ u_c \tag{7.6}$$

Nun ist definitionsgemäß $\omega = d\Phi/dt$, also

$$\frac{d\Phi_V(t)}{dt} = 2\pi f^+ u_c(t) \tag{7.7}$$

Daher erhalten wir durch beiderseitige Laplace-Transformation

$$s\Phi_V(s) = 2\pi f^+ L\{u_c(t)\} \tag{7.8}$$

$$H_V(s) = \frac{\Phi_V(s)}{L\{u_c(t)\}} = \frac{2\pi f^+}{s} = \frac{\omega^+}{s} \tag{7.9}$$

Der VCO wirkt also wie ein Integrator.

Es sollen vor allem der passive Tiefpaß 1. Ordnung mit

$$F(s) = \frac{1+s\tau_2}{1+s(\tau_1+\tau_2)} \tag{7.10}$$

und der aktive Tiefpaß 1. Ordnung mit

$$F(s) = \frac{1+s\tau_2}{s\tau_1} \tag{7.11}$$

betrachtet werden (Abschnitt 4.3).

Man beschränkt sich auf möglichst einfache Filtertypen, da schon Tiefpässe 2. Ordnung durch Streukapazitäten zu Instabilitäten (Selbsterregung PLL) führen können; erst allmählich realisiert man letztere.

Die Serienschaltung von Tiefpaß und VCO ergibt eine Übertragungsfunktion $\omega^+ F(s)/s$. Die Ordnungszahl des Nenners erhöht sich dabei um 1, so daß auch der PLL eine um 1 höhere Ordnung als das verwendete Tiefpaßfilter hat.

Aus Abb. 4.1 und den obigen Gleichungen ergibt sich

$$\Phi_V = (\Phi_T - \Phi_V) K\omega^+ F(s)/s,$$

also

$$H(s) = \frac{\Phi_V(s)}{\Phi_T(s)} = \frac{\omega^+ K F(s)}{s + \omega^+ K F(s)} \tag{7.12}$$

Mit Gl.7.10 erhalten wir für den *passiven Tiefpaß*

$$H(s) = \frac{K\omega^+ \dfrac{1+s\tau_2}{\tau_1+\tau_2}}{s^2 + 2\zeta\omega_e s + \omega_e^2} = \frac{s\omega_e\{2\zeta - \dfrac{\omega_e}{K\omega_e}\} + \omega_e^2}{s^2 + 2\zeta\omega_e s + \omega_e^2} \tag{7.13}$$

mit

$$\omega_e = \sqrt{K\omega^+/(\tau_1 + \tau_2)} = \text{Eigenfrequenz des PLL} \tag{7.14}$$

$$\zeta = \frac{\omega_e}{2}(\tau_2 + \frac{1}{K\omega^+}) = \text{Dämpfungsfaktor des PLL} \tag{7.15}$$

Mit Gl.7.11 erhalten wir für den *aktiven Tiefpaß*

$$H(s) = \frac{K\omega^+(1+s\tau_2)/\tau_1}{s^2 + 2\zeta\omega_e s + \omega_e^2} = \frac{s\omega_e(2\zeta - \omega e/K\omega^+) + \omega_e^2}{s^2 + 2\zeta\omega_e + \omega_e^2} \tag{7.16}$$

mit

$$\omega_e = \sqrt{K\omega^+/\tau_1} = \text{Eigenfrequenz des PLL} \tag{7.17}$$

$$\zeta = \frac{\tau_2}{2}\sqrt{K\omega^+/\tau_1} = \tau_2\omega_e/2 = \text{Dämpfungsfaktor des PLL} \tag{7.18}$$

Im allgemeinen wird man die Schleifenverstärkung sehr groß machen, d.h. $K\omega^+ > > \omega_e$, so daß für beide Filter gilt

$$H(s) \approx \frac{2s\zeta\omega_e + \omega_e^2}{s^2 + 2\zeta\omega_e + \omega_e^2} \qquad (7.19)$$

7.2.1 Phasenfehler

Es soll nun untersucht werden, wie sich die Ausgangsphase $\Phi_V(t)$ als Funktion der Eingangsphase $\Phi_T(t)$ ändert. Hierbei werden drei besonders interessante Fälle untersucht.

Fall 1: Die Eingangsphase Φ_T ändert sich zur Zeit $t=0$ sprunghaft um den Wert $\Delta\Phi_T$. Diese Sprungfunktion hat eine LP-Transformierte

$$L\{\Delta\Phi_T|_{t=0}\} = \Phi_T(s) = \Delta\Phi_T/s = \text{Störfunktion} \qquad (7.20)$$

Der Phasenfehler errechnet sich dann aus

$$\Delta\Phi = \Phi_V - \Phi_T = L^{-1}\{\Phi_V(s) - \Phi_T(s)\}$$

$$\Delta\Phi = \Delta\Phi_T\{\cos(\sqrt{1-\zeta^2}\omega_e t) - \frac{\zeta}{\sqrt{1-\zeta^2}} \sin(\sqrt{1-\zeta^2}\omega_e t)\}\exp(-\zeta\omega_e t) \qquad (7.21)$$

Nach Abb.4.3 wird der Phasensprung vollständig ausgeregelt. Für $\zeta = 0{,}7$ wird das Eingangsverhalten besonders günstig.

Fall 2: Die Frequenz ändere sich bei $t=0$ sprunghaft um den Wert

$$\Delta\omega_T = d\Phi/dt$$

$$L\{\Delta\omega_T|_{t=0}\} = \Delta\Phi_T(s) = \frac{\Delta\omega_T}{s^2} = \text{Störfunktion} \qquad (7.22)$$

$$\Delta\Phi(t) = \Phi_V - \Phi_T = L^{-1}\left\{\Delta\omega_T/\{s[s+K\omega^+F(s)]\}\right\}$$

$$\Delta\Phi(t) = \frac{\Delta\omega_T}{\omega_e} \frac{1}{\sqrt{1-\zeta^2}} \sin(\sqrt{1-\zeta^2}\omega_e t)\exp(-\zeta\omega_e t) \qquad (7.23)$$

Diesen Zeitverlauf des Phasenfehlers zeigt Abb.4.4. Hinzu kommt noch ein Endwertfehler, d.h. der für t→∞ verbleibende Fehler. Er errechnet sich mit dem Endwert-Theorem der Laplace-Transformierten zu

$$\lim_{t\to\infty} \Delta\Phi(t) = \lim_{s\to 0} s\Delta\Phi(s) = \frac{\Delta\omega_T}{K\omega^+ F(0)} \qquad (7.24)$$

Solange dieser Restfehler kleiner ist als 90°, bleibt der PLL eingerastet. Da bei größeren Phasenfehlern $\sin\Phi = \Phi$ ist, gilt in der Nähe des Grenzfalles allerdings nicht mehr die bisher betrachtete linearisierte Fassung, und wir müssen Gl.7.24 modifizieren

$$\sin\Delta\Phi = \frac{\Delta\omega_T}{K\omega^+ F(0)} \qquad (7.25)$$

Dann lautet auch die Bedingung für bleibende Synchronisation, d.h. für den Haltebereich ($\sin\Delta\Phi \leq 1$)

$$\Delta\omega_{Tmax} = K\omega^+ F(0) \qquad (7.26)$$

Für passive Filter ist $F(0) = 1$ und somit der Restfehler

$$\Delta\omega_{Tmax} = K\omega^+ \qquad (7.27)$$

Für aktive Filter hingegen ist $F(0) \to \infty$, d.h. daß der Restfehler Null ist und somit der Haltebereich $\Delta\omega_{Tmax} \to \infty$.

Fall 3: Die Frequenz ändert sich ab $t = 0$ linear mit der Zeit, d.h. Frequenzrampe

$$\frac{d\omega_T}{dt} = \frac{d^2\Phi_T}{dt^2} = constans$$

$$L\{\frac{d\omega_T}{dt}\big|_{t=0}\} = \Phi_T = \frac{d\Phi_T/dt}{s^3} = Störfunktion \qquad (7.28)$$

$$\Delta\Phi(t) = \frac{d\omega_T}{dt}\ \{\ \frac{t}{K\omega^+ F(0)} + \frac{1}{\omega_e^{\ 2}} - \frac{1}{\omega_e^{\ 2}}(\cos\sqrt{1-\zeta^2}\,\omega_e t + \frac{\zeta}{\sqrt{1-\zeta^2}}$$

$$\cdot \sin\sqrt{1-\zeta^2}\,\omega_e t)\}\exp(-\zeta\omega_e t) \qquad (7.29)$$

In Abb.4.5 ist diese Funktion aufgetragen, allerdings ohne den Geschwindigkeitsendfehler, der durch den ersten Summanden repräsentiert wird. Der zweite Summand, der Beschleunigungsendwertfehler, ist jedoch gemeinsam mit dem dritten Summanden, dem eigentlichen Einschwingfehler, in der Abbildung dargestellt. Für einen PLL 2. Ordnung, dessen Tiefpaßfilterung 1. Ordnung passiv ist, wird der erste Summand mit t unendlich. Beim aktiven Filtertyp verbleibt hingegen nur der zweite, konstante Restfehler. Erst mit Hilfe eines PLL 3. Ordnung kann dieser Restfehler zu Null gemacht werden.

7.2.2 Fangbereich

Es sei nun das Verhalten des PLL betrachtet, wenn er ursprünglich nicht schon eingerastet ist. Der Fangbereich $\Delta\omega_L$ soll also ermittelt werden. Gemäß Gln.4.4 und 4.8 ist für $\Delta\omega \neq 0$

$$u_C = K_M U_E U_V \sin(\Phi_T - \Phi_V - \Delta\omega t)$$

$$u_C = K \sin(\Phi_F - \Delta\omega t) \tag{7.30}$$

Es sei auch $\Delta\omega$ nicht mehr klein gegen $1/\tau_1$ bzw. $1/\tau_2$. Dann muß die Übertragungsfunktion des TP mit berücksichtigt werden:

$$u_C = K|F(j\omega)|\sin(\Phi_F - \Delta\omega t) \tag{7.31}$$

Bei großer Frequenzablage wird das Ausgangssignal u_C sehr stark gedämpft sein, so daß die Steuerung des VCO nur in geringem Maße gelingt. Der VCO wird also entsprechend dem Wert von $\Delta\omega$ mehr oder weniger stark gewobbelt werden. Ist dieser Wobbelhub schwach, weil u_C sehr klein ist, bleibt der PLL zunächst ausgerastet. Allerdings vermindert sich durch das VCO-Wobbeln etwas die Frequenzdifferenz und somit die Filterdämpfung, so daß sich allmählich auch der Wobbelhub verstärken kann. Ist er schließlich so groß, daß der VCO die Eingangsfrequenz erreichen kann, also

$$K\omega^+|F(j\omega)| \geq \Delta\omega$$

dann kann Synchronisation erfolgen. Damit gilt für den Fangbereich (pull in)

$$\Delta\omega_L = K\omega^+|F(j\Delta\omega_L)| \tag{7.32}$$

Für den passiven Vierpol gilt

$$F(\Delta\omega) = \frac{1+j\omega\tau_2}{1+j\omega(\tau_1+\tau_2)} \approx \frac{\tau_2}{\tau_1+\tau_2} \quad , \quad \text{also näherungsweise}$$

$$\Delta\omega_L \approx K\omega^+ \tau_2/(\tau_1 + \tau_2)$$

Für den aktiven Vierpol gilt analog:

$$\Delta\omega_L \approx K\omega^+ \tau_2/\tau_1 \tag{7.34}$$

Es läßt sich näherungsweise ermitteln, daß die Fangzeit T_L eine Dauer von

$$T_L \approx 1/\omega_e \tag{7.35}$$

hat.

Für den zuerst erwähnten Fall, daß die Frequenzablage so groß ist, daß erst sehr allmählich ein Einrasten möglich wird, gibt es natürlich auch eine Grenze. Wie sich zeigen läßt, gilt für den Ziehbereich (pull-in-range)

$$\Delta\omega_p \approx \frac{8}{\pi} \sqrt{\zeta \omega_e K f^+} \tag{7.36}$$

und für die Dauer des Einziehvorganges

$$T_p \approx \frac{\Delta\omega_T^2}{2\zeta\omega_e^3} \tag{7.37}$$

Nur wenn die anfängliche Frequenzablage kleiner ist als $\Delta\omega_p$ ist somit überhaupt eine Synchronisation möglich. Das Verhältnis

$$\frac{T_p}{T_L} \approx \frac{\Delta\omega_T^2}{2\zeta\omega_e^2} = \frac{1}{2\zeta}(\frac{\Delta\omega_T}{\omega_e})^2 \tag{7.38}$$

ist proportional zum Quadrat der relativen Frequenzablage, bezogen auf die Eigenfrequenz des PLL. Der Einziehvorgang ist daher häufit für große Frequenzablagen zu langsam, um praktisch genutzt zu werden. Man wird sich daher vor allem auf den Fangbereich beschränken.

Zwischen Fangbereich und Ziehbereich ist noch als weiterer Bereich der sog."Pull-out"-Bereich definiert. Er gibt denjenigen Frequenzsprung an, der gerade noch am Eingang erfolgen darf, ohne daß das System ausrastet. Er ist größer als der Fangbereich. Wegen "Schwungradverhaltens" des PLL darf ein Störimpuls nämlich kurzzeitig auch einen Phasenfehler von mehr als 90° hervorrufen, ohne daß die Synchronisation völlig außer

Tritt fällt. Der Pullout-Bereich ist näherungsweise gegeben durch

$$\Delta\omega_p \approx 1,8\omega_e\,(\zeta+1) \tag{7.39}$$

7.3 Codemultiplex

Neben der Methode des Frequenzmultiplexens und des Zeitmultiplexens gibt es als dritte Art das Codemultiplexen. Frequenzmultiplexen erfordert eine Trennung der Frequenzspektren, Zeitmultiplexen eine zeitliche Verschachtelung und Trennung der Signale; beim Codemultiplexen können sich hingegen sowohl die Spektren als auch die Zeitsignale überlappen. Genutzt werden hierbei Orthogonaleigenschaften, wie wir sie bei der Behandlung der Korrelationsempfänger und PN-Folgen kennengelernt haben.

Die hier interessierende Form des Codemultiplexens ist die "Spread Spectrum"-Technik (SSMA=Spread Spectrum Multiple Access), die bereits im Zusammenhang mit dem TDRSS erwähnt wurde. Drei Merkmale sind hervorzuheben:

- Die SSMA-Modulation wird zusätzlich angewandt, dient also dazu, die modulierten Signale nochmals zu modulieren, ihnen quasi eine Adresse aufzuprägen.

- Die SSMA-Modulation nutzt PN-Codes sehr hoher Taktfolge, um dadurch das Sendespektrum erheblich zu spreizen; die spektrale Leistungsdichte geht dementprechend zurück.

- Die PN-Codes können direkt in PM aufmoduliert werden. Sie können aber auch einen Frequenzspringer steuern (FH=frequency hopping), oder die impulsförmige Leistungsabstrahlung. Das Prinzip ist in Abb. 7.1 angegeben. Die Daten werden in üblicher Form auf einen Signalträger f_{UT} aufmoduliert, dann erfolgt Modulation mit Hilfe der PN-Folge nach einem der drei Verfahren und schließlich Abstrahlung des gespreizten Signals. Empfängerseitig erfolgt durch den Korrelationsprozeß Wiederherstellung der üblichen Datenformen und dann der normale Demodulationsprozeß.

7.3.1 PN-Spreizung

Das Prinzip ist in Abb. 7.1 angegeben. Das Trägersignal wird durch die Eingangsdaten moduliert. Dabei ergibt sich- abhängig von der Modulationsart- ein Signal

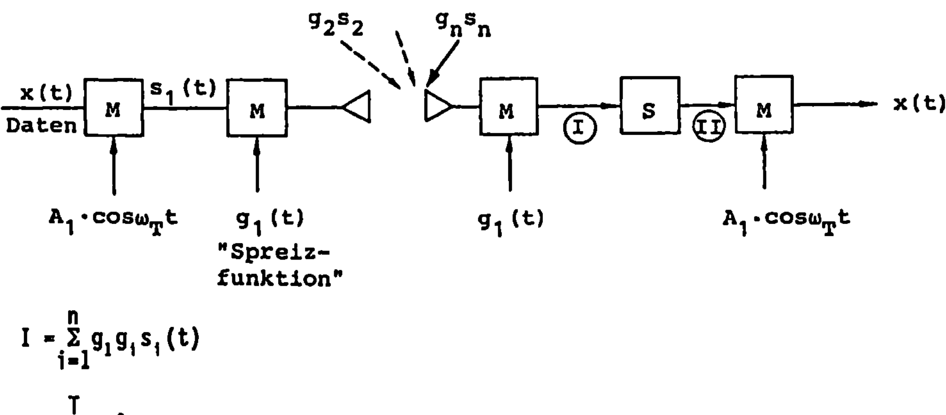

$$I = \sum_{i=1}^{n} g_1 g_i s_i(t)$$

$$II = \int_0^T g_1^2 s_1(t)dt$$

Abb. 7.1 "Spread Spectrum"-Technik Prinzip

$s_1(t) = A_1 \cos(\omega_T t + \Phi_1)$. Dieses wird mit einer Spreizfunktion $g_1(t)$ moduliert, die "Adresse". Das Signal $g_1(t)s_1(t)$ wird dann abgestrahlt. Analog können (n-1) andere Sender $g_2(t)s_2(t)$... $g_n(t)s_n(t)$ liefern, so daß am Eingang des Empfängers die Summe aller dieser Signale ansteht. Daraus soll nun das gewünschte Signal s(t) herausgefiltert werden. Zu diesem Zweck wird das Summensignal mit $g_1(t)$ multipliziert und über die "Wortlänge der Spreizfunktion" summiert. Falls die g(t)-Funktionen orthogonal zueinander sind, kann durch diese Korrelation die Aufgabe gelöst werden. Das ist im wesentlichen dieselbe Problematik, die auch bei PN- Synchronisationsverfahren besprochen wurde. Und in der Tat ist die Spreizfunktion gewöhnlich eine PN- Folge.

Es ist daher nur erforderlich, einige spezielle Anforderungen zu betrachten. Die Taktfrequenz der PN-Folge soll wesentlich höher sein als die Datenrate, z.B. um den Faktor 100 bis 500. Dann wird das sinx/x Spektrum weit gespreizt: Die erste Nullstelle ist bei 1/T. Da ferner bei der PN- Folge die Linien des Frequenzspektrums im Abstand 1/pT auftreten, ist bei langer Periodendauer pT das Linienspektrum sehr dicht. Bei vorgegebener Sendeleistung wird die Linienzahl doppelt so dicht, wenn pT verdoppelt wird. Die Leistung der einzelnen Spektrallinien geht um den Faktor 2 zurück. Dadurch würde bei beliebig langer Periode p auch das Frequenzspektrum beliebig dicht werden. In diesem Fall wäre die wechselseitige Störung der Sender am geringsten. Alle Sendesignale, außer dem gewünschten, wären praktisch weißes Rauschen.

7.3.2 Frequenzspringen

Die direkte PN- Phasenmodulation wird in der Raumfahrt bei SSMA am häufigsten

genutzt, weil dort auch die Trägerinformation und optimale Detektion gewünscht wird.
Bei militärischen Systemen wird bevorzugt Frequency Hopping (FH) angewandt, weil
sich damit besonders günstige Möglichkeiten der Verschlüsselung ergeben. Bei einem
n-stufigen Schieberegister mit 2^n verschiedenen Zuständen treten demnach 2^n verschiedene "quasizufällige" Frequenzen auf. Empfängerseitig kann man mit einer Filterbank
die Signale empfangen und decodieren, falls man den "Schlüssel" kennt. Da diese Technik in der zivilen Raumfahrt faktisch nicht angewandt wird, braucht auf Einzelheiten
nicht näher eingegangen zu werden.

7.4 Großflächige Parabolantennen

Als Antennen großen Gewinns werden in den Bodenstationen - und in der Zukunft auch
im Raumfahrzeug- für den Mikrowellenbereich in der Regel Parabolantennen eingesetzt. Ihre Funktionsweise beruht auf den Gesetzen der Optik. Vom Brennpunkt aus
wird die elektromagnetische Leistung auf die Parabolfläche gestrahlt und dort reflektiert. Sie verläßt den Spiegel in Form von parallelen, gleichphasigen Strahlen. Umgekehrt werden die ankommenden parallelen Strahlen über den Reflektor im Brennpunkt
konzentriert. Würde die Parabolfläche für die optischen Wellenlängen spiegelnd sein, so
müßte im Brennpunkt jedes nicht ideal reflektierende Objekt verheizt werden, sobald
die Antenne auf die Sonnen ausgerichtet ist. Denn der Spiegel würde ja nicht nur die
Mikrowellen, sondern auch die optischen Wellen bündeln. Ist aber z.B. der Parabolspiegel durch weiße Farbe mattiert, wird das Licht gestreut und im Brennpunkt nur noch ein
geringer Anteil der eingefangenen Solarleistung konzentriert. Die "Rauhigkeit" der
Oberfläche trägt in diesem Fall also zur Lösung thermischer Probleme bei. Der Effekt
tritt aber in unerwünschtem Maße auch bei der hochfrequenten Strahlung auf. Dort ist
er nicht im Zusammenhang mit der weißen Farbe zu sehen. Vielmehr ist er durch die
geometrische Verformung der Reflektoroberfläche bedingt. Denn Voraussetzung für die
Gleichphasigkeit der parallelen Strahlen ist die exakte Paraboloidgeometrie. Diese kann
man aber nicht realisieren, wenn der Antennendurchmesser z.B. 30 bis 100m beträgt
und somit Wärmespannungen, Gravitations- und Windlasten etc. wirken. Solange die
geom. Abweichungen vom Idealfall wesentlich kleiner als die Wellenlänge der verwand-
ten Mikrowellen sind, stören diese Effekte nicht. Wenn aber die Teilstrahlungen
Wegunterschiede gegenüber ihren Sollwerten haben, die zu Phasenunterschieden von
$\lambda/4$ und mehr führen, können erhebliche Interferenzen auftreten. Der Antennengewinn
wird herabgesetzt, das Antennendiagramm wird verzerrt. Nach J.Ruze stehen dann tatsächlicher Gewinn und idealer Gewinn G_0 in folgender Beziehung zueinander:

$$G = G_0 \exp[-(4\pi\sigma/\lambda)^2] \tag{7.40}$$

σ = Standardabweichung der Paraboloidfläche von der idealen Geometrie. Der Maximalwert liegt daher bei

$$\lambda_m = 4\pi\sigma$$

wie man leicht sieht, wenn man in Gl. 7.40 für

$$G_0 = \eta(\pi d/\lambda)^2 \tag{7.41}$$

einsetzt, ehe man nach λ differenziert. Der Verlust gegenüber dem Idealwert ist für λ_m bereits 4,3 dB.

Je höher die Frequenz, je kleiner also die Wellenlänge ist, desto größer sind die Anforderungen an die Formtreue des Antennenspiegels. Weil λ_m unabhängig ist vom Durchmesser, muß der Toleranzwert $\sigma = \lambda_m/4\pi$ auch bei sehr großen Antennen eingehalten werden. Die Toleranzanforderungen werden somit für große Antennen und hohe Frequenzen besonders hoch.

Beispiel: λ_m = 1cm bedeutet σ = 0,8 mm Toleranz, was für einen Parabolspiegel von 80 m Durchmesser zu einer relativen Präzision von 10^{-5} führen würde. Dies ist nicht nur ein erhebliches Problem für die Fertigung, sondern auch für die geometrische Vermessung.

Literaturverzeichnis

Arbeitskreis Telemetrie e.V.: Proceedings of the European Telemetry Conference Garmisch Partenkirchen, Germany, June 10 - 12, 1986 Braunschweig: Döring-Druck 1986.

Balakrishnan, A.V.: Advances in Communication Systems I, II, III. New York: Academic Press 1965.

Benndorfer, H. et al: Fernwirktechnik. Düsseldorf: VDI-Verlag 1975.

Best, R.: Theorie und Anwendung des Phase Locked Loop. Der Elektroniker: 6.8.10.12/1975, 1.5.7.9/1976.

Best, R.: Theorie und Anwendungen des Phase-locked Loops. 3. Aufl. Aarau: AT Verlag 1982.

C.C.I.R.: XIIth Plenary Assembly. Genf: International Telecommunication Union IV, V 1970.

Davis, K.: Ionospheric Radio Propagation. New York: Dover Publ. 1966.

Dixon, R.C.: Spread Spectrum Systems. New York: Wiley 1976.

Filipowsky, R.F.: Muehldorf, E.I.: Space Communications Systems. Englewood Cliffs: Prentice-Hall 1973.

Gardner, F.M.: Phase Locked Techniques. New York: Wiley 1966.

Golomb, S. et al: Digital communications with Space Applications. Englewood Cliffs: Prentice-Hall 1964.

Großkopf, J.: Wellenausbreitung II. Mannheim: Bibliogr. Inst. 1970.

Herter, E.; Rupp,H.: Nachrichtenübertragung über Satelliten, 2.Aufl. Berlin: Springer 1983.

Holmes, J. Coherent Spread Spectrum Systems. New York: Wiley 1982.

Hölzler, E.; Holzwarth, H.: Pulstechnik, Band II, 2. Aufl. Berlin: Springer 1984.

Klapper, J.; Frankle, J.T.: Phase Locked and Frequency-Feedback Systems. New York: Academic Press 1972.

Liebelt, H.H.: Binärfolgen linear rückgekoppelter Schieberegister, Erzeugung, Eigenschaften und Anwendungsbeispiele. DVL-Bericht Nr. 307.

Lindsey, W.C. et al. Phase-Locked Loops & Their Application. IEEE Press. New York: Wiley 1977.

Lindsey, W.C.: Synchronisation Systems. Englewood Cliffs: Prentice-Hall 1973.

Lindsey, W.C.; Simon, M.K.: Telecommunication Systems Engineering. Englewood Cliffs: Prentice-Hall 1973.

NASA-GSFC: Tracking and Data Relay Satellite System (TDRSS) User's Guide. Greenbell: X-895-74-176, 1974.

Nichols, M.H.; Rauch, L.L.: Radio Telemetry. London: Wiley 1956.

Pares, J.; Toscer, V.: Les Systèmes de Télécommunications par Satellites. Paris: Masson 1975.

Prokott, E.: Modulation und Demodulation. Berlin: AEG 1975.

Schwartz, M.: Information, Transmission, Modulation and Noise. New York: McGraw-Hill 1970.

Seifert, H.S.: Introduction to Space Communication Systems. New York: McGraw-Hill 1964.

Spilker, J.J. jr.: Digital Communications by Satellite. Englewood Cliffs: Prentice-Hall 1977.

Stiffler, J.J.: Theory of Synchronous Communications. Englewood Cliffs: Prentice-Hall, 1971.

Stiltz, H.L.: Aerospace telemetry. Englewood Cliffs: Prentice-Hall, Vol. I, 1961, Vol. II, 1966.

Tausworthy, R.C.: Theory and Practical Design of Phase-Locked Receivers. Pasadena: Jet Propulsion Lab., Technical Report 32-819, 1966.

Vilbig, F.: Kommerzielle Satelliten. München: Oldenburg 1968.

Viterbi, A.J.: Principles of Coherent Communications. New York: McGraw-Hill, 1966.

Wesley-Peterson et al: Error-Correcting Codes, Halliday Lithographic Corporation, 1981.

Wolf, H.: Nachrichtenübertragung. Berlin: Springer 1982.

Zinke, O.; Brunswig, H.: Lehrbuch der Hochfrequenztechnik, 2 Bände, 3. Aufl. Berlin: Springer 1986/87.

Sachverzeichnis

Nachrichtentechnik

Herausgeber: H. Marko

10. Band: E. Hänsler

Grundlagen der Theorie statistischer Signale

1983. 69 Abbildungen. IX, 225 Seiten.
Broschiert DM 58,-. ISBN 3-540-12081-5

11. Band: H. Schönfelder

Bildkommunikation

Grundlagen und Technik der analogen und digitalen Übertragung von Fest- und Bewegtbildern

1983. 124 Abbildungen. XIII, 298 Seiten.
Broschiert DM 78,-. ISBN 3-540-12214-1

12. Band: K. Fellbaum

Sprachverarbeitung und Sprachübertragung

1984. 145 Abbildungen. IX, 272 Seiten.
Broschiert DM 58,-. ISBN 3-540-13306-2

Springer-Verlag
Berlin Heidelberg New York
London Paris Tokyo

13. Band: F. Wahl

Digitale Bildsignalverarbeitung

Grundlagen, Verfahren, Beispiele

1984. 85 Abbildungen. X, 191 Seiten.
Broschiert DM 78,-. ISBN 3-540-13586-3

14. Band: G. Söder, K. Tröndle

Digitale Übertragungssysteme

Theorie, Optimierung und Dimensionierung der Basisbandsysteme

1985. 113 Abbildungen. XII, 282 Seiten.
Broschiert DM 84,-. ISBN 3-540-13812-9

15. Band: J. Hofer-Alfeis

Übungsbeispiele zur Systemtheorie

41 Aufgaben mit ausführlich kommentierten Lösungen

1985. 352 Abbildungen. XI, 212 Seiten.
Broschiert DM 42,-. ISBN 3-540-15083-8

16. Band: S. Geckeler

Lichtwellenleiter für die optische Nachrichtenübertragung

Grundlagen und Eigenschaften eines neuen Übertragungsmediums

1986. 154 Abbildungen. XIII, 327 Seiten.
Broschiert DM 74,-. ISBN 3-540-15908-8